1000 Fragen aus Zoologie und Botanik

Olaf Werner

(Hrsg.)

1000 Fragen aus Zoologie und Botanik

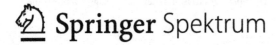 **Springer** Spektrum

Herausgeber
Olaf Werner
Las Torres de Cotillas
Murcia
Spanien

ISBN 978-3-642-54982-3   ISBN 978-3-642-54983-0 (eBook)
DOI 10.1007/978-3-642-54983-0

Die Deutsche Nationalbibliothek verzeichnet diese Publikation in der Deutschen Nationalbibliografie; detaillierte bibliografische Daten sind im Internet über http://dnb.d-nb.de abrufbar.

Springer Spektrum
© Springer-Verlag Berlin Heidelberg 2014

Planung und Lektorat: Kaja Rosenbaum, Meike Barth
Redaktion: Bärbel Häcker

Gedruckt auf säurefreiem und chlorfrei gebleichtem Papier

Springer Spektrum ist eine Marke von Springer DE. Springer DE ist Teil der Fachverlagsgruppe Springer Science+Business Media
www.springer-Spektrum.de

Vorwort

Sicher besteht der Sinn des Studiums nicht nur darin, sich erfolgreich auf Prüfungen vorzubereiten. Aber Prüfungen sind ein wesentlicher Bestandteil des Studiums, und gute Noten können einem den weiteren beruflichen Lebensweg erheblich einfacher machen. Deshalb habe ich gerne angenommen, als mich Frau Merlet Behncke-Braunbeck darum bat, die bei Springer Spektrum vorhandenen Prüfungsfragen aufzubereiten und in zwei Bänden zusammenzufassen.

Die Fragen sind nach Sachgebieten geordnet. Sie finden jeweils Verständnisfragen, die eine umfangreichere Antwort erfordern, sowie Multiple-Choice-Fragen, bei denen es ausreicht, die richtige Antwort anzugeben. Machen Sie sich ruhig die Mühe, die Verständnisfragen schriftlich zu beantworten oder die Antwort zumindest **laut** auszusprechen. Meiner Erfahrung nach bemerkt man so noch einige Kenntnislücken, die einem beim rein innerlichen Aufsagen der Antwort gar nicht richtig bewusst werden. Ideal wäre es, wenn Sie die Fragen in Gruppen bearbeiten und sich gegenseitig abfragen. Auch wenn die richtigen Antworten im Buch ausführlich erklärt werden, können Sie dann das entsprechende Thema in der Gruppe noch weiter vertiefen.

Bei der Auswahl der Fragen habe ich versucht, die grundlegenden Aspekte des jeweiligen Sachgebiets so gut wie möglich abzudecken. Darüber hinaus gibt es auch Fragen etwas speziellerer Natur, deren Antworten vielleicht nicht alle Studierenden wissen müssen, an denen sich aber herausragende Kandidaten noch messen können. Natürlich ist die Auswahl der Fragen auch immer subjektiv und die Gewichtung der Sachgebiete ist gemessen an der Zahl der Fragen nicht so, wie sich das Vertreter der „zu kurz gekommen" Fachbereiche vielleicht wünschen würden. Trotzdem hoffe ich, dass dieser Fragenkatalog Ihnen dabei hilft, Ihr Wissen zu kontrollieren und dann selbstbewusst in die Prüfungen zu gehen.

Ich möchte die Gelegenheit auch nutzen, um dem Lektorat des Springer-Spektrum-Verlags für die wie immer sehr angenehme Zusammenarbeit zu danken. Wie schon erwähnt hat Frau Merlet Behncke-Braunbeck die Arbeit zu diesem Buch angestoßen und Frau Kaja Rosenbaum und Frau Dr. Meike Barth haben sich dann um die Ausführung gekümmert.

Olaf Werner

Inhaltsverzeichnis

Fragen zur Botanik

Olaf Werner

Frage 1: Welche der folgenden Pflanzen ist ein Parasit?

a. Venusfliegenfalle.
b. Schlauchpflanze.
c. Sonnentau.
d. Teufelszwirn.
e. Tabak.

Frage 2: Alle carnivoren Pflanzen …

a. sind Parasiten.
b. sind auf Tiere als eine Kohlenstoffquelle angewiesen.
c. sind nicht zur Photosynthese befähigt.
d. sind auf Tiere als einzige Phosphorquelle angewiesen.
e. gewinnen zusätzlichen Stickstoff aus Tieren.

Frage 3: Welcher der unten aufgeführten Begriffe bezeichnet *keine* verbreitete Verteidigungsstrategie der Pflanzen gegen Bakterien, Pilze und Viren?

a. Ligninbildung.
b. Phytoalexine.

O. Werner (✉)
Las Torres de Cotillas, Murcia, Spanien
E-Mail: werner@um.es

O. Werner (Hrsg.), *1000 Fragen aus Zoologie und Botanik,*
DOI 10.1007/978-3-642-54983-0_1, © Springer-Verlag Berlin Heidelberg 2014

c. ein Wachsüberzug.

d. die hypersensitive Reaktion.

e. Mykorrhizen.

Frage 4: Wurzeln …

a. bilden immer ein Büschelwurzelsystem, das den Boden befestigt.

b. besitzen eine Wurzelhaube an der Spitze.

c. bilden Verzweigungen aus Seitenknospen.

d. sind gewöhnlich photosynthetisch aktiv.

e. weisen kein sekundäres Dickenwachstum auf.

Frage 5: Die pflanzliche Zellwand …

a. liegt unmittelbar innerhalb der Plasmamembran.

b. bildet eine undurchlässige Schranke zwischen Zellen.

c. ist immer durch Einlagerung von Lignin oder Suberin wasserundurchlässig.

d. besteht immer aus einer Primärwand und einer Sekundärwand, die durch eine Mittellamelle getrennt sind.

e. enthält Cellulose und andere Polysaccharide.

Frage 6: Welche Aussage über Parenchymzellen stimmt *nicht*?

a. Sie sind lebendig, wenn sie ihre Funktion ausüben.

b. Typischerweise fehlt ihnen eine Sekundärwand.

c. Sie dienen häufig als Speicherort.

d. Sie sind die häufigsten Zellen des primären Pflanzenkörpers.

e. Sie kommen nur in Sprossachse und Wurzel vor.

Frage 7: Tracheiden und Gefäßelemente …

a. sterben ab, bevor sie funktionell werden.

b. sind wichtige Bestandteile aller Pflanzen.

c. besitzen Zellwände, die aus einer Mittellamelle und einer Primärwand bestehen.

d. werden immer von Geleitzellen begleitet.

e. kommen nur im sekundären Pflanzenkörper vor.

Frage 8: Welche Aussage über Siebröhrenglieder stimmt *nicht*?

a. Ihre Endwände werden als Siebplatten bezeichnet.

b. Sie sterben ab, bevor sie funktionell werden.

c. Sie sind Ende an Ende verbunden und bilden Siebröhren.

d. Sie bilden das System zur Beförderung von organischen Nährstoffen.

e. Sie verlieren die Membran, welche ihre Zellsaftvakuole umgibt.

Frage 9: Der Pericycel …

a. trennt den Zentralzylinder von der Wurzelrinde.

b. ist das Gewebe, in dem die Seitenwurzeln ihren Ursprung haben.

c. besteht aus hoch differenzierten Zellen.

d. bildet eine sternförmige Struktur im innersten Zentrum der Wurzel.

e. ist wasserundurchlässig.

Frage 10: Sekundäres Dickenwachstum von Sprossachse und Wurzel …

a. wird durch die Apikalmeristeme bewirkt.

b. ist bei Monokotylen und Eudikotylen häufig.

c. wird durch Cambium und Korkcambium bewirkt.

d. bildet nur Xylem und Phloem.

e. wird durch sekundäre Markstrahlen bewirkt.

Frage 11: Periderm …

a. enthält Lentizellen, die den Gasaustausch ermöglichen.

b. wird während des primären Wachstums gebildet.

c. ist ausdauernd; es bleibt so lange bestehen wie die Pflanze selbst.

d. ist der innerste Teil der Pflanze.

e. enthält Leitbündel.

Frage 12: Welche Aussage über die Blattanatomie stimmt *nicht*?

a. Spaltöffnungen (Stomata) werden durch paarige Schließzellen kontrolliert.

b. Die Cuticula wird von der Epidermis sezerniert.

c. Die Blattadern enthalten Xylem und Phloem.

d. Die Mesophyllzellen sind dicht zusammengepackt und minimieren dadurch den Luftraum.

e. C_3- und C_4- Pflanzen unterscheiden sich in ihrer Blattanatomie.

Frage 13: Im Xylem …

a. wandern die Photosyntheseprodukte sprossabwärts.

b. drücken lebende, pumpende Zellen den Saft aufwärts.

c. liegt die Antriebskraft in den Wurzeln.

d. steht der Saft häufig unter Saugspannung.

e. muss der Saft Siebplatten passieren.

Frage 14: Welche Aussage über Milchsaft ist *falsch*?

a. Er ist manchmal in Milchröhren enthalten.

b. Er ist im typischen Fall weiß.

c. Er ist häufig für Insekten toxisch.

d. Es ist ein gummiartiger fester Stoff.

e. Er wird von der Seidenpflanze (Gattung *Asclepias*) gebildet.

Frage 15: Einige Pflanzen sind an sumpfige Lebensräume angepasst und nutzen zur Sauerstoffversorgung ihrer Wurzeln ein spezialisiertes Gewebe, das als …

a. Parenchym bezeichnet wird.

b. Aerenchym bezeichnet wird.

c. Kollenchym bezeichnet wird.

d. Sklerenchym bezeichnet wird.

e. Chlorenchym bezeichnet wird.

Frage 16: Halophyten …

a. reichern alle Prolin in ihren Vakuolen an.

b. besitzen ein osmotisches Potenzial, das weniger negativ ist als bei anderen Pflanzen.

c. sind häufig sukkulent.

d. besitzen ein niedriges Wurzel-zu-Spross-Verhältnis.

e. reichern selten Natrium an.

Frage 17: Welche der folgenden Behauptungen über den Generationswechsel bei Landpflanzen trifft *nicht* zu?

a. Er ist heteromorph.

b. Die Meiose erfolgt in den Sporangien.

c. Die Gameten entstehen stets durch Meiose.

d. Die Zygote ist die erste Zelle der Sporophytengeneration.

e. Der Gametophyt und der Sporophyt unterscheiden sich genetisch.

Frage 18: Welche der folgenden Behauptungen ist *kein* Beweis für die Abstammung der Landpflanzen von den Grünalgen?

a. Einige Grünalgen besitzen vielzellige Sporophyten und vielzellige Gametophyten.
b. Sowohl bei Landpflanzen als auch bei Grünalgen enthalten die Zellwände Cellulose.
c. In beiden Gruppen finden sich die gleichen Photosynthesefarbstoffe und akzessorischen Pigmente.
d. Sowohl Landpflanzen als auch Grünalgen produzieren Stärke als wichtigstes Speicherkohlenhydrat.
e. Alle Grünalgen produzieren große, unbewegliche Eizellen.

Frage 19: Moospflanzen …

a. weisen keine Sporophytengeneration auf.
b. wachsen in dichten Massen, was eine Kapillarbewegung des Wassers ermöglicht.
c. besitzen Xylem und Phloem.
d. besitzen echte Blätter.
e. besitzen echte Wurzeln.

Frage 20: Welche der folgenden Behauptungen über die Laubmoose trifft *nicht* zu?

a. Der Sporophyt ist vom Gametophyten abhängig.
b. Die Spermien werden in Archegonien gebildet.
c. Es gibt mehr Laubmoosarten als Lebermoose und Hornmoose zusammen.
d. Der Sporophyt wächst durch apikale Zellteilung.
e. Laubmoose sind wahrscheinlich eine Schwestergruppe der Tracheophyten.

Frage 21: Megaphylle …

a. entstanden wahrscheinlich nur einmal.
b. finden sich bei allen Tracheophytenklassen.
c. entwickelten sich vermutlich aus sterilen Sporangien.
d. sind die charakteristischen Blätter der Bärlappe.
e. sind die charakteristischen Blätter der Schachtelhalme und Farne.

Frage 22: Die Urfarngewächse …

a. besaßen Gefäßelemente.
b. besaßen echte Wurzeln.
c. besaßen Sporangien an den Sprossspitzen.
d. besaßen Blätter.
e. besaßen keine verzweigten Sprosse.

Frage 23: Bärlappe und Schachtelhalme …

a. haben größere Gametophyten als Sporophyten.
b. besitzen kleine Blätter.
c. sind heute überwiegend durch Bäume vertreten.
d. waren nie ein vorherrschender Bestandteil der Vegetation.
e. bilden Früchte.

Frage 24: Welche der folgenden Behauptungen über Echte Farne trifft *nicht* zu?

a. Der Sporophyt ist größer als der Gametophyt.
b. Die meisten Vertreter sind heterospor.
c. Der junge Sporophyt kann unabhängig vom Gametophyten wachsen.
d. Bei den Wedeln handelt es sich um Megaphylle.
e. Die Gametophyten bilden Archegonien und Antheridien.

Frage 25: Die leptosporangiaten Farne …

a. bilden keine monophyletische Gruppe.
b. besitzen Sporangien, deren Wand mehr als eine Zellschicht dick ist.
c. machen die Minderzahl aller Farne aus.
d. sind Pteridophyten.
e. bilden Samen.

Frage 26: Welche der folgenden Behauptungen über Samenpflanzen trifft zu?

a. Die phylogenetischen Beziehungen zwischen allen fünf Klassen sind sicher geklärt.
b. Die Sporophytengeneration ist stärker reduziert als bei Farnen.
c. Die Gametophyten sind unabhängig von den Sporophyten.
d. Alle Samenpflanzenarten sind heterospor.
e. Die Zygote teilt sich mehrfach und bildet den Gametophyten.

Frage 27: Die Gymnospermen …

a. sind heute auf allen Kontinenten vorherrschend.
b. haben niemals auf den Landmassen dominiert.
c. zeichnen sich durch aktives sekundäres Dickenwachstum aus.
d. besitzen alle Tracheenglieder.
e. haben keine Sporangien.

Frage 28: Koniferen …

a. bilden Samenanlagen in männlichen Zapfen und Pollen in weiblichen Zapfen.
b. sind für die Befruchtung auf flüssiges Wasser angewiesen.
c. haben ein triploides Endosperm.
d. bilden einen Pollenschlauch aus, der zwei Spermakerne freisetzt.
e. besitzen Tracheenglieder.

Frage 29: Angiospermen …

a. bilden Samenanlagen und Samen, die von einem Fruchtblatt umschlossen sind.
b. bilden durch die Vereinigung von zwei Eizellen und einem Spermakern ein triploides Endosperm.
c. zeigen kein sekundäres Dickenwachstum.
d. bilden zwei verschiedene Formen von Zapfen.
e. haben zweigeschlechtige Blüten.

Frage 30: Welche der folgenden Behauptungen über Blüten trifft *nicht* zu?

a. Der Pollen wird in den Antheren produziert.
b. Der Pollen gelangt auf die Narbe.
c. Eine Infloreszenz ist ein Blütenstand aus mehreren Blüten.
d. Eine Art, die an derselben Pflanze weibliche und männliche Blüten bildet, bezeichnet man als diözisch.
e. Eine Blüte mit Megasporangien und Mikrosporangien bezeichnet man als zweigeschlechtig.

Frage 31: Welche der folgenden Behauptungen über Früchte trifft *nicht* zu?

a. Sie entwickeln sich aus den Fruchtknoten.
b. Sie können auch andere Blütenteile enthalten.
c. Ein Sammelfruchtstand entsteht aus mehreren Fruchtblättern einer einzelnen Blüte.
d. Sie werden nur von Angiospermen gebildet.
e. Eine Kirsche ist eine Einblattfrucht.

Frage 32: Welche der folgenden Behauptungen über die Pollen von Angiospermen trifft *nicht* zu?

a. Es handelt sich um die männlichen Gameten.
b. Sie sind haploid.

c. Sie bilden einen langen Schlauch.

d. Sie stehen in Wechselbeziehung mit dem Fruchtblatt.

e. Sie werden in Mikrosporangien gebildet.

Frage 33: Welche der folgenden Behauptungen über Fruchtblätter trifft *nicht* zu?

a. Sie haben sich wahrscheinlich aus Blättern entwickelt.

b. Sie tragen Megasporangien.

c. Sie können zu einem Griffel verwachsen.

d. Sie zählen zu den Blütenorganen.

e. Sie waren bei *Archaefructus* noch nicht vorhanden.

Frage 34: *Amborella* …

a. war die erste Blütenpflanze.

b. gehört dem ersten Angiospermenmonophylum an.

c. gehört zum ältesten heute noch existierenden Angiospermenmonophylum.

d. ist eine Eudikotyle.

e. besitzt Tracheenglieder im Xylem.

Frage 35: Die Eudikotylen …

a. umfassen zahlreiche Kräuter, Kletterpflanzen, Sträucher und Bäume.

b. und die Monokotylen sind die einzigen rezenten Angiospermenmonophyla.

c. bilden keine monophyletische Gruppe.

d. umfassen auch die Magnolien.

e. umfassen Orchideen und Palmen.

Frage 36: Welche der folgenden Aussagen bezeichnet *keinen* Unterschied zwischen Monokotylen und Eudikotylen?

a. Eudikotylen besitzen häufiger breite Blätter.

b. Monokotylen besitzen gewöhnlich Blütenteile in Vielfachen von drei.

c. Die Sprossachse von Monokotylen durchläuft gewöhnlich kein sekundäres Dickenwachstum.

d. Die Leitbündel von Monokotylen sind gewöhnlich zylinderförmig angeordnet.

e. Eudikotyle Embryonen besitzen gewöhnlich zwei Keimblätter.

Frage 37: Die sexuelle Fortpflanzung bei Angiospermen …

a. verläuft über Apomixis.

b. erfordert das Vorhandensein von Kronblättern.

c. kann durch Pfropfen bewerkstelligt werden.

d. führt zur Bildung von genetisch diversen Nachkommen.

e. kann nicht über Selbstbestäubung erfolgen.

Frage 38: Der typische weibliche Gametophyt der Angiospermen …

a. wird als Megaspore bezeichnet.

b. besitzt acht Zellkerne.

c. besitzt acht Zellen.

d. wird als Pollenkorn bezeichnet.

e. wird durch Wind oder Tiere zum männlichen Gametophyten verfrachtet.

Frage 39: Die Bestäubung bei Angiospermen …

a. ist niemals auf externes Wasser angewiesen:

b. findet niemals innerhalb einer einzigen Blüte statt.

c. ist immer auf die Unterstützung durch bestäubende Tiere angewiesen.

d. wird auch als Befruchtung bezeichnet.

e. macht die meisten Angiospermen, was die Befruchtung angeht, von externem Wasser unabhängig.

Frage 40: Welche Aussage über die doppelte Befruchtung ist *falsch*?

a. Sie kommt bei den meisten Angiospermen vor.

b. Sie findet im Mikrosporangium statt.

c. Eines ihrer Produkte ist ein triploider Zellkern.

d. Ein Spermakern verschmilzt mit dem Kern der Eizelle.

e. Ein Spermakern verschmilzt mit zwei Polkernen.

Frage 41: Der Suspensor …

a. führt zur Bildung des Embryos.

b. ist bei Eudikotylen herzförmig.

c. trennt die beiden Keimblätter der Eudikotylen.

d. stellt bereits in der frühen Entwicklung sein Längenwachstum ein.

e. ist größer als der Embryo.

Frage 42: Welcher der folgenden Begriffe hat nichts mit asexueller Vermehrung zu tun?

a. Ausläufer (Stolon).

b. Rhizom.

c. Zygote.

d. Sprossknolle.
e. Zwiebelknolle.

Frage 43: Apomixis umfasst …

a. sexuelle Fortpflanzung.
b. Meiose.
c. Befruchtung.
d. einen diploiden Embryo.
e. keine Samenbildung.

Frage 44: Welche Aussage über die Vernalisation ist *falsch*?

a. Sie kann eine mehr als einmonatige Kälteperiode benötigen.
b. Der vernalisierte Zustand hält gewöhnlich etwa eine Woche an.
c. Durch Vernalisation sind zwei Winterweizenernten pro Jahr möglich.
d. Sie wird bewerkstelligt, indem man angefeuchtete Samen einer Kältebehandlung unterzieht.
e. Sie war für russische Forscher wegen des russischen Klimas von Bedeutung.

Frage 45: Phytochrom …

a. ist das einzige Photorezeptorpigment in Pflanzen.
b. existiert in zwei Formen, die durch Licht ineinander überführt werden können.
c. ist ein Farbstoff, der rot oder dunkelrot gefärbt ist.
d. ist ein Blaulichtrezeptor.
e. ist der Photorezeptor für Phototropismus.

Frage 46: Welche Aussage über Photoperiodismus ist *falsch*?

a. Er steht in Beziehung zur biologischen Uhr.
b. Ein Phytochrom ist am Zeitsteuerungsmechanismus beteiligt.
c. Er basiert auf der Messung der Nachtlänge.
d. Die meisten Pflanzenarten sind tagneutral.
e. Er ist auf das Pflanzenreich beschränkt.

Frage 47: Osmose …

a. benötigt ATP.
b. führt zum Platzen von Pflanzenzellen, die in reines Wasser überführt werden.
c. kann zur Turgeszenz einer Zelle führen.

d. ist von den Konzentrationen der gelösten Verbindungen unabhängig.

e. läuft weiter, bis das Druckpotenzial (hydrostatischer Druck) gleich dem Wasserpotenzial ist.

Frage 48: Wasserpotenzial …

a. ist die Differenz zwischen osmotischem Potenzial (Lösungspotenzial) und Druckpotenzial.

b. ist analog zum Luftdruck in einem Autoreifen.

c. ist die Bewegung von Wasser durch eine Membran.

d. bestimmt die Richtung der Wasserbewegung zwischen Zellen.

e. ist definiert als 1,0 MPa für reines Wasser ohne Anwendung von Druck.

Frage 49: Stomata …

a. kontrollieren die Öffnung von Schließzellen.

b. geben weniger Wasser an die Umgebung ab als andere Teile der pflanzlichen Epidermis.

c. sind gewöhnlich auf der Oberseite eines Blattes häufiger.

d. sind von einer wachshaltigen Cuticula bedeckt.

e. schließen sich, wenn der Wasserverlust zu rasch erfolgt.

Frage 50: Welche Aussage über den Phloemtransport ist *falsch*?

a. Er findet in den Siebröhren statt.

b. Er hängt von Mechanismen ab, die in Source-Geweben zum Beladen des Phloems mit gelösten Stoffen dienen.

c. Er hört auf, wenn das Phloem durch Hitzeeinwirkung abgetötet wird.

d. In den Siebröhren wird ein hohes Druckpotenzial aufrechterhalten.

e. Gelöste Stoffe werden in Sink-Geweben aktiv in die Siebröhrenglieder transportiert.

Frage 51: Das faserförmige Protein in den Siebröhrengliedern …

a. kann Lecks verstopfen, wenn eine Pflanze verletzt wird.

b. verstopft die Siebplatten zu jeder Zeit.

c. verstopft die Siebplatten zu keiner Zeit.

d. besitzt keine bekannte Funktion.

e. liefert die Antriebskraft im Phloemtransport.

Frage 52: Makronährelemente …

a. werden als solche bezeichnet, da sie noch essenzieller als Mikronährelemente sind.

b. umfassen unter anderem Mangan, Bor und Zink.

c. fungieren als Katalysatoren.

d. werden in Konzentrationen von mindestens 1 Gramm pro Kilogramm pflanzlicher Trockenmasse benötigt.

e. werden durch den Photosyntheseprozess gewonnen.

Frage 53: Welches der folgenden Elemente ist *keine* essenzieller Mineralstoff für Pflanzen?

a. Kalium.

b. Magnesium.

c. Calcium.

d. Blei.

e. Phosphor.

Frage 54: Welche der folgenden Antworten beschreibt *keine* Anpassung an trockene Lebensräume?

a. Ein schwächer negatives osmotisches Potenzial in den Vakuolen.

b. Behaarte Blätter.

c. Eine dickere Cuticula über der Blattepidermis.

d. Eingesenkte Spaltöffnungen.

e. Ein Wurzelsystem, das in jeder Regenzeit wächst und in der Trockenzeit zurückgeht.

Frage 55: In einem typischen Boden …

a. neigt der Oberboden dazu, Nährelemente durch Auswaschen zu verlieren.

b. gibt es vier oder mehr Bodenhorizonte.

c. besteht der C-Horizont vorwiegend aus Lehm.

d. sammelt sich das tote und verwesende Material im B-Horizont an.

e. bedeutet mehr Ton mehr Luftraum (Poren) und damit mehr Sauerstoff für die Wurzeln.

Frage 56: Welcher der folgenden Schritte ist *kein* wichtiger Schritt in der Bodenbildung?

a. Entfernung von Bakterien.

b. mechanische Verwitterung.

c. chemische Verwitterung.

d. Bildung von Tonmineralen.

e. Hydrolyse von Bodenmineralstoffen.

Frage 57: Die Gibberelline …

a. sind für Phototropismus und Gravitropismus verantwortlich.

b. sind bei Raumtemperatur gasförmig.

c. werden nur von Pilzen gebildet.

d. führen bei einigen zweijährigen Pflanzen zum Schossen.

e. hemmen die Synthese von Verdauungsenzymen durch Gerstensamen.

Frage 58: Im Coleoptilgewebe wird Auxin …

a. von der Basis zur Spitze transportiert.

b. von der Spitze zur Basis transportiert.

c. entweder zur Spitze oder zur Basis transportiert, je nachdem, wie die Coleoptile in Hinblick auf die Schwerkraft ausgerichtet ist.

d. durch einfache Diffusion ohne bevorzugte Richtung transportiert.

e. nicht transportiert, da Auxin da verbraucht wird, wo es gebildet wird.

Frage 59: Welcher Vorgang wird *nicht* direkt durch Auxin beeinflusst?

a. Apikaldominanz.

b. Blattfall.

c. die Synthese von Verdauungsenzymen durch Gerstensamen.

d. Wurzelinitiierung.

e. parthenokarpe Fruchtentwicklung.

Frage 60: Pflanzliche Zellwände …

a. werden vorwiegend durch Protein verstärkt.

b. machen häufig mehr als 90 % des Gesamtvolumens einer gestreckten Zelle aus.

c. können durch einen Anstieg des pH-Werts aufgelockert werden.

d. werden dünner und dünner, je länger die Zelle wird.

e. werden durch Behandlung mit Auxin plastischer.

Frage 61: Welche Aussage über Cytokinine ist *falsch*?

a. Sie fördern die Knospenbildung in Gewebekulturen.

b. Sie verzögern die Seneszenz von Blättern.

c. Sie fördern gewöhnlich das Streckungswachstum von Sprossen.

d. Sie führen bei bestimmten lichtabhängigen Samen zur Keimung im Dunkeln.

e. Sie stimulieren die Entwicklung von Seitenzweigen aus Seitenknospen.

Frage 62: Ethylen …

a. wird durch Silbersalze wie Silberthiosulfat in seiner Wirkung gehemmt.

b. ist bei Raumtemperatur flüssig.

c. verzögert die Fruchtreife

d. fördert allgemein die Sprossstreckung.

e. hemmt das Dickenwachstum des Sprosses, im Gegensatz zur Cytokininwirkung.

Frage 63: Beim nichtzyklischen Elektronentransport wird Wasser genutzt, um …

a. Chlorophyll anzuregen.

b. ATP zu hydrolysieren.

c. Chlorophyll zu reduzieren.

d. NADPH zu oxidieren.

e. Chlorophyll zu synthetisieren.

Frage 64: Welche Aussage über Licht ist richtig?

a. Ein Absorptionsspektrum ist eine Auftragung von biologischer Wirksamkeit gegen die Wellenlänge.

b. Ein Absorptionsspektrum kann eine gute Methode zur Identifikation eines Pigments sein.

c. Licht muss nicht absorbiert werden, um eine biologische Wirkung hervorzurufen.

d. Ein gegebenes Molekül kann jede Energieebene einnehmen.

e. Ein Pigment gibt Energie ab, wenn es ein Photon absorbiert.

Frage 65: Welche Aussage über Chlorophylle ist *falsch*?

a. Sie absorbieren Licht nahe der beiden Endbereiche des sichtbaren Spektrums.

b. Sie können Energie von anderen Pigmenten wie Carotinoiden aufnehmen.

c. Angeregtes Chlorophyll kann entweder eine andere Substanz reduzieren oder es kann fluoreszieren.

d. Angeregtes Chlorophyll kann als Oxidationsmittel reagieren.

e. Sie enthalten Magnesium.

Frage 66: Beim zyklischen Elektronentransport …

a. wird molekularer Sauerstoff freigesetzt.

b. wird ATP gebildet.

c. gibt Wasser Elektronen und Protonen ab.

d. wird $NADPH + H^+$ gebildet.

e. reagiert CO_2 mit RuBP.

Frage 67: Was findet beim nichtzyklischen Elektronentransport *nicht* statt?

a. Molekularer Sauerstoff wird freigesetzt.

b. ATP wird gebildet.

c. Wasser gibt Elektronen und Protonen ab.

d. NADPH + H$^+$ wird gebildet.

e. CO_2 reagiert mit RuBP.

Frage 68: In den Chloroplasten ...

a. führt Licht zum Herauspumpen von Protonen aus den Thylakoiden.

b. bildet sich ATP, wenn Protonen in die Thylakoide gepumpt werden.

c. führt Licht dazu, dass das Stroma basischer wird als die Thylakoide.

d. kehren Protonen durch Proteinkanäle passiv in die Thylakoide zurück.

e. benötigt die Protonenpumpe ATP.

Frage 69: Welche Aussage über den Calvin-Zyklus ist *falsch*?

a. CO_2 reagiert mit RuBP, und 3PG wird gebildet.

b. RuBP wird durch den Umbau von 3PG gebildet.

c. ATP und NADPH + H$^+$ werden gebildet, wenn 3PG reduziert wird.

d. Die 3PG-Konzentration steigt an, wenn das Licht abgeschaltet wird.

e. Rubisco katalysiert die Reaktion von CO_2 und RuBP.

Frage 70: Bei der C_4-Photosynthese ...

a. ist 3PG das erste Produkt der CO_2-Fixierung.

b. katalysiert Rubisco den ersten Schritt im Biosyntheseweg.

c. werden in Bündelscheidenzellen durch die PEP-Carboxylase C_4-Säuren gebildet.

d. läuft die Photosynthese mit einer geringeren Rate weiter als in C_3-Pflanzen.

e. wird aus RuBP freigesetztes CO_2 auf PEP übertragen.

Frage 71: Die Photosynthese in grünen Pflanzen läuft nur bei Tag ab. Die Zellatmung bei Pflanzen ereignet sich ...

a. nur nachts.

b. nur, wenn genügend ATP zur Verfügung steht.

c. nur tagsüber.

d. ständig.

e. im Chloroplasten nach der Photosynthese.

Frage 72: Photorespiration ...

a. findet nur in C_4-Pflanzen statt.

b. umfasst Reaktionen, die in Peroxisomen ablaufen.

c. erhöht den Ertrag der Photosynthese.

d. wird durch PEP-Carboxylase katalysiert.

e. ist von der Lichtintensität unabhängig.

Frage 73: Die Nitratreduktion …

a. wird von Pflanzen durchgeführt.

b. findet in den Mitochondrien statt.

c. wird durch das Enzym Nitrogenase katalysiert.

d. umfasst auch die Reduktion von Nitritionen zu Nitrationen.

e. ist als Haber-Bosch-Verfahren bekannt.

Frage 74: Pflanzen schützen sich manchmal vor ihren eigenen toxischen Sekundärstoffen, …

a. indem sie spezielle Enzyme bilden, welche die Toxine abbauen.

b. indem sie die Vorstufen der Toxine und die sie aktivierenden Enzyme in getrennten Kompartimenten speichern.

c. indem sie die Toxine in Mitochondrien oder Chloroplasten speichern.

d. indem sie die Toxine auf alle Zellen der Pflanze verteilen.

e. indem sie den Crassulaceen-Säurestoffwechsel (CAM) durchführen.

Frage 75: Welche Aussage über sekundäre Pflanzenstoffe ist *falsch*?

a. Einige ziehen bestäubende Tiere an.

b. Einige sind für Herbivoren giftig.

c. Die meisten sind Proteine oder Nucleinsäuren.

d. Die meisten werden in Vakuolen gespeichert.

e. Einige ahmen tierische Hormone nach.

Frage 76: Welche der folgenden Aussagen stellt *keinen* Vorteil der Keimruhe dar?

a. Durch die Keimruhe wird die Wahrscheinlichkeit größer, dass ein Samen von Vögeln verdaut wird, die den Samen verbreiten.

b. Durch die Keimruhe werden die Effekte der von Jahr zu Jahr variierenden Umweltverhältnisse ausgeglichen.

c. Durch die Keimruhe wird die Wahrscheinlichkeit erhöht, dass ein Samen am richtigen Ort auskeimt.

d. Die Keimruhe fördert die Samenverbreitung.

e. Durch die Keimruhe kann die Keimung zu einer günstigen Jahreszeit ermöglicht werden.

Frage 77: Welche Vorgänge sind *nicht* Teil der Samenkeimung?

a. Aufnahme von Wasser (Quellung).
b. Stoffwechselveränderungen.
c. Wachstum der Keimwurzel (Radicula).
d. Mobilisierung der Nahrungsreserven.
e. gehäufte mitotische Teilungen.

Frage 78: Um die Nahrungsreserven zu mobilisieren, reagiert ein keimender Gersten-samen folgendermaßen:

a. Er verfällt in ein Ruhestadium.
b. Er durchläuft die Seneszenz.
c. Er scheidet Gibberelline ins Endosperm aus.
d. Er wandelt Glycerol (Glycerin) und Fettsäuren in Lipide um.
e. Er nimmt Proteine aus dem Endosperm auf.

Frage 79: Welche der folgenden Aussagen beschreibt *kein* Merkmal von Pflanzen, das ihre Entwicklung beeinflusst?

a. Die meisten Pflanzen sind sessil.
b. Pflanzenzellen bewegen sich im Laufe der Entwicklung nicht relativ zueinander.
c. Solange Pflanzen wachsen, produzieren sie regelmäßig Meristeme.
d. Pflanzen verfügen über eine große Entwicklungsplastizität.
e. Pflanzen legen bereits im Frühstadium ihrer Embryonalentwicklung Keimzellen an.

Frage 80: Welche der folgenden Pflanzenstrukturen verändern sich *nicht* als Reaktion auf die Bedingungen, unter denen die Pflanze wächst?

a. Wurzeln
b. Samen
c. Blätter
d. Sprosse
e. Zweige

Frage 81: Welche Eigenschaften besitzen Pflanzen im engeren Sinne?

Frage 82: Wie ist eine Zellwand aufgebaut und welche Substanzgruppen sind am Aufbau beteiligt?

Frage 83: Nennen Sie zelluläre Strukturen, die typisch pflanzlich sind!

Frage 84: Was sind „Apoplast" und „Symplast"?

Frage 85: Wo sind Plasmalemma und Tonoplast in einer pflanzlichen Zelle anzutreffen?

Frage 86: Wodurch werden intrazelluläre Bewegungen bei Pflanzen ausgelöst?

Frage 87: Wie erklärt man sich den Aufbau von komplexen Plastiden?

Frage 88: Welche Plastidentypen enthalten die Zellen panaschierter Blätter?

Frage 89: Wie entstehen Chromoplasten?

Frage 90: Welche typischen Farbstoffe sind in Chromoplasten enthalten?

Frage 91: Was speichern Amyloplasten?

Frage 92: Was ist die „Cuticula"?

Frage 93: Worin besteht die Aufgabe der Cuticula?

Frage 94: Was sind „Cuticularschichten"?

Frage 95: Was sind „Plasmodesmen"?

Frage 96: Wie können Interzellularen entstehen?

Frage 97: Was versteht man unter „isodiametrischen" und „prosenchymatischen" Zellen?

Frage 98: Was ist ein „Aerenchym"?

Frage 99: Nach welchen Kriterien können Parenchyme unterschieden werden?

Frage 100: Nennen Sie typische Unterschiede zwischen Kollenchymen und Sklerenchymen!

Frage 101: Was versteht man unter pflanzlichen „Haaren"?

Frage 102: Was sind „Emergenzen"? Nennen Sie ein typisches Beispiel bei einheimischen Pflanzen!

Frage 103: Welche Funktionen hat der Milchsaft bei Pflanzen?

Frage 104: Wie entstehen gegliederte und ungegliederte Milchröhren?

Frage 105: Wo werden pflanzliche Sekrete wie Öle und Harze meistens gelagert?

Frage 106: Was sind „Idioblasten"?

Frage 107: Was sind „Restmeristeme"?

Frage 108: Nennen Sie Beispiele für sekundäre Meristeme!

Frage 109: Aus welchem Gewebe des Vegetationskegels gehen die Blattanlagen hervor?

Frage 110: Was sind „Phloem" und „Xylem"?

Frage 111: Wie unterscheiden sich offene und geschlossene Leitbündel?

Frage 112: Nennen Sie die typischen Elemente des Xylems bei Angiospermen!

Frage 113: Nennen Sie die typischen Elemente des Phloems bei Angiospermen!

Frage 114: Welche cytologischen Besonderheiten weisen die Siebröhrenzellen auf?

Frage 115: Wie unterscheiden sich Strasburger-Zellen und Geleitzellen?

Frage 116: Welche Aufgabe haben die Strasburger-Zellen?

Frage 117: Wie kommt es zur Bildung von Jahresringen?

Frage 118: Welche Typen des sekundären Dickenwachstums bei dikotylen Pflanzen werden voneinander abgegrenzt und welche typischen Unterschiede gibt es?

Frage 119: Wie kommt es zur Bildung von Holz- und Baststrahlen?

Frage 120: Wie heißt das sekundäre Abschlussgewebe der Sprossachsen vieler Bäume?

Frage 121: Welche zellulären Elemente des Holzes treten bei Angiospermen, aber nicht bei Gymnospermen auf?

Frage 122: Was versteht man unter „ringporigen" und „zerstreutporigen" Hölzern?

Frage 123: Wie bilden sich Thyllen?

Frage 124: Was ist die Funktion der Thyllen?

Frage 125: Welche Zellelemente bilden den Weichbast und welche den Hartbast bei der Linde *Tilia cordata*?

Frage 126: Wie heißt das sekundäre Abschlussgewebe der Sprossachsen vieler Bäume? Aus welchen Schichten besteht es?

Frage 127: Was versteht man unter der „Borke"? Was ist ihre Funktion?

Frage 128: Was sind „Lentizellen"?

Frage 129: Wodurch zeichnen sich Kormophyten aus?

Frage 130: Wie unterscheiden sich Monopodien und Sympodien?

Frage 131: Wie nennt man blattartig verbreiterte Kurzsprosse bzw. Langsprosse?

Frage 132: Was sind „Rhizome"?

Frage 133: Welche Bestandteile des Blattes bilden Ober- und Unterblatt?

Frage 134: Was sind die Hauptfunktionen des typischen Laubblattes?

Frage 135: Wie sehen Niederblätter aus und wo kommen sie vor?

Frage 136: Nennen Sie ein typisches Beispiel einheimischer Pflanzen für Anisophyllie und Heterophyllie!

Frage 137: Zählen Sie die Gewebeschichten eines dorsiventral gebauten Laubblattes auf!

Frage 138: Woraus besteht eine Spaltöffnung?

Frage 139: Wie unterscheiden sich bifaziale und unifaziale Blätter?

Frage 140: Wie werden Blätter bezeichnet, deren Ober- und Unterseite morphologisch gleich gestaltet sind?

Frage 141: Nennen Sie drei typische Merkmale für den xeromorphen Bau des Nadelblattes bei der Kiefer!

Frage 142: Wie können Sie ein Sonnen- und ein Schattenblatt anatomisch/morphologisch bzw. physiologisch unterscheiden?

Frage 143: Nennen Sie drei wichtige Aufgaben der Wurzel!

Frage 144: Was versteht man unter der „Rhizodermis"?

Frage 145: Zählen Sie die Gewebeschichten der typischen primären Wurzel von außen nach innen auf!

Frage 146: Welchen Leitbündeltyp findet man in der Wurzel dikotyler Pflanzen?

Frage 147: Aus welchem Gewebe erfolgt die Anlage der Seitenwurzeln bei Samenpflanzen?

Frage 148: Welche Aufgabe hat die Calyptra?

Frage 149: Welche Ausbildungsstadien der Endodermis lassen sich durch was voneinander unterscheiden?

Frage 150: Welche Funktion hat die Endodermis?

Frage 151: Welche Funktion für den Ionenhaushalt der Pflanze hat der Caspary-Streifen?

Frage 152: Wie heißt das sekundäre Abschlussgewebe der Wurzel?

Frage 153: Wie kann man unterirdisch wachsende Sprossachsen von einer Wurzel unterscheiden? Nennen Sie drei Merkmale!

Frage 154: Sie erhalten einen Pflanzenteil. Wie können Sie feststellen, ob es sich um ein Spross- oder ein Wurzelstück handelt?

Frage 155: Wie entsteht das interfaszikuläre Cambium, zu welchem Gewebetyp zählt es und welche Aufgabe erfüllt es?

Frage 156: Ist Holz immer verholzt?

Frage 157: Zu welchen Geweben zählt das Periderm, wie entsteht es und welche Aufgabe erfüllt es?

Frage 158: Warum spricht man bei Blättern von exogener und bei Seitenwurzeln von endogener Entstehung?

Frage 159: Was versteht man unter dem Begriff „Entwicklung" und welche elementaren Prozesse umfasst er?

Frage 160: Wie grenzen sich die Begriffe „Zellvermehrung" und „Zellvergrößerung" gegeneinander ab?

Frage 161: Was bedeutet der Begriff „Metamorphose" im Kontext der Pflanzenmorphologie?

Frage 162: Nennen Sie Metamorphosen der Blätter mit Artbeispielen, die folgende Aufgaben haben: a) Befestigung, b) Wasserspeicherung, c) Reservestoffspeicherung, d) Abwehr.

Frage 163: Nennen Sie Metamorphosen der Sprossachse mit Artbeispielen, die folgende Aufgaben haben: a) Befestigung, b) Speicherung von Reservestoffen, c) Abwehr, d) Wasserspeicherung.

Frage 164: Sind Stacheln Metamorphosen der Sprossachse?

Frage 165: Nennen Sie Metamorphosen der Wurzel mit Artbeispielen, die folgende Aufgaben haben: a) Reservestoffspeicherung, b) Stoffaustausch, c) Befestigung kletternder Pflanzen, d) Festigung aufrecht wachsender Pflanzen.

Frage 166: Welche Dauerformen können bei Geophyten unterschieden werden? Nennen Sie zu der Überdauerungsform die an ihrer Bildung beteiligten Organe und Artbeispiele.

Frage 167: Was sind pflanzliche Zellkultursysteme, und aus welchen Geweben stammen die verwendeten Zellen?

Frage 168: Warum besitzen Pflanzenzellen in der Regel eine Zellwand?

Frage 169: Was sind „Coenobien"?

Frage 170: Was sind „Coenoblasten", „Plasmodien" und „Syncytien"? Kennen Sie Beispiele?

Frage 171: Was ist eine „Energide"?

Frage 172: Was versteht man unter „mono-" und „polyenergid"?

Frage 173: Wo werden Speicherproteine in Getreidekörnern und Keimblättern von Hülsenfrüchtlern gespeichert?

Frage 174: Was versteht man unter „Sakkoderm"?

Frage 175: Wozu brauchen Pflanzen- und Pilzzellen Zellwände?

Frage 176: Wie ist die typische verkorkte Zellwand aufgebaut? Nennen Sie die Wandschichten mit den charakteristischen Bestandteilen!

Frage 177: Welches sind die wichtigsten Bestandteile der primären Zellwände?

Frage 178: Wie entwickelt sich die Primärwand bei der Zellteilung?

Frage 179: Wann spricht man von „sekundären Zellwänden"?

Frage 180: In welcher Form sind die Cellulosemoleküle in der Zellwand organisiert?

Frage 181: Was ist die wichtigste Eigenschaft der Mikrofibrillen?

Frage 182: Wo wird Cellulose synthetisiert?

Frage 183: Welches sind die wirtschaftlich wichtigsten Cellulosequellen?

Frage 184: Wie viel Cellulose wird jährlich erzeugt?

Frage 185: Was versteht man unter „Spitzenwachstum"?

Frage 186: Welche Texturen der Cellulose-Fibrillen gibt es und wo kommen sie vor?

Frage 187: Welche Wandschichten finden sich an einer Tracheidenwand einer Konifere?

Frage 188: Warum brauchen Landpflanzen Festigungsgewebe und welche Typen gibt es?

Frage 189: Wodurch wird die Druckfestigkeit der Zellwand erhöht?

Frage 190: Was bedeutet „Verholzung" der Zellwand?

Frage 191: Was versteht man unter „Verbundbauweise" der verholzten Zellwände, und welche Vorteile hat sie? Gibt es technische Nachahmungen?

Frage 192: Was versteht man unter „Inkrustation" und „Akkrustation" und welche Stoffe sind daran beteiligt?

Frage 193: Beschreiben Sie die Rolle von Inkrust und Gerüst für die Festigkeit von Reaktionsholz?

Frage 194: Welche Teile der Suberinschicht sind besonders hydrophob? Wo entsteht Suberin und wie gelangt es aus der Zelle hinaus?

Frage 195: Warum ist die Lamellenbauweise der Sekundärwände für die Funktion der Verkorkung vorteilhaft?

Frage 196: Was ist „Callose"? Wo tritt sie auf?

Frage 197: Was sind „Tüpfel"?

Frage 198: Aus welchen Teilen besteht ein Hoftüpfel bei Koniferen?

Frage 199: Welche Funktion hat der Torus?

Frage 200: Wie werden Zellwände wasserdicht gemacht?

Frage 201: Was bedeutet „Verkorkung"?

Frage 202: Welche Funktionen werden den Vakuolen zugeschrieben?

Frage 203: Durch welche Parameter werden Organisationsformen definiert?

Frage 204: Nennen Sie verschiedene Typen von Ölbehältern und geben Sie je ein Beispiel an!

Frage 205: Nennen Sie Adaptationen an stickstoffarme Standorte!

Frage 206: Welche anatomischen und biochemischen Anpassungen, die Pflanzen Wasser sparen helfen, kennen Sie?

Frage 207: Welche ökologischen Vorteile und welche ernährungsphysiologischen Nachteile beinhaltet die epiphytische Lebensform? Anpassungen?

Frage 208: Beschreiben Sie unter Verwendung der entsprechenden Fachtermini die Regulation des Klappfallenmechanismus der Venusfliegenfalle, den Klebefallenmechanismus des Sonnentaus oder die Bewegungsreaktion bei Mimosen.

Frage 209: Bewegungen bei Pflanzen können sehr schnell erfolgen, wie etwa die Blattbewegungen bei *Mimosa*. Kennen Sie weitere Beispiele für schnelle Bewegungen?

Frage 210: Bewegungen bei Pflanzen können auch sehr langsam sein. Wie würden Sie den Begriff „Bewegung" definieren?

Frage 211: Pflanzliche Bewegungen werden durch eine Vielzahl von Faktoren ausgelöst oder reguliert. Nennen Sie die wichtigsten Faktoren und gehen Sie auf mögliche Perzeptionsmechanismen ein.

Frage 212: Welche Bewegungstypen können unterschieden werden? Definieren Sie die unterschiedlichen Typen und nennen Sie jeweils ein oder mehrere Beispiele!

Frage 213: Kennen Sie Beispiele für autonome Bewegungen?

Frage 214: Wie erfolgt bei Pflanzen die Perzeption des Schwerereizes? Beschreiben Sie eine Theorie. Welches sind die strukturellen Voraussetzungen der Zelle?

Frage 215: Welche Mechanismen der Fortbewegung kennen Sie bei pflanzlichen Gameten (meist männlichen) und wie erfolgt das Aufsuchen des weiblichen Gameten?

Frage 216: Licht und Leben gehören untrennbar zusammen. Wie greift der Faktor Licht in Bewegungsvorgänge ein?

Frage 217: Nennen sie jeweils ein Beispiel für gravitrope und für phototrope Umstimmung. Welche Funktion haben diese Veränderungen der Reaktionsnorm?

Frage 218: Auch die Gravitation ist ein Faktor, der pflanzliche Bewegungen beeinflusst. Wie kann dieser Faktor im Experiment ausgeschlossen werden?

Frage 219: Wie funktionieren pflanzliche hydraulische Gelenke?

Frage 220: Wie unterscheiden sich „Tropismen" von „Nastien"?

Frage 221: Stellen Sie die Regenerationssysteme „Organogenese" und „somatische Embryogenese" einander gegenüber!

Frage 222: Welcher prinzipielle Unterschied besteht zwischen „holo-" und „hemiparasitischen" höheren Pflanzen?

Frage 223: Wie kommt Stärke vom Blatt einer Kartoffelpflanze in die Kartoffelknolle? Beschreiben Sie den Transportweg.

Frage 224: Wann ist eine Zelle „voll turgeszent"?

Frage 225: Ordnen Sie die Stadien der Plasmolyse den Punkten im abgewandelten Höfler-Diagramm zu! Begründen Sie Ihre Zuordnung.

Frage 226: Bei einem „Umkehrosmose" genannten Verfahren zur Reinigung von schadstoffbelastetem Wasser strömt gelöste Schadstoffe enthaltendes Wasser durch eine semipermeable Membran in ein Kompartiment mit reinem Wasser (umgekehrt zur Richtung bei der Osmose!), während die Schadstoffe an der Membran zurückgehalten werden. Wie kann ein Wasserstrom in dieser Richtung erzeugt werden? Benutzen Sie bei Ihrer Erklärung den Begriff des Wasserpotenzials und seiner Teilkomponenten. Welche Komponente des Wasserpotenzials müsste demnach bei der Pfeffer'schen Zelle verändert werden, um eine Umkehrosmose stattfinden zu lassen?

Frage 227: Trockene Samen nehmen nach Niederschlägen Wasser auf und können dabei ihr Volumen beträchtlich vergrößern. Dabei können enorme Kräfte wirken, die in manchen Fällen sogar Gestein „sprengen" können. Welcher physikalische Vorgang findet statt, und welche Teilkomponente des Wasserpotenzials ist dafür die hauptsächliche treibende Kraft?

Frage 228: Von welchen Faktoren wird die Wasseraufnahme einer Pflanze aus dem Boden über die Wurzel bestimmt?

Frage 229: Beschreiben Sie den Weg des Wassers durch die Pflanze vom Wurzelhaar bis zur Spaltöffnung! Was ist die treibende Kraft des Wasserflusses durch eine Pflanze?

Frage 230: In welcher Form kann die Pflanze folgende Makro- und Mikronährelemente aufnehmen: N, C, Fe, K, Cl, P, O, Mn? Welche Bedeutung haben diese Elemente im Stoffwechsel?

Frage 231: Eine Pflanze zeigt bei Magnesiummangel eine Chlorose der älteren, bei Eisenmangel eine Chlorose der jüngeren Blätter. Wie erklären Sie sich diesen Sachverhalt?

Frage 232: Wovon ist die Nährstoffverfügbarkeit von Ionen im Boden abhängig?

Frage 233: Können bei den höheren Pflanzen nur die Wurzeln Ionen aufnehmen?

Frage 234: Welche Anpassungen sind typisch für Pflanzen, die auf Substraten mit ungewöhnlicher Mineralstoffzusammensetzung wachsen?

Frage 235: Warum findet man auf Salzwiesen an der Nordsee sukkulente Pflanzen?

Frage 236: Nennen Sie drei prinzipielle Unterschiede zwischen Xylem- und Phloemtransport!

Frage 237: Wie hoch können Wurzeldruck und Transpirationssog maximal etwa werden?

Frage 238: Wie lässt sich im Experiment nachweisen, dass der Wurzeldruck durch aktive Prozesse zustande kommt?

Frage 239: Wodurch äußert sich der Wurzeldruck in wasserdampfgesättigter Luft?

Frage 240: Warum muss der Xylemtransport in toten Zellen stattfinden?

Frage 241: Warum welken Schnittblumen erkennbar langsamer, wenn man ihre Stängel unter Wasser abschneidet und sie in eine wassergefüllte Vase stellt, solange sich noch Wasser auf der Schnittfläche befindet?

Frage 242: Würden Sie folgender Aussage zustimmen: „Der Xylemtransport ist ein Massenstrom mit Solarantrieb"?

Frage 243: Wodurch wird die Richtung des Massenstroms beim Phloemtransport bestimmt?

Frage 244: Nennen Sie fünf ökochemische Funktionen sekundärer Pflanzenstoffe und geben Sie jeweils ein Beispiel an.

Frage 245: Setzen Sie die Begriffe „Phytoalexine" und „Elicitoren" in Zusammenhang.

Frage 246: Welche Abwehrmaßnahmen besitzen Pflanzen gegen Pathogene?

Frage 247: Welche Beziehung besteht zwischen den pflanzlichen *R*-Genen und den *Avr*-Genen eines phytopathogenen Organismus?

Frage 248: Wie schützen sich Pflanzen vor der Selbstzerstörung?

Frage 249: Wie viele Phytohormongruppen gibt es und welche haben fördernden Einfluss auf die Zellstreckung?

Frage 250: Was versteht man unter der „biologischen Uhr"?

Frage 251: Worin unterscheiden sich Sonnen- und Schattenchloroplasten und warum?

Frage 252: Wie kommen Chloroplasten zu ihrer Doppelmembran?

Frage 253: Warum sind Carotinoide sowohl Primär- als auch Sekundärmetaboliten?

Frage 254: Wie unterscheidet sich das aktive vom inaktiven Phytochrom?

Frage 255: Warum sind Superoxid-Radikalionen so gefährlich?

Frage 256: Warum sind photosynthetisch aktive Zellen höherer Pflanzen grün?

Frage 257: Was bestimmt hauptsächlich das Verhältnis von Chlorophyll *a* zu Chlorophyll *b*?

Frage 258: Welche Funktion hat das Ascorbat in der Hill-Reaktion bei Verwendung von DCPIP als Elektronendonator für PS I?

Frage 259: Wieso kann DCPIP in der Hill-Reaktion als Donator und Akzeptor eingesetzt werden?

Frage 260: Welches sind die Wege der Anregungsenergie?

Frage 261: Warum ist die Wellenlänge eines absorbierten Lichtquants für das Entstehen einer Ladungstrennung nicht so wichtig?

Frage 262: Was belegt der Emerson-Effekt?

Frage 263: Weshalb erhöht eine Hemmung der photochemischen und thermischen Energiedissipation die Chlorophyllfluoreszenz?

Frage 264: Wie kommen Entkoppler zu ihrer Bezeichnung?

Frage 265: Warum fehlt in den Mesophyllzellen der C_4-Pflanzen die Stärke?

Frage 266: Warum begünstigt Kälte die Photoinhibition?

Frage 267: Wie hängen die photochemischen Reaktionen und die Reaktionen der Kohlenstoffassimilation zusammen?

Frage 268: Wo genau werden bei der Kohlenstoffassimilation Reduktionsäquivalente und ATP verbraucht? Nennen Sie die beteiligten Enzyme!

Frage 269: Wozu dient der Calvin-Zyklus?

Frage 270: Berechnen Sie die thermodynamische Effizienz (den Wirkungsgrad) des Calvin-Zyklus! Als Hilfe sei Ihnen angegeben: ΔG der Hydrolyse eines ATP erbringt -30 kJ mol^{-1}, die Oxidation eines NADPH -217 kJ mol^{-1}.

Frage 271: Wo liegen die formalen Gemeinsamkeiten und die prinzipiellen Unterschiede zwischen mitochondrialer (Dunkel-)Respiration und Photorespiration?

Frage 272: Warum benötigen C_3-Pflanzen 3 ATP pro fixiertem CO_2, C_4-Pflanzen jedoch 5? Wo werden die zusätzlichen ATP verbraucht?

Frage 273: Haben C_3-Pflanzen eine PEP-Carboxylase?

Frage 274: Sind C_4- und CAM-Pflanzen grundsätzlich zur Photorespiration befähigt?

Frage 275: Wie können Herbizide wirken?

Frage 276: Wie werden ATP und NADPH aus dem Chloroplasten exportiert?

Frage 277: Nennen Sie vier Faktoren, die die Öffnungsweite der Stomata beeinflussen. Auf welche Art und Weise kann Licht auf die Spaltöffnungen wirken?

Frage 278: In einem populärwissenschaftlichen Artikel in einer Illustrierten sollte den Lesern (ohne Vorkenntnisse in Biologie) der Nutzen von Bäumen in der Großstadt erklärt werden. Dabei war unter anderem der Satz zu lesen: „Bei der Photosynthese wandeln die Bäume CO_2 in Sauerstoff um." Was halten Sie von einem solchen Artikel?

Frage 279: Wenn es eines Tages gelänge, eine transgene Pflanze mit einer Rubisco ohne Oxygenaseaktivität zu erzeugen, wäre dies tatsächlich ein Vorteil? Welche Nachteile können sich daraus ergeben?

Frage 280: Bei gestressten Pflanzen kann das Verhältnis der Partialdrücke von O_2 und CO_2 drastisch zugunsten von O_2 verschoben sein. Folglich nimmt der Anteil der Oxygenaseaktivität an der gesamten Aktivität der Rubisco zu. Kann eine Pflanze bei einem Verhältnis von 1 zu 2 der Carboxylierung und Oxygenierung des Ribulose-1,5-bisphosphates durch die Rubisco einen Nettokohlenstoffgewinn erzielen?

Frage 281: In der Atmosphäre liegen die Kohlenstoffisotope ^{12}C und ^{13}C in einem konstanten Verhältnis von etwa 99 zu 1 vor. Die Rubisco verarbeitet ^{12}C, aber nicht ^{13}C, die PEP-Carboxylase unterscheidet dagegen nicht zwischen den beiden Isotopen. Der Anteil von ^{12}C und ^{13}C in einer Probe lässt sich massenspektrometrisch bestimmen. Überlegen Sie, in welcher Pflanzengruppe der höchste, in welcher der niedrigste relative Anteil von ^{13}C in der Biomasse vorliegt: C_3-, C_4- oder CAM-Pflanzen? Kann man feststellen, ob eine Saccharoseprobe aus dem Zuckerrohr oder aus der Zuckerrübe stammt?

Frage 282: CAM-Pflanzen schließen ihre Stomata zu Beginn des Tages und öffnen sie bei Dunkelheit. Dies bezeichnet man als inverse Stomataregulation. Kann dies mit den Prinzipien der Spaltöffnungregulation bei C_3- und C_4-Pflanzen vereinbart werden, oder liegt hier eine abweichende Regulation vor?

Frage 283: Warum ist es oft schwierig, Zimmerpflanzen in geheizten Räumen zu überwintern? Wie könnte man abhelfen, wenn es nicht möglich ist, die Pflanzen in einem kühleren Raum unterzubringen? Berücksichtigen Sie bei Ihren Überlegungen Liebigs Gesetz und die Abhängigkeit der Photosynthese von Außenfaktoren!

Frage 284: Welche Reaktionen laufen an den Thylakoiden, welche im Stroma ab?

Frage 285: Warum wird die ATP-Synthese bei der anoxygenen Photosynthese als zyklische Photophosphorylierung bezeichnet?

Frage 286: Knöllchenbakterien: Wie viele Elektronen und ATP sind für die Reduktion von N_2 zu NH_3 notwendig? Formulieren Sie die Reaktionsgleichung.

Frage 287: Was geschieht mit dem Endprodukt der assimilatorischen Nitratreduktion?

Frage 288: Welcher Vorgang erfordert mehr Energieaufwand: die assimilatorische Reduktion von NO_3^- oder die Reduktion von N_2 über die Nitrogenase? Vergleichen Sie den ATP-Verbrauch beider Prozesse vom Ausgangsprodukt bis zum Glutamat!

Frage 289: Formulieren Sie die Bilanz der assimilatorischen Nitratreduktion in höheren Pflanzen.

Frage 290: Formulieren Sie die Reaktionsgleichung der assimilatorischen Sulfatreduktion in höheren Pflanzen.

Frage 291: In wie viele Gruppen lassen sich die sekundären Pflanzenstoffe einteilen und wie heißen sie?

Frage 292: Nennen Sie zwei Wege für die Synthese von phenolischen Verbindungen und deren wesentliche Prinzipien!

Frage 293: Wie werden Lignine gebildet?

Frage 294: Wie sind Anthocyane aufgebaut, von welchem Grundgerüst kann man sie ableiten und inwieweit ist ihre Farbgebung beeinflussbar?

Frage 295: Welches ist der Grundbaustein der Terpenoide, wie wird er synthetisiert und wie heißt die aktivierte Form?

Frage 296: Nennen Sie die Substanzklassen der Terpenoide mit je einem Beispiel!

Frage 297: Was sind Alkaloide und wie unterscheidet man „echte" Alkaloide von Pseudoalkaloiden?

Frage 298: Versuchen Sie, den Begriff „Spore" für die Botanik zu definieren und geben sie Eigenschaften der folgenden Sporentypen an: Mitospore, Aplanomeiospore, Haplomitozoospore, Hypnospore.

Frage 299: Welche Sporentypen dienen der vegetativen Fortpflanzung, welche sind in den sexuellen Fortpflanzungszyklus eingebunden?

Frage 300: In welchem äußeren Merkmal unterscheiden sich Mitosporen oft von Meiosporen, welche Merkmale sind beiden Typen gemeinsam?

Frage 301: Dominiert bei den Laubmoosen der Gametophyt oder der Sporophyt?

Frage 302: Wie unterscheiden sich die Samenanlagen der Nacktsamer und der Bedecktsamer voneinander?

Frage 303: Welchen Ploidiegrad haben beim typischen Generationswechsel der Angiospermen der Embryo, das Endosperm und die Antipoden?

Frage 304: Was ist ein „Perianth"?

Frage 305: Wie ist ein Staubblatt aufgebaut?

Frage 306: Woraus besteht ein Karpell?

Frage 307: Was bedeutet „Coenokarpie"?

Frage 308: Was versteht man unter der „Testa"?

Frage 309: Definieren Sie eine „Frucht"!

Frage 310: Wie heißt die Frucht der Gräser?

Frage 311: Welche Reservestoffe finden wir im Weizenkorn?

Frage 312: Wie würden Sie den Begriff „Gamet" definieren?

Frage 313: Beschreiben sie vegetative und sexuelle Fortpflanzung von *Chlamydomonas*.

Frage 314: Innerhalb der tierischen wie auch der pflanzlichen Organismen erfolgte in der Stammesgeschichte der Übergang von Isogamie über Anisogamie bis zur oogamen Fortpflanzung. Warum ist das so?

Frage 315: Erläutern und grenzen sie gegeneinander ab: „Kernphasen-" und „Generationswechsel".

Frage 316: Die Fortpflanzungszyklen der Algen sind sehr vielfältig. Versuchen Sie, die Fortpflanzung einer Alge ihrer Wahl zu erläutern.

Frage 317: Unter dem Begriff „Algen" wird keine (!) geschlossene Abstammungsgemeinschaft zusammengefasst! Anhand welcher Merkmale kann die Gruppe eingegrenzt werden?

Frage 318: Vergegenwärtigen Sie sich die Merkmale der Abteilungen der eukaryotischen Algen. Können Sie repräsentative Vertreter beschreiben und benennen? Gehen Sie dabei auf die Pigmentausstattung und den Bau der Plastiden ein!

Frage 319: Nennen Sie einige der in Nord- und Ostsee vorkommenden Makroalgen. Welchen Gruppen werden sie zugeordnet?

Frage 320: Welche Eigenschaften der Farnpflanzen lassen diese gegenüber den Moosen als besser angepasst an das Landleben erscheinen?

Frage 321: Man vermutet den Ursprung der Landpflanzen innerhalb der Grünalgen. Welche Tatsachen stützen diese Hypothese?

Frage 322: Moose sind stammesgeschichtlich alte Organismen, dennoch sind sie morphologisch sehr einheitlich, z. B. sind baumartige Wuchsformen unbekannt. Worauf führen sie das Fehlen dieser Lebensformen bei Moosen zurück (Tipp: Vorteile des Sporophyten)?

Frage 323: Die Telomtheorie beschreibt die Vorgänge, die ausgehend von zunächst gleichwertigen Gabelästen zur Herausbildung und weiteren Differenzierung der Kormophytenorgane führen. Erläutern Sie bitte diese Theorie.

Frage 324: Bei den Pteridophyta (Farnpflanzen) treten erstmals Blüten auf. Wie sind diese primitiven Blüten aufgebaut und in welchen Gruppen treten sie auf? Nennen Sie ein oder zwei Beispiele.

Frage 325: Stellen Sie den Farnpflanzen die Samenpflanzen gegenüber!

Frage 326: Innerhalb der Farnpflanzen lassen sich Entwicklungstendenzen verfolgen, die zu fortschreitender Reduktion des Gametophyten führten. Zeigen sie anhand der Generationswechsel eines isosporen und eines heterosporen Farns diese Tendenzen auf.

Frage 327: Der Generationswechsel der Gymnospermen blieb lange Zeit unerkannt. Wie verläuft er und wer erkannte die versteckte Gametophytengeneration in diesem Entwicklungszyklus?

Frage 328: Das Auftreten blütenbesuchender Insekten und die Entwicklung der Angiospermenblüte stehen in engem stammesgeschichtlichem Zusammenhang. Welche Baueigentümlichkeiten der Angiospermenblüte sind in diesem Zusammenhang entstanden?

Frage 329: Welchen Vorteil hat die doppelte Befruchtung der Angiospermen?

Frage 330: Die Früchte der Rosaceae sind vielfältig: Erdbeere, Apfel, Birne, Aprikose, Himbeere, Hagebutte. Um welche Fruchttypen handelt es sich jeweils?

Fragen zur Zoologie

Olaf Werner

Frage 331: Vögel, die nachts ziehen, …

a. verfügen über eine angeborene Sternenkarte.
b. können die Zugrichtung bestimmen, weil sie über Zeit und Position eines Sternbilds am Himmel Bescheid wissen.
c. orientieren sich nach einem Fixpunkt am Himmel.
d. sind auf ein oder mehrere wichtige Sternbilder geprägt.
e. können die Entfernung, aber nicht die Richtung aus den Sternen bestimmen.

Frage 332: Ein Vogel wurde darauf trainiert, Futter an der Westseite eines Käfigs zu suchen, über dem der Himmel sichtbar ist. Der circadiane Rhythmus des Vogels wird dann um 6 h phasenverzögert und der Vogel nach der Phasenverschiebung um 12 Uhr mittags Echtzeit in den alten Käfig zurückgesetzt. Wo wird er Futter suchen?

a. im Norden.
b. im Süden.
c. im Osten.
d. im Westen.

Frage 333: Wenn Sie in einem Deprivationsexperiment, das die proximate Ursache von Sexualverhalten untersucht, kein Werbeverhalten feststellen, dann …

a. ist das Tier noch nicht geschlechtsreif.
b. hat das Tier einen geringen Sexualtrieb.

O. Werner (✉)
Las Torres de Cotillas, Murcia, Spanien
E-Mail: werner@um.es

O. Werner (Hrsg.), *1000 Fragen aus Zoologie und Botanik*,
DOI 10.1007/978-3-642-54983-0_2, © Springer-Verlag Berlin Heidelberg 2014

c. ist es die falsche Jahreszeit.

d. ist der richtige Auslöser nicht präsent.

e. Nichts trifft zu.

Frage 334: Um pilotieren zu können, muss ein Tier …

a. über einen zeitkorrigierten Sonnenkompass verfügen.

b. sich nach einem Fixpunkt am Nachthimmel orientieren.

c. die Entfernung zwischen zwei Punkten kennen.

d. Landmarken kennen.

e. seinen Längen- und Breitengrad kennen.

Frage 335: Welche der folgenden Aussagen trifft auf den Netzbau einer Spinne zu?

a. Je nach Umgebung verwenden Spinnen verschiedene Bauweisen.

b. Eine junge Spinne lernt, ein Netz zu bauen, indem sie das Netz ihrer Mutter kopiert.

c. Eine junge Spinne wird auf das Netz ihrer Mutter geprägt, und sobald sie geschlechtsreif ist, kopiert sie dieses Modell.

d. Die motorischen Muster zum Netzbau sind weitgehend angeboren.

e. Spinnenweibchen suchen sich ihre Geschlechtspartner nach der Qualität von deren Netzen aus.

Frage 336: Welche Aussage über Auslöser trifft zu?

a. Der geeignete Auslöser ruft stets eine Reaktion hervor.

b. Auslöser sind einfache Teilmengen sensorischer Signale, die dem Tier zur Verfügung stehen.

c. Auslöser werden durch Prägung gelernt.

d. Auslöser lösen erlernte Verhaltensmuster aus.

e. Ein Tier reagiert auf einen Auslöser, sobald es geschlechtsreif ist.

Frage 337: Welche Aussage über die Genetik des Verhaltens trifft zu?

a. Das Balzverhalten von männlichen Schwimmenten wird von schätzungsweise 20 Genen kontrolliert.

b. Der Verlust eines einzigen Gens kann das männliche Sexualverhalten bei Taufliegen auslöschen.

c. Bei Hunden sind Gene für Apportieren, Anzeigen und Hüten gefunden worden.

d. Angeborene Verhaltensweisen sind höchst modifizierbar, weil Lernen die Genexpression beeinflussen kann.

e. Hygienisches Verhalten bei Bienen wird, wie gezeigt werden konnte, von zwei dominanten Genen beeinflusst.

Frage 338: Welche der folgenden Komponenten gehört nicht zu den Kosten im Zusammenhang mit der Ausführung eines Verhaltens?

a. Seine energetischen Kosten.

b. Das Risiko, verletzt zu werden.

c. Seine Opportunitätskosten.

d. Das Risiko, von einem Beutegreifer angegriffen zu werden.

e. Die Informationskosten.

Frage 339: Die wahrscheinlichste Erklärung für die Beobachtung, dass Menschen aus völlig verschiedenen Gesellschaften lächeln, wenn sie einen Freund begrüßen, ist, dass …

a. sie eine gemeinsame Kultur teilen.

b. sie als Kleinkind auf lächelnde Gesichter geprägt wurden.

c. sie gelernt haben, dass Lächeln keine Aggression hervorruft.

d. Lächeln ein angeborenes Verhaltensmuster ist.

e. Lächeln ein erlerntes Verhaltensmuster ist.

Frage 340: Eine Art, bei der ein Individuum männliche wie auch weibliche Fortpflanzungssysteme aufweist, wird bezeichnet als …

a. getrenntgeschlechtlich.

b. parthenogenetisch.

c. hermaphroditisch.

d. zwittrig.

e. (c) und (d) sind richtig.

Frage 341: Der Hauptvorteil einer inneren Befruchtung besteht darin, dass sie …

a. die Vaterschaft sicherstellt.

b. die Befruchtung vieler Gameten erlaubt.

c. die Häufigkeit von destruktivem Wettbewerb zwischen den Mitgliedern einer Gruppe verringert.

d. die Bildung einer stabilen Paarbindung bewirkt.

e. dem sich entwickelnden Organismus in den Frühphasen seiner Entwicklung mehr Schutz bietet.

Frage 342: Einer der Hauptunterschiede zwischen dem sexuellen Reaktionszyklus von Männern und Frauen ist …

a. die Zunahme des Blutdrucks bei Männern.

b. die gesteigerte Herzschlagfrequenz bei Frauen.

c. die Präsenz einer Refraktärperiode bei Frauen.

d. die Präsenz einer Refraktärperiode bei Männern.

e. die Erhöhung der Muskelspannung bei Männern.

Frage 343: Welcher der folgenden Effektoren kann sowohl zur Abwehr als auch zur Partnerwerbung eingesetzt werden?

a. Chromatophor.

b. Nesselkapsel.

c. elektrisches Organ.

d. Giftdrüse.

e. Pheromondrüse.

Frage 344: Welche Aussage über Oocyten ist zutreffend?

a. Zum Zeitpunkt ihrer Geburt hat eine Frau alle Oocyten produziert, die sie jemals haben wird.

b. Zu Beginn der Pubertät produzieren die Follikel in den Eierstöcken als Reaktion auf die hormonelle Stimulation neue Oocyten.

c. Mit Einsetzen der Menopause hört eine Frau auf, Oocyten zu produzieren.

d. Oocyten werden von Frauen die ganze Jugend hindurch produziert.

e. Die von einer Frau produzierten Oocyten werden in den Hodenkanälchen gespeichert.

Frage 345: Spermatogenese und Oogenese unterscheiden sich darin, dass …

a. die Spermatogenese Gameten mit einem größeren Energievorrat produziert als die Oogenese.

b. die Spermatogenese per Meiose vier gleichermaßen funktionstüchtige diploide Zellen produziert und die Oogenese dies nicht tut.

c. die Oogenese per Meiose vier gleichermaßen funktionstüchtige diploide Zellen produziert und die Spermatogenese dies nicht tut.

d. die Spermatogenese zahlreiche Gameten mit geringen Energiereserven produziert, die Oogenese hingegen relativ wenige, reichlich mit Energiereserven ausgestattete Gameten.

e. die Spermatogenese beim Menschen vor der Geburt beginnt, die Oogenese hingegen nicht vor Beginn der Pubertät einsetzt.

Frage 346: Sperma enthält alles Folgende mit Ausnahme von …

a. Fruchtzucker (Fructose).
b. Schleim.
c. die Blutgerinnung fördernden Enzymen.
d. Substanzen, die den pH-Wert im Uterus senken.
e. Substanzen, welche die Kontraktion der Uterusmuskulatur verstärken.

Frage 347: Wann findet in der Oogenese von Säugern die zweite meiotische Teilung statt?

a. Bei der Bildung der Oocyte I.
b. Bei der Bildung der Oocyte II.
c. Vor dem Eisprung.
d. Nach der Befruchtung.
e. Nach der Einnistung.

Frage 348: Schnelle Muskelfasern unterscheiden sich dadurch von langsamen Muskelfasern, dass …

a. sie häufiger in der Beinmuskulatur von Spitzensprintern zu finden sind.
b. sie mehr Mitochondrien enthalten.
c. sie nicht so leicht ermüden.
d. ihre Zahl stärker von Training als von genetischer Vererbung abhängt.
e. sie häufiger in der Beinmuskulatur von Skilangläufern zu finden sind.

Frage 349: Die Rolle von Ca^{2+} bei der Kontrolle der Muskelkontraktion besteht darin, …

a. eine Depolarisation des T-Systems zu bewirken.
b. die Konformation von Troponin zu verändern, um die Myosinbindungsstellen freizulegen.
c. die Konformation der Myosinköpfe so zu verändern, dass die Filamente aneinander vorbeigleiten.
d. an Tropomyosin zu binden und die Actin-Myosin-Querbrücken zu lösen.
e. die ATP-Bindungsstellen auf den Myosinköpfen zu blockieren, sodass der Muskel erschlaffen kann.

Frage 350: Der größte Teil der Stoffwechselenergie, die ein Zugvogel für einen Langstreckenflug braucht, ist gespeichert in Form von …

a. Glykogen.
b. Fett.
c. Protein.
d. Kohlenhydraten.
e. ATP.

Frage 351: Welches ist die Hauptenergiequelle für die Beinmuskulatur auf einem 10-km-Lauf nach 15 min?

a. gespeichertes ATP.
b. Glykolyse.
c. oxidativer Stoffwechsel.
d. Pyruvat und Lactat.
e. ein mit Proteinen hoch angereichertes Getränk, direkt vor Beginn des Laufs getrunken.

Frage 352: Welche Aussage über Muskelkontraktion trifft *nicht* zu?

a. Ein einzelnes Aktionspotenzial an der motorischen Endplatte reicht aus, um eine Muskelzuckung auszulösen.
b. Sobald maximale Muskelspannung erreicht ist, wird kein ATP benötigt, um dieses Spannungsniveau zu halten.
c. Ein Aktionspotenzial in der Muskelzelle führt zur Kontraktion, weil es die Ausschüttung von Ca^{2+} ins Cytosol bewirkt.
d. Eine Summation von Einzelzuckungen führt zu einer graduierten Zunahme der Spannung, die von einer einzelnen Muskelfaser generiert werden kann.
e. Die Spannung, die ein Muskel erzeugt, lässt sich variieren, indem kontrolliert wird, wie viele seiner motorischen Einheiten aktiv sind.

Frage 353: Welche Aussage über die Struktur von Skelettmuskeln ist richtig?

a. Die hellen Banden des Sarkomers sind die Regionen, wo Actin- und Myosinfilamente überlappen.
b. Wenn sich ein Muskel kontrahiert, verlängert sich die A-Bande des Sarkomers.
c. Die Myosinfilamente sind in den Z-Scheiben verankert.
d. Wenn sich ein Muskel kontrahiert, verkürzt sich die H-Zone des Sarkomers.
e. Das Cytosol der Muskelzelle ist im sarkoplasmatischen Reticulum enthalten.

Frage 354: Die Röhrenknochen in unseren Armen und Beinen sind stark und können sowohl hohen Kompressions- als auch Biegekräften widerstehen, weil …

a. sie massive Stäbe aus kompakter Knochensubstanz sind.
b. ihre extrazelluläre Matrix Calciumcarbonatkristalle enthält.
c. ihre extrazelluläre Matrix vorwiegend Kollagen und Polysaccharide enthält.
d. sie eine sehr hohe Osteoklastendichte aufweisen.
e. sie aus leichter spongiöser Knochensubstanz mit einem inneren Gerüst aus Stützelementen bestehen.

Frage 355: Welche Aussage über Skelette ist richtig?

a. Sie können vorwiegend aus Knorpel bestehen.
b. Hydroskelette erlauben nur amöboide Bewegungen.
c. Ein Vorteil von Exoskeletten ist, dass sie das ganze Leben des Tieres hindurch weiterwachsen können.
d. Exoskelette müssen flexibel bleiben; daher enthalten sie niemals Calciumcarbonatkristalle, wie es Knochen tun.
e. Endoskelette bestehen stets aus Knochen.

Frage 356: Phagocyten töten schädliche Bakterien durch …

a. Endocytose.
b. Erzeugung von Antikörpern.
c. Komplementfaktoren.
d. Stimulierung von T-Zellen.
e. Entzündung.

Frage 357: Was sind Antigene und Antikörper?

a. Antigene sind Fremdkörper und Antikörper sind Bestandteile des Immunsystems, die Antigene erkennen.
b. Antikörper sind Fremdkörper, Antigene erkennen diese und zerstören sie.
c. Antigene werden von B-Zellen als Antwort auf eine Antikörperanhäufung produziert.
d. Antigene sind Fremdkörper und Antikörper sind spezielle Zelltypen des Immunsystems.
e. nichts davon

Frage 358: Welche Aussage über Immunglobuline trifft zu?

a. Sie unterstützen Antikörper bei ihrer Funktion.
b. Sie erkennen und binden Epitope.

c. Sie codieren einige der wichtigsten Gene in einem tierischen Organismus.

d. Sie sind die wichtigsten Faktoren der unspezifischen Immunantwort.

e. Sie sind eine spezialisierte Klasse von weißen Blutzellen.

Frage 359: Welche Aussage über ein Epitop trifft *nicht* zu?

a. Es handelt sich um eine spezifische chemische Gruppe.

b. Es kann auf vielen verschiedenen Molekülen vorkommen.

c. Es ist Teil eines Antigens, an das ein Antikörper bindet.

d. Es kann Teil einer Zelle sein.

e. Ein einzelnes Protein trägt an seiner Oberfläche nur ein einziges Epitop.

Frage 360: T-Zell-Rezeptoren …

a. sind die primären Rezeptoren der humoralen Immunantwort.

b. sind Kohlenhydrate.

c. können nur funktionieren, wenn das Tier vorher mit dem Antigen konfrontiert war.

d. werden von Plasmazellen erzeugt.

e. sind wichtig bei der Bekämpfung von Virusinfektionen.

Frage 361: Nach der Theorie der klonalen Selektion …

a. verändert ein Antikörper seine Struktur entsprechend dem Antigen, auf das er trifft.

b. enthält ein bestimmtes Tier nur einen Typ von B-Zellen.

c. enthält ein Tier viele Typen von B-Zellen, die jeweils einen Antikörpertyp produzieren.

d. erzeugt jede B-Zelle viele verschiedene Antikörpertypen.

e. kommen viele Klone von autoreaktiven Lymphocyten im Blut vor.

Frage 362: Die immunologische Selbsttoleranz …

a. beruht auf dem Kontakt mit Antigenen.

b. entwickelt sich spät im Leben und ist im Allgemeinen lebensbedrohlich.

c. verschwindet bei der Geburt.

d. ist eine Folge der Aktivitäten des Komplementsystems.

e. ist eine Folge des DNA-Spleißens.

Frage 363: Welcher der folgenden Faktoren spielt bei der Antikörperantwort *keine* Rolle?

a. T-Helferzellen.

b. Interleukine.

c. Makrophagen.

d. die Reverse Transkriptase.

e. Produkte der MHC-Klasse-II-Genloci.

Frage 364: Der Haupthistokompatibilitätskomplex …

a. codiert spezifische Proteine, die an der Oberfläche von Zellen vorkommen.
b. hat bei der durch T-Zellen vermittelten Immunität keine Bedeutung.
c. hat bei der Antikörperantwort keine Bedeutung.
d. hat bei der Abstoßung von Hauttransplantaten keine Bedeutung.
e. wird von einem einzigen Locus mit vielen Allelen codiert.

Frage 365: Was ist eine zutreffende Beschreibung der B- und T-Zellen?

a. B-Zellen erkennen Antigene, die auf der Oberfläche anderer Zellen exprimiert werden, und T-Zellen produzieren Antikörper.
b. B-Zellen sind Komponenten der zellvermittelten Immunität und T-Zellen stellen die humorale Immunität dar.
c. Haupthistokompatibilitätskomplexe sind mit B-Zellen assoziiert, während T-Zellen Antikörper produzieren.
d. B-Zellen produzieren Antikörper und T-Zellen erkennen Antigene, die auf der Oberfläche anderer Zellen exprimiert werden.
e. Keine der Beschreibungen trifft zu.

Frage 366: In welcher Hinsicht ist die Erzeugung rekombinanter Antikörper nützlich für Forscher?

a. Rekombinante Antikörper können dazu verwendet werden, Toxine, Cytokine und Enzyme zielgenau direkt zum Antigen zu befördern.
b. Die Produktion rekombinanter Antikörper besteht nur in der Theorie und wird wahrscheinlich keinerlei Nutzen für die biotechnologische Forschung haben.
c. Rekombinante Antikörper ermöglichen eine effizientere Produktion und Isolation des scFv.
d. Rekombinante Antikörper können Toxine, Cytokine und Enzyme verteilen, werden aber im Organismus verteilt.
e. Keiner der genannten Aspekte macht rekombinante Antikörper nützlich für die Forschung.

Frage 367: Wie stellt man Impfstoffe her, sodass sie keine Krankheit verursachen?

a. Durch Abtöten des infektiösen Agens mit Hitze oder durch Denaturierung mit Chemikalien.
b. Durch Verwendung einer Komponente oder eines Proteins des infektiösen Agens anstelle des Organismus selbst.
c. Durch genetische Manipulation des infektiösen Agens, um die krankheitserregenden Gene zu entfernen.

d. Durch Verwendung eines mit dem infektiösen Agens verwandten, aber nicht pathogenen Stammes.
e. Durch alle genannten Methoden.

Frage 368: Was ist entscheidend, wenn man neuartige Antigene für die Impfstoffentwicklung finden will?

a. Das Wachstum lebender infektiöser Agenzien für die Erzeugung kompletter Vakzine.
b. Die Manipulation von Genen zur Abschwächung infektiöser Agenzien.
c. Die Identifizierung von Proteinen, die eine Immunantwort hervorrufen.
d. Die Identifizierung von Komponenten des Immunsystems, die spezifisch für bestimmte infektiöse Agenzien sind.
e. Nichts vom Genannten.

Frage 369: Welche Aussage über essenzielle Aminosäuren trifft zu?

a. Sie fehlen in vegetarischer Kost.
b. Sie werden im Körper für den späteren Gebrauch gespeichert.
c. Ohne sie ist man unterernährt.
d. Alle Tiere benötigen dieselben Aminosäuren.
e. Menschen können alle für sie essenziellen Aminosäuren durch den Konsum von Milch, Eiern und Fleisch aufnehmen.

Frage 370: Die Verdauungsenzyme des Dünndarms …

a. funktionieren bei einem niedrigen pH-Wert nicht optimal.
b. werden als Reaktion auf zirkulierendes Sekretin produziert und freigesetzt.
c. werden unter neuronaler Kontrolle produziert und freigesetzt.
d. werden allesamt vom Pankreas sezerniert.
e. werden allesamt durch ein saures Milieu aktiviert.

Frage 371: Welche Aussage über Nährstoffresorption durch die Zellen der Darmschleimhaut trifft zu?

a. Kohlenhydrate werden als Disaccharide resorbiert.
b. Fette werden in Form von Fettsäuren und Monoglyceriden resorbiert.
c. Aminosäuren wandern nur per Diffusion durch die Plasmamembran.
d. Galle transportiert Fett durch die Plasmamembran.
e. Die meisten Nährstoffe werden im Duodenum resorbiert.

Frage 372: Chylomikronen ähneln insofern den kleinen Fettmicellen im Lumen des Dünndarms, als sie …

a. mit Galle umhüllt sind.
b. fettlöslich sind.
c. durch das Lymphsystem wandern können.
d. Triglyceride enthalten.
e. mit Lipoproteinen überzogen sind.

Frage 373: Die mikrobielle Gärung im Darm einer Kuh …

a. produziert Fettsäuren als einen der Hauptnährstoffe für die Kuh.
b. tritt in spezialisierten Regionen des Dünndarms auf.
c. tritt im Blinddarm auf, aus dem die Nahrung hochgewürgt, wiedergekäut und in den echten Magen geschluckt wird.
d. produziert als Hauptnährstoff Methan.
e. ist möglich, weil die Magenwände keine Salzsäure sezernieren.

Frage 374: In der Resorptionsphase …

a. versorgt der Glykogenabbau das Blut mit Glucose.
b. ist die Glucagonsekretion hoch.
c. ist die Menge der zirkulierenden Lipoproteine gering.
d. ist Glucose den Hauptbetriebsstoff für den Stoffwechsel.
e. ist die Synthese von Fetten und Glykogen im Muskel gehemmt.

Frage 375: In der Postresorptionsphase …

a. ist Glucose der Hauptbetriebsstoff für den Stoffwechsel.
b. regt Glucagon die Leber zur Produktion von Glykogen an.
c. erleichtert Insulin Hirnzellen die Glucoseaufnahme.
d. bilden Fettsäuren den Hauptbetriebsstoff für den Stoffwechsel.
e. verlangsamen sich aufgrund des niedrigen Insulinspiegels die Leberfunktionen.

Frage 376: Negative Rückkopplung (negatives Feedback) …

a. wirkt der positiven Rückkopplung entgegen, um Homöostase zu erreichen.
b. stellt einen Prozess stets ab.
c. verkleinert ein Fehlersignal in einem Regelsystem.
d. ist verantwortlich für die metabolische Kompensation.
e. ist ein Merkmal von thermoregulatorischen Systemen bei Endothermen, aber nicht bei Ektothermen.

Frage 377: Vor der Pubertät …

a. sezerniert die Hypophyse luteinisierendes Hormon und Follikel stimulierendes Hormon, doch die Gonaden reagieren nicht darauf.
b. sezerniert der Hypothalamus nicht viel Gonadotropin-Releasing-Hormon.
c. können Männer durch ein intensives Trainingsprogramm eine starke Muskelentwicklung fördern.
d. spielt Testosteron für die Entwicklung der männlichen Geschlechtsorgane keine Rolle.
e. entwickeln genetisch weibliche Menschen männliche Genitalien, es sei denn Östrogen ist präsent.

Frage 378: Als Reaktion auf Stress werden sowohl Adrenalin als auch Cortisol ausgeschüttet. Welche der folgenden Aussagen gilt ebenfalls für beide Hormone?

a. Sie bewirken einen Anstieg des Blutzuckerspiegels.
b. Ihre Rezeptoren liegen auf der Oberfläche ihrer Zielzellen.
c. Sie werden von der Nebennierenrinde sezerniert.
d. Ihre Ausschüttung wird von Adrenocorticotropin angeregt.
e. Sie werden innerhalb weniger Sekunden nach Einsetzen von Stress ins Blut abgegeben.

Frage 379: Somatotropin (Wachstumshormon) …

a. kann dazu führen, dass Erwachsene größer werden.
b. regt die Proteinsynthese an.
c. wird vom Hypothalamus ausgeschüttet.
d. lässt sich nur aus Leichen gewinnen.
e. ist ein Steroid.

Frage 380: Steroidhormone …

a. werden nur von der Nebennierenrinde produziert.
b. haben nur Rezeptoren auf der Zelloberfläche.
c. sind wasserlöslich.
d. wirken, indem sie die Aktivität von Proteinen in der Zielzelle verändern.
e. wirken, indem sie die Genexpression in der Zielzelle verändern.

Frage 381: Das Hormon Ecdyson …

a. wird aus der Neurohypophyse freigesetzt.
b. regt die Häutung bei Insekten an.
c. hält ein Insekt im Larvenstadium, es sei denn, prothoracotropes Hormon ist präsent.
d. regt die Ausschüttung von Juvenilhormon aus der Prothoraxdrüse an.
e. hält das Exoskelett von Insekten flexibel, um Wachstum zu ermöglichen.

Frage 382: Die Neurohypophyse …

a. produziert Oxytocin.
b. steht unter der Kontrolle von hypothalamischen Releasing-Neurohormonen.
c. sezerniert glandotrope Hormone.
d. sezerniert Neurohormone.
e. steht unter der Feedback-Kontrolle von Thyroxin.

Frage 383: Welcher der folgenden Fakten trägt zu einer langen Halbwertszeit eines zirkulierenden Hormons bei?

a. Die Anzahl der Rezeptoren auf seinen Zielzellen.
b. Die Tatsache, dass es wasserlöslich ist.
c. Die Empfindlichkeit für das Hormon, wie sie sich in der Dosis-Wirkungs-Kurve zeigt.
d. Seine Bindung an Transportproteine im Blut.
e. Eine rasche Aufnahme in Leberzellen.

Frage 384: Welcher der folgenden Faktoren führt wahrscheinlich zu einem Kropf?

a. Die Schilddrüse produziert zu viel PTH.
b. Der Thyreotropinspiegel im Blut ist zu niedrig.
c. Das Angebot an funktionellem Thyroxin ist unzureichend.
d. Das Angebot an funktionellem Thyroxin ist zu groß.
e. Die Nahrung enthält zu viel Jod.

Frage 385: Welche Aussage gilt für alle Hormone?

a. Sie werden von Drüsen sezerniert.
b. Sie haben Rezeptoren auf Zelloberflächen.
c. Sie können in unterschiedlichen Zellen unterschiedliche Reaktionen hervorrufen.
d. Sie haben Zielzellen, die in einiger Entfernung von ihrem Produktionsort liegen.
e. Wenn dasselbe Hormon bei verschiedenen Arten auftritt, hat es dieselbe Wirkung.

Frage 386: Muskelkontraktionen in der Uteruswand und in den Brustdrüsen werden angeregt von …

a. Progesteron.
b. Östrogen.
c. Prolactin.
d. Oxytocin.
e. humanem Choriongonadotropin.

Frage 387: Welche Verhütungsmethode weist die höchste jährliche Versagerquote auf?

a. Zeitwahlmethode (Knaus-Ogino-Methode, Kalendermethode).
b. Antibabypille.
c. Scheidendiaphragma.
d. Vasektomie.
e. Kondom.

Frage 388: Im menschlichen Gehirn ist der häufigste Zelltyp …

a. das Motoneuron.
b. das sensorische Neuron.
c. das parasympathische Neuron.
d. die Gliazelle.
e. das sympathische Neuron.

Frage 389: Innerhalb eines Neurons bewegt sich Information vom …

a. Dendriten zum Soma und weiter zum Axon.
b. Axon zum Soma und weiter zum Dendriten.
c. Soma zum Axon und weiter zum Dendriten.
d. Axon zum Dendriten und weiter zum Soma.
e. Dendriten zum Axon und weiter zum Soma.

Frage 390: Das Ruhepotenzial eines Neurons basiert hauptsächlich …

a. auf lokaler Stromausbreitung.
b. offenen Na^+-Kanälen.
c. synaptischer Summation.
d. offenen K^+-Kanälen.
e. offenen Cl^--Kanälen.

Frage 391: Welche Aussage über synaptische Übertragung ist *falsch*?

a. Die Synapsen zwischen Neuronen und Muskelzellen benutzen Acetylcholin als Neurotransmitter.
b. Ein einziges Neurotransmittervesikel kann eine Muskelzelle nicht zur Kontraktion veranlassen.
c. Die Freisetzung von Neurotransmitter an der motorischen Endplatte veranlasst diese dazu, Aktionspotenziale zu generieren.

d. Bei Wirbeltieren wirken die Synapsen zwischen Motoneuronen und Muskelfasern stets erregend.

e. Die Aktivierung hemmender Synapsen bewirkt, dass das Potenzial der postsynaptischen Membran negativer als das Ruhepotenzial wird.

Frage 392: Welche Aussage beschreibt das Aktionspotenzial richtig?

a. Seine Größe nimmt längs des Axons zu.
b. Seine Größe nimmt längs des Axons ab.
c. Alle Aktionspotenziale in einem individuellen Neuron haben dieselbe Größe.
d. Während eines Aktionspotenzials bleibt das Membranpotenzial eines Neurons konstant.
e. Ein Aktionspotenzial verschiebt das Membranpotenzial eines Neurons auf Dauer vom Ruhewert weg.

Frage 393: Ein Neuron, das gerade ein Aktionspotenzial ausgelöst hat, kann nicht sofort ein zweites auslösen. Das kurze Zeitintervall, während dem die Auslösung eines zweiten Aktionspotenzials unmöglich ist, wird bezeichnet als …

a. Hyperpolarisation.
b. Ruhepotenzial.
c. Depolarisation.
d. Repolarisation.
e. Refraktärzeit.

Frage 394: Die Fortleitungsgeschwindigkeit eines Aktionspotenzials hängt davon ab, …

a. ob das Axon myelinisiert ist oder nicht.
b. welchen Durchmesser das Axon hat.
c. ob das Axon von Gliazellen isoliert ist.
d. welche Querschnittsfläche das Axons hat.
e. Alle Antworten sind richtig.

Frage 395: Die Bindung von Neurotransmitter an die postsynaptischen Rezeptoren einer hemmenden Synapse führt zu …

a. einer Depolarisation der Membran.
b. der Auslösung eines Aktionspotenzials.
c. einer Hyperpolarisation der Membran.
d. einer erhöhten Permeabilität der Membran für Natriumionen.
e. einer erhöhten Permeabilität der Membran für Calciumionen.

Frage 396: Ob eine Synapse erregend oder hemmend ist, hängt ab …

a. vom Typ des Neurotransmitters.
b. von der präsynaptischen Endigung des Axons.
c. von der Synapsengröße.
d. von der Art des postsynaptischen Rezeptors.
e. von der Neurotransmitterkonzentration im synaptischen Spalt.

Frage 397: Welcher der folgenden Prozesse ist ein wahrscheinlicher Mechanismus für die Langzeitpotenzierung?

a. Wenn Glutamat an postsynaptische AMPA-Rezeptoren bindet, aktiviert es G-Proteine, die intrazelluläre Veränderungen auslösen.
b. Wenn Glutamat an NMDA-Rezeptoren bindet, erlaubt es Mg^{2+}-Ionen, die intrazelluläre Veränderungen auslösen, in die Zelle zu diffundieren.
c. Wenn von der präsynaptischen Zelle genügend Glutamat freigesetzt wird, führt dies zu einer Erhöhung der Zahl der AMPA-Rezeptoren auf der postsynaptischen Zelle.
d. Wenn genügend Glutamat freigesetzt wird, werden sowohl AMPA- als auch NMDA-Rezeptoren aktiviert, und NMDA-Rezeptoren erlauben Ca^{2+} wie auch Na^+, in die Zelle zu diffundieren, wodurch intrazelluläre Veränderungen ausgelöst werden.
e. Wenn Glutamat und Acetylcholin zusammen freigesetzt werden, rufen sie eine lang anhaltende Depolarisation der postsynaptischen Zelle hervor.

Frage 398: Welche Aussage über Sinnessysteme ist *falsch*?

a. Sensorische Transduktion ist verbunden mit der – direkten oder indirekten – Umwandlung eines physikalischen oder chemischen Reizes in Veränderungen des Membranpotenzials.
b. Im Allgemeinen bewirkt ein Reiz eine Veränderung im Ionenfluss durch die Plasmamembran einer Sinneszelle.
c. Der Begriff „sensorische Adaptation" bezieht sich auf den Prozess, bei dem ein sensorisches System unempfindlich für eine ständig aktive Reizquelle wird.
d. Je stärker ein Reiz ist, desto größer ist jedes Aktionspotenzial, das ein sensorisches Neuron abfeuert.
e. Sensorische Adaptation spielt eine Rolle für die Fähigkeit von Organismen, zwischen wichtiger und unwichtiger Information zu unterscheiden.

Frage 399: Seidenspinnerweibchen setzen aus einer Drüse am Ende ihres Abdomens eine Verbindung namens Bombykol frei. Bombykol …

a. ist ein Geschlechtshormon.
b. wird nur dann vom Männchen entdeckt, wenn es in großen Mengen präsent ist.

c. ist nicht artspezifisch.

d. wird über Sinneshaare auf den Antennen des Seidenspinnermännchens wahrgenommen.

e. ist ein chemischer Grundstoff für den Geschmacksprozess bei Arthropoden.

Frage 400: Welche Aussage über Geruchswahrnehmung ist *falsch*?

a. Hunde sind ungewöhnlich für Säugetiere, weil ihre wichtigste sensorische Modalität der Geruchssinn und nicht das Sehvermögen ist.

b. Olfaktorische Reize werden durch die Wechselwirkung zwischen einem Duftstoffmolekül und einem spezifischen Rezeptorprotein auf Riechhaaren wahrgenommen.

c. Je mehr Duftstoffmoleküle an Rezeptoren binden, desto mehr Aktionspotenziale werden generiert.

d. Je größer die Zahl der von einem Geruchsrezeptor generierten Aktionspotenziale ist, desto intensiver ist der wahrgenommene Geruch.

e. Die Wahrnehmung unterschiedlicher Gerüche resultiert aus der Aktivierung verschiedener Kombinationen von Geruchsrezeptoren.

Frage 401: Die Mechanorezeptoren, die sehr dicht unter der Hautoberfläche liegen, …

a. sind für leichte Berührung relativ unempfindlich.

b. adaptieren sehr rasch.

c. sind gleichmäßig über den ganzen Körper verteilt.

d. werden als Pacini-Körperchen bezeichnet.

e. adaptieren langsam und nur teilweise.

Frage 402: Die Membran, die uns die Fähigkeit verleiht, verschiedene Tonhöhen wahrzunehmen, ist …

a. das runde Fenster.

b. das ovale Fenster.

c. das Trommelfell.

d. die Tektorialmembran.

e. die Basilarmembran.

Frage 403: Welche Aussage ist *falsch*?

a. Das Potenzial über der Membran eines Stäbchens wird negativer, wenn das Stäbchen nach einer Periode der Dunkelheit belichtet wird.

b. Ein Photorezeptor setzt bei völliger Dunkelheit die größte Menge Neurotransmitter frei.

c. Während die Reizstärke beim Sehen durch das Ausmaß der Hyperpolarisation von Photorezeptoren codiert ist, ist die Reizstärke beim Hören durch Veränderungen der Feuerrate sensorischer Zellen codiert.

d. Eine Versteifung der Gehörknöchelchen im Mittelohr kann zu Taubheit führen.

e. Die Interaktion zwischen Hammer, Amboss und Steigbügel leitet Schallwellen durch das flüssigkeitsgefüllte Mittelohr.

Frage 404: Beim Menschen wird diejenige Region der Retina, auf die der zentrale Teil des Gesichtsfeldes fällt, bezeichnet als …

a. zentrale Ganglienzelle.

b. Fovea.

c. Sehnerv.

d. Cornea.

e. Pupille.

Frage 405: Die Stelle im Wirbeltierauge, an der der Sehnerv das Auge verlässt, wird bezeichnet als …

a. Fovea.

b. Iris.

c. blinder Fleck.

d. Pupille.

e. Sehrinde.

Frage 406: Welche Aussage über Zapfen im menschlichen Auge ist *falsch*?

a. Sie sind für unsere größte Sehschärfe verantwortlich.

b. Sie sind für Farbensehen verantwortlich.

c. Sie sind lichtempfindlicher als Stäbchen.

d. Es gibt weniger von ihnen als von den Stäbchen.

e. Sie sind in der Fovea in großer Zahl zu finden.

Frage 407: Die Farbe beim Farbensehen resultiert …

a. aus der Fähigkeit eines jeden Zapfens, alle Wellenlängen des Lichts gleichermaßen zu absorbieren.

b. daraus, dass die Linsen beider Augen als Prismen fungieren und die verschiedenen Wellenlängen des Lichts auftrennen.

c. aus der unterschiedlichen Absorption von Lichtwellenlängen durch unterschiedliche Zapfentypen.

d. aus drei unterschiedlichen Opsinisomeren in den Zapfen.

e. aus der Absorption verschiedener Lichtwellenlängen durch Amakrin- und Horizontalzellen.

Frage 408: Welche der folgenden Reihenfolgen beschreibt den Weg der sensorischen Information vom Fuß zum Gehirn?

a. Vorderhorn, Rückenmark, Medulla, Cerebellum, Mittelhirn, Thalamus, Parietallappen.
b. Hinterhorn, Rückenmark, Medulla, Pons, Mittelhirn, Hypothalamus, Frontallappen.
c. Hinterhorn, Rückenmark, Medulla, Pons, Mittelhirn, Thalamus, Parietallappen.
d. Vorderhorn, Rückenmark, Pons, Cerebellum, Mittelhirn, Thalamus, Parietallappen.
e. Hinterhorn, Rückenmark, Medulla, Pons, Mittelhirn, Thalamus Frontallappen.

Frage 409: Welche Aussage über afferente und efferente Bahnen trifft *nicht* zu?

a. Sensorische afferente Bahnen übermitteln Information, deren wir uns bewusst sind.
b. Viszerale Afferenzen übermitteln Information über physiologische Funktionen, deren wir uns nicht bewusst sind.
c. Die willkürliche Untereinheit des efferenten Teils des peripheren Nervensystems führt Willkürbewegungen aus.
d. Die Hirnnerven und die Spinalnerven sind Teil des peripheren Nervensystems.
e. Afferente und efferente Axone verlaufen niemals im selben Nerv.

Frage 410: Welche Aussage über das limbische System trifft *nicht* zu?

a. Das limbische System ist kein Teil des Rückenmarks.
b. Das limbische System spielt eine Rolle bei grundlegenden physiologischen Trieben, Instinkten und Emotionen.
c. Das limbische System besteht aus phylogenetisch älteren Endhirnstrukturen.
d. Beim Menschen macht das limbische System den größten Teil des Gehirns aus.
e. Beim Menschen ist ein Teil des limbischen Systems notwendig, um Inhalte aus dem Kurzzeit- ins Langzeitgedächtnis zu überführen.

Frage 411: Welche der folgenden Cortexregionen macht den größten Teil der menschlichen Großhirnrinde aus?

a. Frontallappen.
b. primärer sensorischer Cortex.
c. Temporallappen.
d. Assoziationscortex.
e. Okzipitallappen.

Frage 412: Welche Aussage über das autonome Nervensystem ist richtig?

a. Die sympathische Untereinheit ist afferent, die parasympathische efferent.
b. Der Transmitter Noradrenalin wirkt stets erregend, Acetylcholin stets hemmend.

c. Jede Bahn im autonomen Nervensystem umfasst zwei Neuronen, und der Neurotransmitter des ersten Neurons ist Acetylcholin.

d. Die Zellkörper vieler sympathischer präganglionärer Neuronen liegen im Stammhirn.

e. Die Zellkörper der meisten postganglionären Neuronen liegen in oder in der Nähe der Thorakal- oder Lumbalregion des Rückenmarks.

Frage 413: Welche Aussage über Zellen in der Sehrinde trifft *nicht* zu?

a. Viele Cortexzellen empfangen Inputs direkt von einzelnen retinalen Ganglienzellen.

b. Viele Cortexzellen reagieren am stärksten auf Lichtbalken, die auf einen bestimmten Ort auf der Retina fallen.

c. Manche Cortexzellen reagieren am stärksten auf Lichtbalken, die irgendwo auf weite Bereiche der Retina fallen.

d. Einige Cortexzellen empfangen Inputs von beiden Augen.

e. Einige Cortexzellen reagieren am stärksten auf ein Objekt, wenn es sich in einer gewissen Entfernung vom Auge befindet.

Frage 414: Was ist typisch für den NREM-Schlaf?

a. Träumen.

b. Cirkadiane Rhythmen.

c. Langsame EEG-Wellen.

d. Rasche und abrupte Augenbewegungen.

e. Er macht 20 % der gesamten Schlafdauer aus.

Frage 415: Welche Schlussfolgerung wird durch Experimente an Split-Brain-Patienten gestützt?

a. Sprachfähigkeiten sitzen meist in der linken Großhirnhemisphäre.

b. Sprachfähigkeiten erfordern sowohl das Wernicke- als auch das Broca-Areal.

c. Die Fähigkeit zu sprechen ist vom Broca-Areal abhängig.

d. Die Fähigkeit zu lesen ist vom Wernicke-Areal abhängig.

e. Die linke Hand wird von der linken Hemisphäre kontrolliert.

Frage 416: Beim Kniesehnenreflex …

a. hemmen spinale Interneurone das Motoneuron des antagonistischen Muskels.

b. führt Aktivität im Motoneuron eines Dehnungsrezeptors zur Kontraktion des Beugermuskels des Beines.

c. liegt der Zellkörper des Motoneurons im Hinterhorn des Rückenmarks.

d. setzen Aktionspotenziale im sensorischen Neuron einen hemmenden Neurotransmitter auf die Motoneuronen frei.

e. bildet das sensorische Neuron mit dem Motoneuron des antagonistischen Muskels eine monosynaptische Schleife.

Frage 417: Welches der folgenden ist das wichtigste und allgemeinste Merkmal von Endothermen, die an kalte Klimazonen angepasst sind, im Vergleich zu denjenigen, die an warme Klimazonen angepasst sind?

a. Ein höherer Grundumsatz.
b. Höhere Q_{10}-Werte.
c. Braunes Fettgewebe.
d. Stärkere Isolierung.
e. Fähigkeit zum Winterschlaf.

Frage 418: Welche der folgenden Tätigkeiten würde zu einem Abfallen des hypothalamischen Temperatursollwerts für die metabolische Wärmeproduktion führen?

a. Betreten einer kalten Umgebung.
b. Einnahme von Aspirin bei Fieber.
c. Aufwachen aus dem Winterschlaf.
d. Sich eine Infektion zuziehen, die Fieber hervorruft.
e. Kühlung des Hypothalamus.

Frage 419: Winterschlaf (Hibernation) bei Säugern …

a. tritt auf, wenn einem Tier der Betriebsstoff für seinen Stoffwechsel ausgeht.
b. ist eine regulierte Abnahme der Stoffwechselrate.
c. ist seltener als Winterschlaf bei Vögeln.
d. kann zu jeder Jahreszeit eintreten.
e. dauert mehrere Monate, in denen die Körpertemperatur von Kleinsäugern in der Nähe der Umgebungstemperatur bleibt.

Frage 420: Welche der folgenden Aussagen betont einen wichtigen Unterschied zwischen einem ektothermen und einem endothermen Tier gleicher Körpergröße?

a. Der Ektotherme hat höhere Q_{10}-Werte.
b. Nur der Ektotherme setzt Verhalten zur Thermoregulation ein.
c. Nur der Ektotherme kann die Blutgefäße in der Haut verengen und erweitern, um den Wärmefluss zu verändern.

d. Nur der Ektotherme kann Fieber haben.

e. Bei einer Körpertemperatur von 37 °C hat der Ektotherme eine niedrigere Stoffwechselrate als der Endotherme.

Frage 421: Die Funktion des Gegenstrom-Wärmeaustauschers bei endothermen Fischen
besteht darin, …

a. Wärme in der Muskulatur einzufangen.

b. Wärme zu produzieren.

c. das Blut zu erwärmen, das zum Herzen zurückkehrt.

d. überschüssige Wärme abzuführen, die von der kräftigen Schwimm-Muskulatur produziert wird.

e. die Haut zu kühlen.

Frage 422: Was ist der als metabolische Kompensation bezeichnete Unterschied zwischen
einem winter- und einem sommerakklimatisierten Fisch?

a. Der winterakklimatisierte Fisch hat einen höheren Q_{10}.

b. Der winterakklimatisierte Fisch entwickelt eine stärkere Isolierung.

c. Der winterakklimatisierte Fisch fällt in Winterschlaf.

d. Der sommerakklimatisierte Fisch hat einen Gegenstrom-Wärmeaustauscher.

e. Der sommerakklimatisierte Fisch hat bei jeder gegebenen Wassertemperatur eine
geringere Stoffwechselrate.

Frage 423: Wenn der Q_{10}-Wert der Stoffwechselrate eines Tieres 2 beträgt, dann …

a. ist das Tier besser an ein kaltes Klima angepasst als wenn sein Q_{10}-Wert 3 beträgt.

b. ist das Tier ektotherm.

c. verbraucht das Tier bei 20 °C halb so viel Sauerstoff pro Stunde wie bei 30 °C.

d. ist die Stoffwechselrate des Tieres nicht auf Grundniveau.

e. produziert das Tier bei 20 °C doppelt so viel Wärme wie bei 30 °C.

Frage 424: Das Hornschuppenkleid der Reptilien verhindert, …

a. dass die Haut als Organ zum Gasaustausch dienen kann.

b. eine hohe Stoffwechselrate aufrechtzuerhalten.

c. die Eier im Wasser abzulegen.

d. zu fliegen.

e. in enge Ritzen zu kriechen.

Frage 425: Welche Aussage über Osmoregulation trifft zu?

a. Die meisten marinen Wirbellosen sind Osmoregulierer.
b. Alle im Süßwasser lebenden Wirbellosen sind hyperosmotische Regulierer.
c. Knorpelfische sind hypoosmotische Regulierer.
d. Knochenfische sind hyperosmotische Regulierer.
e. Säuger sind hypoosmotische Regulierer.

Frage 426: Welche Aussage über Angiotensin trifft zu?

a. Es wird von den Nieren sezerniert, wenn die glomeruläre Filtrationsrate sinkt.
b. Es wird von der Neurohypophyse ausgeschüttet, wenn der Blutdruck fällt.
c. Es regt das Durstgefühl an.
d. Es erhöht die Wasserpermeabilität der Sammelrohre.
e. Es senkt die glomeruläre Filtrationsrate, wenn der Blutdruck steigt.

Frage 427: Vögel, die sich von Meerestieren ernähren, nehmen mit ihrer Nahrung eine Menge Salz auf, aber sie scheiden das meiste davon aus mithilfe von …

a. Malpighi-Gefäßen.
b. Rectaldrüsen.
c. Kiemenmembranen.
d. hypertonischem Harn.
e. Salzdrüsen.

Frage 428: Ein offenes Kreislaufsystem ist charakterisiert durch …

a. das Fehlen eines Herzens.
b. das Fehlen von Blutgefäßen.
c. Blut von anderer Zusammensetzung als die Gewebeflüssigkeit.
d. das Fehlen von Kapillaren.
e. einen Kreislauf, bei dem das Blut mit höherem Druck durch die Kiemen getrieben wird als durch andere Organe.

Frage 429: Welche Aussage über das Kreislaufsystem von Wirbeltieren trifft *nicht* zu?

a. Bei Fischen kehrt sauerstofffreies Blut aus den Kiemen durch das linke Atrium ins Herz zurück.
b. Bei Säugern verlässt sauerstoffarmes Blut das Herz durch die Lungenarterie.
c. Bei Amphibien gelangt sauerstoffarmes Blut durch das rechte Atrium ins Herz.

d. Bei Reptilien hat das Blut in der Lungenarterie einen geringeren Sauerstoffgehalt als das Blut in der Aorta.
e. Bei Vögeln ist der Druck in der Aorta höher als der Druck in der Lungenarterie.

Frage 430: Welche Aussage über das menschliche Herz trifft zu?

a. Die Wände des rechten Ventrikels sind dicker als die Wände des linken Ventrikels.
b. Bei dem Blut, das durch die Atrioventrikularklappen fließt, handelt es sich stets um sauerstoffarmes Blut.
c. Der zweite Herzton ist eine Folge des Aortenklappenschlusses.
d. Das Blut wird durch die Hohlvene von der Lunge zum Herzen zurückgeführt.
e. Während der Systole ist die Aortenklappe offen und die Pulmonalklappe geschlossen.

Frage 431: Die Schrittmacheraktivität der Herzmuskulatur …

a. ist eine Folge der entgegengesetzten Wirkungen von Noradrenalin und Acetylcholin.
b. geht vom His-Bündel aus.
c. hängt von den Gap Junctions zwischen den Zellen der Vorhofwände und den Zellen der Ventrikelwände ab.
d. ist eine Folge der spontanen Depolarisation der Plasmamembranen einiger Herzmuskelzellen.
e. resultiert aus der Hyperpolarisation von Zellen im Sinusknoten.

Frage 432: Der Blutfluss durch die Kapillaren erfolgt langsam, weil …

a. eine Menge Blut aus den Kapillaren verloren geht.
b. der Druck in den Venolen hoch ist.
c. die Gesamtquerschnittsfläche der Kapillaren größer ist als die der Arteriolen.
d. der osmotische Druck in den Kapillaren sehr hoch ist.
e. rote Blutzellen größer als der Kapillardurchmesser sind und sie sich hindurchzwängen müssen.

Frage 433: In welcher Beziehung ähneln Lymphgefäße Venen?

a. Beide weisen dort, wo sie sich zu größeren Gefäßen vereinigen, Knoten auf.
b. Beide transportieren Blut, das unter geringem Druck steht.
c. Beide sind Kapazitätsgefäße.
d. Beide haben Klappen.
e. Beide führen Flüssigkeit, die reich an Plasmaproteinen ist.

Frage 434: Die Bildung roter Blutzellen …

a. hört auf, wenn der Hämokritwert unter den Normalwert fällt.
b. wird von Erythropoietin angeregt.
c. ist etwa so hoch wie die Bildungsrate für weiße Blutzellen.
d. wird von Prothrombin gehemmt.
e. findet vor der Geburt im Knochenmark und nach der Geburt im Lymphsystem statt.

Frage 435: Welche der folgenden Parameter erhöht den Blutfluss durch ein Kapillarbett *nicht*?

a. Eine hohe CO_2-Konzentration.
b. Eine hohe Konzentration von Milchsäure und Protonen.
c. Histamin.
d. Vasopressin.
e. Eine Zunahme des arteriellen Druckes.

Frage 436: Die Blutgerinnung …

a. ist bei Patienten mit Hämophilie gestört, weil sie keine Blutplättchen bilden.
b. setzt ein, wenn die Blutplättchen Fibrinogen freisetzen.
c. involviert eine Kaskade von Faktoren, die in der Leber gebildet werden.
d. wird von Leukocyten eingeleitet, die ein Maschenwerk bilden.
e. erfordert die Umwandlung von Angiotensinogen in Angiotensin.

Frage 437: Die Autoregulation des Blutflusses in ein Gewebe ist eine Folge …

a. der sympathischen Innervierung.
b. der Freisetzung von Vasopressin durch den Hypothalamus.
c. einer erhöhten Aktivität der Dehnungsrezeptoren.
d. von Chemorezeptoren in der Aorta und den Carotis-Arterien.
e. der Wirkung der lokalen chemischen Umgebung auf die Arteriolen.

Frage 438: In welcher Beziehung verhalten sich die Metanephridien des Regenwurms wie Säugernephrone?

a. Beide verarbeiten Coelomflüssigkeit.
b. Beide nehmen Flüssigkeit durch eine bewimperte Öffnung auf.
c. Beide produzieren hyperosmotischen Harn.
d. Beide setzen tubuläre Sekretion und Reabsorption (Rückresorption) ein, um den Harn zu prozessieren.
e. Beide sammeln Harn in einer gemeinsamen Harnblase.

Frage 439: Welche Rolle spielen die Podocyten in der Niere?

a. Sie kontrollieren die glomeruläre Filtrationsrate, indem sie den Widerstand der renalen Arteriolen verändern.
b. Sie reabsorbieren den größten Teil der Glucose, die aus dem Plasma gefiltert wird.
c. Sie verhindern, dass Erythrocyten und Makromoleküle in die Nierenkanälchen gelangen.
d. Sie bieten eine große Oberfläche für die tubuläre Sekretion und Reabsorption (Rückresorption).
e. Wenn die glomeruläre Filtrationsrate sinkt, schütten sie Renin aus.

Frage 440: Welche der folgenden Bauelemente sind in einer Nierenpyramide *nicht* zu finden?

a. Sammelrohre.
b. Vasa recta.
c. Peritubuläre Kapillaren.
d. Gewundene Tubuli.
e. Henle-Schleifen.

Frage 441: Welcher Teil des Nephrons ist bei Säugern für den größten Teil der Differenz zwischen der glomerulären Filtrationsrate und der Rate der Harnproduktion verantwortlich?

a. Glomerulus.
b. Proximaler Tubulus.
c. Henle-Schleife.
d. Distaler Tubulus.
e. Sammelrohr.

Frage 442: Welches Merkmal ihres Exkretionssystems würde Säugern gleicher Größe am ehesten die Fähigkeit verleihen, einen hyperosmotischen Harn zu produzieren?

a. Eine höhere glomeruläre Filtrationsrate.
b. Längere gewundene Tubuli.
c. Eine erhöhte Zahl von Nephronen.
d. Mehr permeable Sammelrohre.
e. Längere Henle-Schleifen.

Frage 443: Die Exkretion von stickstoffhaltigen Abfallprodukten …

a. geschieht beim Menschen in Form von Harnstoff und Harnsäure.
b. geschieht bei Säugern niemals in Form von Harnsäure.

c. geschieht bei marinen Fischen in Form von Harnstoff.

d. trägt nicht zur Osmolarität des Harns bei.

e. erfordert mehr Wasser, wenn das Abfallprodukt die nur schlecht wasserlösliche Harnsäure ist.

Frage 444: Welche der folgenden Reaktionen wird nicht durch ein starkes Absinken des Blutdrucks angeregt?

a. Verengung der afferenten renalen Arteriolen.

b. Verstärkte Reninausschüttung.

c. Verstärkte Ausschüttung von antidiuretischem Hormon.

d. Erhöhtes Durstempfinden.

e. Verengung der efferenten renalen Arteriolen.

Frage 445: Welche der folgenden Aussagen trifft *nicht* zu?

a. Atemgase werden ausschließlich durch Diffusion ausgetauscht.

b. Sauerstoff hat in Wasser eine geringere Diffusionsrate als in Luft.

c. Der O_2-Gehalt von Wasser fällt, wenn die Wassertemperatur steigt.

d. Der O_2-Partialdruck in der Atmosphäre sinkt mit zunehmender Höhe.

e. Vögel haben aktive Transportmechanismen entwickelt, um ihren Atemgasaustausch zu verbessern.

Frage 446: Welche Aussage über das Gasaustauschsystem von Vögeln trifft *nicht* zu?

a. In den Luftsäcken findet kein Gasaustausch statt.

b. Es kann einen kompletteren O_2-Austausch zwischen Luft und Blut bewerkstelligen als das menschliche Gasaustauschsystem.

c. Luft strömt nur in eine Richtung durch die Vogellunge.

d. Die respiratorischen Oberflächen in der Vogellunge sind die Alveolen.

e. Ein Atemzug bleibt zwei Atemzyklen lang im Atemsystem.

Frage 447: Welche Aussage über den Gasaustausch bei Knochenfischen ist richtig?

a. Der Blutstrom wird in entgegengesetzter Richtung über die respiratorischen Oberflächen geleitet wie der Wasserstrom.

b. Atemgase werden über die Kiemenfilamente ausgetauscht.

c. Bei schnell schwimmenden Fischen ändert sich die Richtung des Wasserstroms bei der Ventilation beim Ein- und Ausatmen.

d. In warmem Wasser kostet die Kiemenventilation weniger Arbeit als in kaltem Wasser.

e. Die Diffusionsstrecke der Atemgase wird durch die Länge der Kiemenfilamente bestimmt.

Frage 448: Im Gasaustauschsystem des Menschen …

a. sind Lunge und Luftwege nach starkem Ausatmen vollständig kollabiert.
b. ist der mittlere PO_2 des Gasgemischs in der Lunge stets niedriger als der in der Außenluft.
c. ist der PO_2 des Blutes, das die Lunge verlässt, größer als der PO_2 der ausgeatmeten Luft.
d. wird das Luftvolumen, das bei normaler Atmung in Ruhe pro Atemzug bewegt wird, als Totalkapazität der Lunge bezeichnet.
e. werden Sauerstoff und Kohlendioxid aktiv über die Membranen der Alveolen und Kapillaren transportiert.

Frage 449: Welche Aussage über das Atemsystem des Menschen trifft *nicht* zu?

a. Beim Einatmen existiert in dem Raum zwischen Lunge und Thoraxwand ein Unterdruck.
b. Das Rauchen einer einzigen Zigarette kann die Wimpern, welche die Luftwege auskleiden, stundenlang immobilisieren.
c. Das Atemkontrollzentrum in der Medulla reagiert stärker auf Veränderungen in der arteriellen Sauerstoffkonzentration als auf solche der arteriellen Kohlendioxidkonzentration.
d. Ohne ein Surfactant steigt die Atemarbeit beträchtlich.
e. Das Zwerchfell kontrahiert sich beim Einatmen und erschlafft beim Ausatmen.

Frage 450: Das Hämoglobin eines menschlichen Fetus …

a. entspricht dem eines Erwachsenen.
b. hat eine höhere O_2-Affinität als adultes Hämoglobin.
c. weist nur zwei statt vier Untereinheiten auf.
d. wird von den roten Blutzellen der Mutter geliefert.
e. hat eine geringere O_2-Affinität als adultes Hämoglobin.

Frage 451: Die von Hämoglobin gebundene O_2-Menge hängt vom PO_2 ab. Hämoglobin in aktiven Muskeln …

a. wird mit O_2 gesättigt.
b. nimmt nur geringe Mengen O_2 auf.
c. gibt O_2 bereitwillig ab.
d. tendiert dazu, den PO_2 im Muskelgewebe zu senken.
e. ist denaturiert.

Frage 452: Der größte Teil des Kohlendioxidtransports im Blut erfolgt …

a. im Cytosol der roten Blutzellen.
b. physikalisch gelöst im Blutplasma.

c. im Blutplasma als Bicarbonation.

d. gebunden an Plasmaproteine des Blutes.

e. in roten Blutzellen, gebunden an Hämoglobin.

Frage 453: Myoglobin …

a. bindet O_2 bei PO_2-Werten, bei denen Hämoglobin sein gebundenes O_2 freisetzt.

b. hat eine geringere O_2-Affinität als Hämoglobin.

c. besteht wie Hämoglobin aus vier Polypeptidketten.

d. stellt für Muskelzellen bei Aktivitätsbeginn eine sofort verfügbare O_2-Quelle dar.

e. kann vier O_2-Moleküle zugleich binden.

Frage 454: Wenn der CO_2-Gehalt im Blut zunimmt, …

a. sinkt die Respirationsrate.

b. steigt der pH-Wert im Blut.

c. werden die Atemzentren untätig.

d. nimmt die Respirationsrate zu.

e. wird das Blut basischer.

Frage 455: Viele Parasiten haben komplexe Entwicklungszyklen entwickelt, …

a. weil sie zu einfach gebaut sind, um sich problemlos auszubreiten.

b. weil sie neue Wirte nur schwer erkennen.

c. weil sie durch die Abwehr des Wirtes dazu gezwungen wurden.

d. weil komplexe Entwicklungszyklen die Wahrscheinlichkeit erhöhen, dass ein Parasit auf einen neuen Wirt übertragen wird.

e. weil ihre Vorfahren schon komplexe Entwicklungszyklen hatten und diese einfach beibehalten wurden.

Frage 456: Unter dem Bauplan eines Tieres versteht man …

a. seinen allgemeinen Körperbau.

b. das koordinierte Funktionieren seiner Bestandteile.

c. seinen allgemeinen Bau und das koordinierte Funktionieren seiner Bestandteile.

d. seinen allgemeinen Bau und seine Entwicklungsgeschichte.

e. das koordinierte Funktionieren seiner Bestandteile und seine Entwicklungsgeschichte.

Frage 457: Wodurch kann ein bilateralsymmetrisches Tier in Spiegelbilder geteilt werden?

a. Durch jede Ebene, die durch die Mittellinie seines Körpers verläuft.

b. Durch jede Ebene, die von seinem Vorder- zu seinem Hinterende verläuft.

c. Durch jede Ebene, die von seiner Dorsal- zu seiner Ventralseite verläuft.

d. Durch jede Ebene, die von seinem Vorder- zu seinem Hinterende durch die Mittellinie seines Körpers verläuft.

e. Durch eine einzelne Ebene, die von seiner Dorsal- zu seiner Ventralseite durch die Mittellinie seines Körpers verläuft.

Frage 458: Die Furchung des befruchteten Eies erfolgt bei den Protostomiern …

a. spät, während das Ei weiter heranreift.

b. stets radiär.

c. bei einigen Arten spiral, bei anderen radiär.

d. triploblastisch.

e. diploblastisch.

Frage 459: Der Bauplan eines Schwammes ist charakterisiert …

a. durch einen Mund und einen Gastralraum, aber keine Muskeln oder Nerven.

b. durch Muskeln und Nerven, aber keinen Mund und Gastralraum.

c. durch einen Mund, einen Gastralraum und Spiculae.

d. durch Muskeln und Spiculae, aber keinen Gastralraum und keine Nerven.

e. weder durch einen Mund und einen Gastralraum noch durch Muskeln oder Nerven.

Frage 460: Bei welchen der folgenden Stämme handelt es sich um diploblastische Tiere?

a. Porifera und Cnidaria.

b. Cnidaria und Ctenophora.

c. Cnidaria und Plathelminthes.

d. Ctenophora und Plathelminthes.

e. Porifera und Ctenophora.

Frage 461: Cnidarier besitzen die Fähigkeit …

a. sowohl in Süßwasser als auch in Salzwasser zu leben.

b. zu schnellen Bewegungen in der Wassersäule.

c. in großer Zahl große Beutetiere zu fangen und zu verzehren.

d. aufgrund ihrer geringen Stoffwechselrate auch an Stellen zu überleben, an denen Nahrung knapp ist.

e. zur schnellen Fortbewegung.

Frage 462: Die Vertreter welcher Stämme sind durch einen Lophophor gekennzeichnet?

a. Phoronida, Brachiopoda und Nemertini.

b. Phoronida, Brachiopoda und Bryozoa.

c. Brachiopoda, Bryozoa und Plathelminthes.

d. Phoronida, Rotatoria und Bryozoa.

e. Rotatoria, Bryozoa und Brachiopoda.

Frage 463: Welches der folgenden Merkmale ist *nicht* Bestandteil des Bauplans von Mollusken?

a. Mantel.

b. Fuß.

c. Radula.

d. Eingeweidesack.

e. Gelenkiges Skelett.

Frage 464: Cephalopoden bewegen sich schnell vorwärts, …

a. indem sie mit den Tentakeln rudern.

b. indem sie Wasser aus ihrem Mantel ausstoßen.

c. indem sie Wasser in innere Kammern pumpen oder aus diesen herauspumpen.

d. indem sie auf ihren Tentakeln laufen.

e. indem sie mit einem Flossensaum schwimmen.

Frage 465: Die Außenhülle der Ecdysozoa …

a. ist stets hart und starr.

b. ist stets dünn und flexibel.

c. ist in irgendeinem Stadium des Entwicklungszyklus vorhanden, aber nicht immer bei den adulten Tieren.

d. kann sehr dünn, aber auch sehr hart und starr ausgebildet sein.

e. verhindert, dass die Tiere ihre Gestalt ändern.

Frage 466: Bei Vertretern mehrerer Stämme mariner Würmer erfüllt die wichtigste Stützfunktion …

a. ihr Exoskelett.

b. ihr Endoskelett.

c. ihr Hydroskelett.

d. das sie umgebende Sediment.

e. der Körper anderer Tiere, in denen sie leben.

Frage 467: Fadenwürmer sind so häufig und leben in so unterschiedlichen Habitaten, …

a. weil sie sowohl parasitisch als auch frei lebend vorkommen und sich von ganz unterschiedlichen Dingen ernähren können.

b. weil sie ihr Exoskelett häuten können.

c. weil ihre dicke Cuticula ihnen komplexe Bewegungen ermöglicht.

d. weil ihre Leibeshöhle ein Pseudocoel ist.

e. weil ihre segmentierten Körper ihnen ermöglichen, an vielen unterschiedlichen Orten zu leben.

Frage 468: Das Exoskelett von Arthropoden besteht aus …

a. einem Gemisch mehrerer verschiedener Polysaccharide.

b. einem Gemisch mehrerer verschiedener Proteine.

c. einem einzelnen komplexen Polysaccharid namens Chitin.

d. einem einzelnen komplexen Protein namens Arthropodin.

e. einer Kombination aus Proteinschichten und einem Polysaccharid namens Chitin.

Frage 469: Welche der folgenden Gruppen umfassen Verwandte der Arthropoden mit ungegliederten Beinen?

a. Trilobita und Onychophora.

b. Onychophora und Tardigrada.

c. Trilobita und Tardigrada.

d. Onychophora und Chelicerata.

e. Tardigrada und Chelicerata.

Frage 470: Die Vertreter welcher Crustaceengruppe sind wahrscheinlich die individuenreichste aller Tiergruppen?

a. Decapoda.

b. Amphipoda.

c. Copepoda.

d. Cirripedia.

e. Isopoda.

Frage 471: In welche drei Abschnitte gliedert sich der Bauplan der Insekten?

a. Kopf, Abdomen und Tracheen.

b. Kopf, Abdomen und Cephalothorax.

c. Cephalothorax, Abdomen und Tracheen.

d. Kopf, Thorax und Abdomen.

e. Abdomen, Tracheen und Mantel.

Frage 472: Welche der folgenden Deuterostomiergruppen zeichnen sich durch einen dreigeteilten Bauplan aus?

a. Eichelwürmer und Manteltiere.
b. Eichelwürmer und Flügelkiemer.
c. Flügelkiemer und Manteltiere.
d. Flügelkiemer und Schädellose.
e. Manteltiere und Schädellose.

Frage 473: Wie nennt man die Struktur, mit der adulte Seescheiden ihre Beute fangen?

a. Kiemendarm.
b. Proboscis.
c. Lophophor.
d. Schleimnetz
e. Radula.

Frage 474: Die Kiemenspalten der Chordaten dienten ursprünglich …

a. nur zur Aufnahme von Sauerstoff.
b. nur zur Abgabe von Kohlendioxid.
c. sowohl zur Aufnahme von Sauerstoff als auch zur Abgabe von Kohlendioxid.
d. zum Filtrieren kleiner Beutetiere aus dem Wasser.
e. zum kraftvollen Ausstoßen von Wasser für die Fortbewegung.

Frage 475: Das wesentliche Merkmal des Wirbeltierbauplans ist …

a. der Kiemendarm.
b. die Wirbelsäule, an der die inneren Organe aufgehängt sind.
c. die Wirbelsäule, an der paarige Extremitäten befestigt sind.
d. die Wirbelsäule, an der ein Kiemendarm befestigt ist.
e. der Kiemendarm und zwei paarige Extremitäten.

Frage 476: Welche der folgenden Fische besitzen *kein* Knorpelskelett?

a. Chimären.
b. Lungenfische.
c. Haie.
d. Rochen.
e. Mantas.

Frage 477: Bei den meisten Fischen dient eine Aussackung des Vorderdarms ...

a. als Kieme.
b. als Lunge.
c. als Coelomraum.
d. als Schwimmblase.
e. als Chorda.

Frage 478: Die meisten Amphibien kehren zur Eiablage ins Wasser zurück, weil ...

a. Wasser isotonisch zum flüssigen Inhalt der Eier ist.
b. die Adulten zum Bewachen ihrer Eier im Wasser sein müssen.
c. es im Wasser weniger Feinde gibt als an Land.
d. Amphibien zur Produktion ihrer Eier Wasser benötigen.
e. Amphibieneier an Land meist rasch Wasser verlieren und austrocknen.

Frage 479: Welche der folgenden Aussagen ist für Epithelzellen am typischsten?

a. Sie erzeugen elektrochemische Signale.
b. Sie kontrahieren sich.
c. Sie weisen eine ausgedehnte extrazelluläre Matrix auf.
d. Sie haben sekretorische Funktionen.
e. Sie bedecken die Körperoberfläche und kleiden die Körperhöhlen aus.

Frage 480: Welche der folgenden Aussagen über Federn trifft *nicht* zu?

a. Es handelt sich um stark modifizierte Reptilienschuppen.
b. Sie isolieren den Körper.
c. Sie bilden zwei Schichten.
d. Sie unterstützen die Vögel beim Fliegen.
e. Sie sind wichtig für den Gasaustausch.

Frage 481: Inwiefern unterscheiden sich die Kloakentiere von anderen Säugetieren?

a. Sie produzieren keine Milch.
b. Sie haben kein Fell.
c. Sie legen Eier.
d. Sie leben in Australien.
e. Sie haben einen Beutel zur Aufzucht ihrer Jungen.

Frage 482: Welche der folgenden Faktoren könnten zu der bemerkenswerten evolutionären Diversifikation der Insekten beigetragen haben?

a. In den terrestrischen Lebensräumen, in welche die Insekten vordrangen, lebten keine ähnlichen anderen Organismen.
b. Insekten entwickelten die Fähigkeit zu fliegen.
c. Einige Insektenlinien entwickelten eine vollständige Metamorphose.
d. Insekten entwickelten eine effiziente Methode zur Versorgung ihrer inneren Gewebe mit Sauerstoff.
e. Alle der genannten Faktoren.

Frage 483: Insekten, die als Larven den Imagines ähneln, verwandeln sich durch …

a. direkte Entwicklung.
b. neoptere Entwicklung.
c. beschleunigte Entwicklung.
d. unvollständige Metamorphose.
e. vollständige Metamorphose.

Frage 484: Wie wird der Begriff „Differenzierung" definiert?

a. Veränderungen der Genomexpression, die das Proteom der Zelle nicht verändern.
b. Vorübergehende Veränderungen der Genomaktivität einer Zelle als Reaktion auf extrazelluläre Faktoren.
c. Eine koordinierte Abfolge von Veränderungen, die in der Lebensgeschichte einer Zelle stattfinden.
d. Das Annehmen einer spezialisierten physiologischen Funktion durch eine Zelle.

Frage 485: Was ist das Syncytium des Embryos von *Drosophila*?

a. Eine sehr kompakte Masse von undifferenzierten Zellen.
b. Eine längliche Struktur, die einen Konzentrationsgradienten von Entwicklungsproteinen enthält.
c. Eine Menge an Cytoplasma mit zahlreichen Zellkernen.
d. Eine Mischung aus diploiden und haploiden Zellen, die durch mitotische und meiotische Zellteilungen entstanden ist.

Frage 486: Welche Aussage über „Determination" trifft zu?

a. Die Differenzierung geht der Determination voraus.
b. In den meisten Organismen sind alle Zellen nach zwei Zellteilungen determiniert.

c. Eine determinierte Zelle behält ihre Determination, gleichgültig, an welche Position im Embryo sie verpflanzt wird.

d. Eine Zelle verändert ihr Aussehen, sobald sie determiniert wird.

e. Eine differenzierte Zelle weist dasselbe Transkriptionsmuster wie eine determinierte Zelle auf.

Frage 487: Welches der folgenden Merkmale trifft für die Furchung von Fröschen *nicht* zu?

a. Hohe Mitoserate.

b. Verringerung der Zellgröße.

c. Expression von Genen, die für die Blastulabildung entscheidend sind.

d. Orientierung der Furchungsebenen im rechten Winkel.

e. Inäquale Teilung der cytoplasmatischen Determinanten.

Frage 488: Wie unterscheidet sich die Furchung bei Säugern von der Furchung bei Fröschen?

a. Langsamere Zellteilungsrate.

b. Bildung von Tight Junctions.

c. Expression des embryonalen Genoms.

d. Frühe Abtrennung von Zellen, die nicht zum Embryo gehören.

e. Alles trifft zu.

Frage 489: Welche Aussage über die Gastrulation trifft zu?

a. Beim Frosch beginnt die Gastrulation in der vegetativen Hemisphäre.

b. Beim Seeigel erzeugt die Gastrulation die Chorda dorsalis.

c. Bei Vögeln wandern Zellen aus dem Epiblasten durch die Primitivrinne ins Blastocoel.

d. Bei Säugern findet die Gastrulation im Hypoblasten statt.

e. Beim Seeigel führt die Gastrulation nur zu zwei Keimblättern.

Frage 490: Welche der folgenden Aussagen war eine Schlussfolgerung aus den Experimenten von Spemann und Mangold?

a. Die cytoplasmatischen Determinanten der Entwicklung sind in der Amphibienzygote homogen verteilt.

b. In der späten Blastula sind bestimmte Zellregionen darauf festgelegt, Haut oder Nervengewebe zu bilden.

c. Die dorsale Urmundlippe kann isoliert werden und bildet einen vollständigen Embryo.

d. Die dorsale Urmundlippe kann die Gastrulation einleiten.

e. Aus der dorsalen Urmundlippe entwickelt sich das Neuralrohr.

Frage 491: Welche der folgenden Aussagen trifft für die menschliche Entwicklung zu?

a. Die meisten Organe beginnen sich im Laufe des zweiten Trimesters zu bilden.
b. Die Gastrulation findet im Eileiter statt.
c. Genetische Erkrankungen lassen sich anhand von Zellproben aus dem Chorion feststellen.
d. Zur Einnistung kommt es durch Interaktionen zwischen Zona pellucida und der Uterusschleimhaut.
e. Eine Medikamenten- und Chemikalienexposition führt am ehesten im dritten Trimester zu Missbildungen.

Frage 492: Welche der folgenden Aussagen trifft für die Neurulation zu?

a. Die Chorda dorsalis bildet das Neuralrohr.
b. Das Neuralrohr wird vom Ektoderm gebildet.
c. Ein Neuralrohr bildet sich um die Chorda dorsalis.
d. Das Neuralrohr bildet die Somiten.
e. Bei Vögeln bildet das Neuralrohr die Primitivrinne.

Frage 493: Welche Aussage über Trophoblastenzellen trifft zu?

a. Sie können eineiige Zwillinge produzieren.
b. Sie leiten sich vom Hypoblasten der Blastocyste ab.
c. Es handelt sich bei ihnen um Entodermzellen.
d. Sie sezernieren proteolytische Enzyme.
e. Sie verhindern, dass sich die Zona pellucida an den Eileiter heftet.

Frage 494: Welche extraembryonale Membran ist Teil des embryonalen Beitrags zur Placentabildung?

a. Amnion.
b. Chorion.
c. Epiblast.
d. Allantois.
e. Zona pellucida.

Frage 495: Das Phänomen, bei dem Organismen den relativen Zeitpunkt des Auftretens und die relative Entwicklungsgeschwindigkeit von Merkmalen verändern, bezeichnet man als …

a. Heterochronie.
b. Entwicklungsplastizität.

c. Adaptation.
d. Modularität.
e. Mutation.

Frage 496: Aus welchen drei Schichten besteht die menschliche Haut?

Frage 497: Was sind „Hautanhangsgebilde"?

Frage 498: Beschreiben Sie den typischen Aufbau eines Knochens!

Frage 499: Welche Faktoren sind am Auf- und Abbau von Knochensubstanz beteiligt?

Frage 500: Aus welchen Abschnitten besteht die Wirbelsäule?

Frage 501: Beschreiben Sie den Aufbau und die Knochen der Hand!

Frage 502: Beschreiben Sie den kontraktilen Apparat einer glatten Muskelzelle!

Frage 503: Erklären Sie die Funktion von Troponin und Tropomyosin!

Frage 504: Welche unterschiedlichen Typen von Muskulatur gibt es?

Frage 505: Über welche hormonellen Mechanismen werden die männlichen Sexualfunktionen gesteuert?

Frage 506: Beschreiben Sie den Ablauf der Spermatogenese.

Frage 507: Welche Hormone bewirken zu welchem Zeitpunkt den Eisprung?

Frage 508: Welche sexuell übertragbaren Krankheiten gibt es?

Frage 509: Welche männlichen Geschlechtsdrüsen gibt es?

Frage 510: Welche Struktur haben Antikörper und wie werden sie gebildet?

Frage 511: Wie unterscheiden sich T-Helferzellen und cytotoxische T-Zellen?

Frage 512: Beschreiben Sie die Aufgaben der Leber.

Frage 513: Welches sind die Aufgaben des exokrinen und des endokrinen Pankreas?

Frage 514: Welche Hormonarten gibt es, und nach welchen Kriterien werden sie eingeteilt?

Frage 515: Welche generellen Unterschiede gibt es bezüglich der Interaktion von Hormonen mit ihren Rezeptoren und deren zellulärer Lokalisation?

Frage 516: Welche Organfunktionen haben Sympathicus und Parasympathicus?

Frage 517: Beschreiben Sie zwei wichtige spinale Reflexe beim Menschen!

Frage 518: Worin unterscheidet sich eine saltatorische Erregungsleitung von einer kontinuierlichen, und was ist eine „markhaltige" Nervenfaser?

Frage 519: Erklären Sie die Funktion des Gehörorgans beim Menschen. Wie werden die Schallwellen in elektrische Signale umgesetzt?

Frage 520: Welche Geschmacksqualitäten gibt es?

Frage 521: Beschreiben Sie den Unterschied zwischen apokrin und ekkrin!

Frage 522: Was ist der „Hämatokrit", und welche Bestandteile des Blutes gibt es?

Frage 523: Aus welchen hauptsächlichen Komponenten setzt sich das Blutplasma zusammen, und was ist der Unterschied zum Blutserum?

Frage 524: Welche Bestandteile des Rhesus-Systems können rhesusnegative Menschen im Blut haben?

Frage 525: Was ist der Unterschied zwischen holokrinen und merokrinen Drüsen?

Frage 526: Welche drei Stickstoffexkretionsprodukte gibt es?

Frage 527: Welche Form hat die O_2-Bindungskurve des Hämoglobins und wodurch lässt sie sich verschieben?

Frage 528: Beschreiben Sie den Haldane-Effekt!

Frage 529: Was versteht man unter einer „Zoonose"?

Frage 530: Was versteht man unter dem Begriff „Mesogloea"?

Frage 531: Erklären Sie die Begriffe „Refraktärzeit", „Tetanus" und „Kontraktur"!

Frage 532: Auf welchen Wegen kann der ATP-Pool in einer Muskelzelle schnell wieder aufgefüllt werden?

Frage 533: Warum wirkt ATP als „Weichmacher" in Bezug auf die Muskelkontraktion?"

Frage 534: Was versteht man unter dem Begriff „Generationswechsel"?

Frage 535: Erklären Sie die Begriffe „Metagenese" und „Heterogonie" und geben Sie jeweils ein Beispiel!

Frage 536: Wodurch unterscheiden sich eingeschlechtliche und vegetative Vermehrung?

Frage 537: Welche Formen der vegetativen Vermehrung kennen Sie? Geben Sie jeweils ein Beispiel!

Frage 538: Welche Formen der Gametie kennen Sie?

Frage 539: Wie lässt sich die Evolution der Oogametie erklären?

Frage 540: Erklären Sie den Begriff „Polyspermie" und wodurch wird sie verhindert?

Frage 541: Wodurch unterscheiden sich primäre und sekundäre Geschlechtsorgane? Erklären Sie den Begriff „Geschlechtsdimorphismus"!

Frage 542: Beschreiben Sie den Grundbauplan eines Spermiums!

Frage 543: Beschreiben Sie die wichtigsten Schritte der Befruchtung bei Tieren!

Frage 544: Besitzt das weibliche Geschlecht bei allen Tieren einen homomorphen Karyotyp?

Frage 545: Welche Formen der Geschlechtsbestimmung kennen Sie?

Frage 546: Beschreiben Sie die Phasen einer Immunantwort!

Frage 547: Was sind die charakteristischen Merkmale der spezifischen Immunantwort?

Frage 548: Definieren Sie die Begriffe „Antigen", „Immunogen", „Hapten", „Carrier", „Epitop", „Peptid" (im immunologischen Sinne)!

Frage 549: Welche Eigenschaften sind typisch für das angeborene Immunsystem?

Frage 550: Was ist die „Komplementkaskade"?

Frage 551: Welche Bestandteile muss unsere Nahrung enthalten?

Frage 552: Beschreiben Sie kurz zwei Vitaminmangelerkrankungen (Avitaminosen, Hypovitaminosen)! Kennen Sie auch Hypervitaminosen?

Frage 553: Warum frisst ein Kaninchen seinen eigenen Kot?

Frage 554: Definieren Sie den Begriff „Hormone" und nennen Sie Wirkmechanismen!

Frage 555: Nennen Sie die Unterschiede im Wirkmechanismus von Peptid- und Steroidhormonen!

Frage 556: Erklären Sie das Prinzip eines hormonellen Regelkreises!

Frage 557: Nennen Sie die Grundelemente des Nervengewebes und deren Funktionen innerhalb des Nervensystems!

Frage 558: Wie ist eine Nervenzelle aufgebaut?

Frage 559: Stellen Sie die Begriffe „Membran-", „Ruhe-", „Aktions-" und „elektrotonisches Potenzial" in einen Zusammenhang!

Frage 560: Was versteht man unter „saltatorischer Erregungsleitung" und an welche Strukturen ist sie gekoppelt?

Frage 561: Was ist eine „Synapse", welche Typen gibt es und welche Rolle spielen Gap Junctions in diesem Zusammenhang?

Frage 562: Nennen Sie die Hauptabschnitte des Telencephalons!

Frage 563: Beschreiben Sie den Querschnitt durch das Rückenmark!

Frage 564: Was versteht man unter dem „vegetativen Nervensystem"!

Frage 565: Nennen Sie die wesentlichen Unterschiede zwischen primärer und sekundärer Sinneszelle.

Frage 566: Warum ist es biologisch sinnvoll, dass die Reizstärke in logarithmischem Zusammenhang zur Reizantwort steht?

Frage 567: Das Innenohr der Wirbeltiere erfüllt mehrere Funktionen. Nennen Sie die verschiedenen Abschnitte und ordnen Sie diese den entsprechenden Reizmodalitäten zu!

Frage 568: Worin besteht der grundlegende Unterschied bei der Chemorezeption zwischen Geruchs- und Geschmacksinn?

Frage 569: Beschreiben Sie den Aufbau eines Ommatidiums!

Frage 570: Worin unterscheiden sich Endhandlung und Intentionsbewegung?

Frage 571: Nennen Sie Beispiele für circadiane Schrittmacher im Gehirn!

Frage 572: Welchem Zweck dient der Schwänzeltanz von Honigbienen?

Frage 573: Welche Navigationshilfen finden Insekten am Himmel?

Frage 574: Erklären Sie den Mechanismus der Langzeitpotenzierung (LTP).

Frage 575: Wie unterscheiden sich Makrosmaten von Mikrosmaten?

Frage 576: Wie entsteht das Rezeptorpotenzial bei den Photorezeptoren der Wirbeltiere, und wodurch unterscheidet es sich von dem der wirbellosen Tiere?

Frage 577: In welcher Beziehung steht das vegetative Nervensystem zum endokrinen System?

Frage 578: Warum werden Pheromone in der Schädlingsbekämpfung eingesetzt?

Frage 579: Vergleichen Sie die Regulation der Körpertemperatur bei homoiothermen und poikilothermen Tieren!

Frage 580: Welche Funktion bei der Wärmeregulation hat ein Rete mirabile zum Beispiel bei Fischen oder im Gehirn von Säugetieren?

Frage 581: Beschreiben Sie die Aufgabe des braunen Fettgewebes; bei welchen Tieren findet man es?

Frage 582: Nach welchen thermoregulatorischen Prinzipien kann man die Tiere gruppieren?

Frage 583: Wie unterscheiden sich Winterruhe und Winterschlaf?

Frage 584: Was ist ein „Topor" und bei welchen Tieren kommt er vor?

Frage 585: Abstehende Körperteile wie Ohren oder Schwänze kühlen leichter aus und sind daher in kalten Gebieten bei verwandten Homoiothermen kleiner ausgebildet als in wärmeren Klimazonen (Allen-Regel). Nennen Sie Faktoren, die die einfache Temperaturabhängigkeit überlagern!

Frage 586: Was sind „Osmokonformer" und „Osmoregulierer"?

Frage 587: Wie unterscheiden sich die Osmoregulation von marinen und limnischen Actinopterygii?

Frage 588: Wie funktioniert Osmose, und welche Bedeutung hat sie für den tierischen Organismus?

Frage 589: Was beschreiben die Fick'schen Gesetze?

Frage 590: In welcher Form scheiden ammoniotelische, ureotelische und uricotelische Tiere stickstoffhaltige Endprodukte aus dem Stoffwechsel aus?

Frage 591: Was versteht man unter „Hämolymphe", und welche Funktionen hat sie?

Frage 592: Nennen Sie die azellulären und zellulären Bestandteile des Blutes und ihre Funktionen!

Frage 593: Beschreiben Sie das System der Blutgerinnung beim Menschen!

Frage 594: Welche grundlegenden Unterschiede bestehen zwischen Arterien und Venen?

Frage 595: Beschreiben Sie Bau und Funktion des Hämoglobinmoleküls und die Mechanismen zur Regelung der Sauerstoffaffinität!

Frage 596: Welche Blutgruppen gibt es beim Menschen, und wie unterscheiden sie sich?

Frage 597: Erklären Sie den Unterschied zwischen einem offenen und einem geschlossenen Kreislaufsystem. Bei welchen Tiergruppen kommen sie jeweils vor?

Frage 598: Wie ist ein Nephron aufgebaut?

Frage 599: Wie wird der Harn in der Wirbeltierniere gebildet?

Frage 600: Was ermöglicht die Harnkonzentrierung bei Säugern?

Frage 601: Wie funktioniert ein Malpighi-Gefäß?

Frage 602: Beschreiben Sie den Aufbau der Lunge bei verschiedenen Wirbeltieren!

Frage 603: Beschreiben Sie die Atmung der larvalen und adulten Amphibien!

Frage 604: Wie ist der Begriff „Parasit" definiert?

Frage 605: Welche großen Gruppen eukaryotischer Parasiten werden unterschieden?

Frage 606: Was ist der Unterschied zwischen Symbiose und Parasitismus?

Frage 607: Nennen Sie Beispiele für temporäre Parasiten bzw. stationäre Parasiten!

Frage 608: Erklären Sie den Unterschied zwischen Mikro- und Makroparasiten!

Frage 609: Welche Phase eines Lebenszyklus findet im Endwirt statt?

Frage 610: Befällt ein Parasit mit hoher Wirtsspezifität viele Wirtsarten oder wenige Wirtsarten?

Frage 611: Auf welche Weise üben Wirte Selektionsdruck auf Parasiten aus?

Frage 612: Welche Erbkrankheiten bewirken eine Resistenz gegen Malaria?

Frage 613: Welcher Zusammenhang besteht zwischen Allergie und Wurmbefall?

Frage 614: Wie viele Generationen umfasst der Lebenszyklus von *Dicrocoelium dentriticum*?

Frage 615: Durch welches Stadium wird die Verhaltensveränderung im Zyklus der Ameise im Zyklus des kleinen Leberegels bewirkt?

Frage 616: Wo ist *Entamoeba histolytica* verbreitet?

Frage 617: Welche bakteriellen Erreger können Acanthamöben beherbergen?

Frage 618: Welche Viehseuche und welche Erkrankung des Menschen verursacht *Trypanosoma brucei*?

Frage 619: Welchen Endwirt hat *Toxoplasma gondii*?

Frage 620: Wann sind Schwangere durch eine *Toxoplasma*-Infektion *nicht* gefährdet?

Frage 621: Welche Formen von Malaria werden von den vier humanpathogenen Plasmodienarten ausgelöst?

Frage 622: In welchen Biotopen tritt *Fasciola hepatica* auf?

Frage 623: Welche *Taenia*-Arten kommen im Menschen vor?

Frage 624: Wo werden Blutegel im Tierreich eingeordnet?

Frage 625: Welche Substanz ist für den Gebrauch des Blutegels in der Medizin verantwortlich, und welche Wirkung hat sie? Wo im Egel ist diese Substanz lokalisiert?

Frage 626: Welches sind die morphologischen Charakteristika der Nematoden?

Frage 627: Welches Stadium der Trichinen ist pathogen?

Frage 628: Für welche Bevölkerungsgruppe ist *Enterobius vermicularis* besonders unangenehm?

Frage 629: Wer ist der Zwischenwirt von *E. vermicularis*?

Frage 630: Was ist die „Flussblindheit", und durch welchen Nematoden wird sie hervorgerufen?

Frage 631: Was ist „Anisakiose"?

Frage 632: Was bezeichnet man als „Räude" und was als „Krätze"?

Frage 633: Nennen Sie zwei (oder drei) Familien der Zecken.

Frage 634: Nennen Sie die wichtigste einheimische Zecke.

Frage 635: Welche Stadien treten im Leben dieser Zecke auf und wie viele Wirte hat sie?

Frage 636: Ist sie von medizinischer Bedeutung? Welche ist das?

Frage 637: Wieso spielen Insekten eine Rolle in der Parasitologie?

Frage 638: Welche Läuse hat der Mensch?

Frage 639: Welche dieser Läuse sind Krankheitsüberträger?

Frage 640: Welche (früher sehr wichtige) Krankheit wird von Läusen übertragen?

Frage 641: Welche Wanzen leben parasitisch? (mindestens zwei Antworten)

Frage 642: Welche Flöhe kommen beim Menschen vor?

Frage 643: Welches ist die wichtigste von Flöhen übertragene Krankheit?

Frage 644: Was übertragen Stechmücken?

Frage 645: Wo kommen Tsetsefliegen vor?

Frage 646: Was übertragen Tsetsefliegen?

Frage 647: Was sind „Schmeißfliegen", wo legen sie ihre Eier ab?

Frage 648: Bei welchen Fliegen gibt es echte Parasiten, worin besteht der Parasitismus?

Frage 649: Was ist der Unterschied zwischen den Begriffen „Zwischenwirt" und „Vektor"?

Frage 650: Warum sind viele Parasiten Zwitter?

Frage 651: Welchem Zweck dient die Cystenbildung/Einkapselung aus der Sicht a) des Parasiten, b) des Wirtes?

Frage 652: Warum ist der Fuchsbandwurm für den Menschen so gefährlich?

Frage 653: Nennen Sie zwei Taxa der Cnidaria, in denen es eine Metagenese gibt!

Frage 654: Nennen Sie drei charakteristische Merkmale (Apomorphien) der Deuterostomia!

Frage 655: Die Arthropoden stammen von Vorfahren ab, die den Anneliden ähneln. Nennen Sie vier Merkmale, die diese Aussage belegen (Apomorphien der Articulata)!

Frage 656: Nennen Sie zwei Unterschiede als Merkmalspaare zwischen Neunaugen (Petromyzontida) und Actinopterygii (Strahlenflosser)!

Frage 657: Welche Nesselkapseltypen kommen bei *Hydra* vor?

Frage 658: Welche Skelettelemente bilden das Kiefergelenk der Amphibien, welche das der Säuger? Benennen Sie Deck- und Ersatzknochen! Welche Funktion erfüllen die Ersatzknochen beim Säuger?

Frage 659: In welcher Hinsicht sind die Acrania bzw. Cephalochordata ursprünglicher als die Craniota (Vertebrata)?

Frage 660: Nennen Sie je zwei Gemeinsamkeiten und zwei Unterschiede zwischen Vertretern der Polychaeta und Clitellata!

Frage 661: Geben Sie wichtige Unterscheidungsmerkmale zwischen Annelida, Mollusca und Arthropoda an und nennen Sie einige Vertreter!

Frage 662: Was sind die spezifischen Merkmale der Chordata?

Frage 663: Schildern Sie wichtige Veränderungen im Bau der Säuger gegenüber ursprünglichen Amniota!

Frage 664: Welche Vorteile bringt Heterodontie gegenüber Homodontie? Wo findet man ein heterodontes Gebiss?

Frage 665: Was besagt die „biogenetische Grundregel" von Haeckel? Nennen Sie ein Beispiel!

Frage 666: Was ist der Unterschied zwischen homologen und analogen Organen?

Frage 667: Nennen Sie drei Elemente, die oft in der Eischale von wirbellosen Tieren anzutreffen sind!

Frage 668: Beschreiben Sie die verschiedenen Möglichkeiten, wie bei niederen Wirbeltieren die Temperatur Einfluss auf die Geschlechtsbestimmung nimmt!

Frage 669: Warum ist ein Bandwurm auch ohne Darm lebensfähig?

Frage 670: Welche Filtriermethoden kennen Sie aus dem Tierreich?

Frage 671: Wie heißen die Mundwerkzeuge der Insekten?

Frage 672: Was versteht man unter einem „Gastrovaskularsystem"?

Frage 673: In welche Abschnitte lässt sich der Gastrointestinaltrakt höherer Tiere grob einteilen? Welche Prozesse finden in den einzelnen Abschnitten statt?

Frage 674: Beschreiben Sie das ursprüngliche Blutgefäßsystem der Wirbeltiere!

Frage 675: Welche Arten von Blutgefäßsystemen gibt es? Wo kommen sie vor und welche charakteristischen Unterschiede weisen sie auf?

Frage 676: Was versteht man unter dem „Doppelherzen" der höheren Vertebraten?

Frage 677: Nennen Sie die Atmungsorgane und den Atmungstyp bei Insekten, Cephalopoden, Anneliden, Spinnen und Landschnecken!

Frage 678: Warum geht bei der Metamorphose der Frösche die Bildung von Adultmerkmalen der Rückbildung von Larvalmerkmalen zeitlich voraus, und warum ist das bei holometabolen Insekten nicht so?

Frage 679: Welche Faktoren bestimmen den Furchungsmodus einer Eizelle?

Frage 680: Welcher Furchungstyp kommt beim Alligator, beim Regenwurm, beim Grasfrosch, beim Lanzettfischchen oder bei der Stubenfliege vor?

Frage 681: Was versteht man unter den Keimblättern? Wann werden diese gebildet?

Frage 682: Nennen Sie einige Neuralleistenderivate!

Frage 683: Welche embryonalen Anhangsorgane besitzt der Säugetierembryo?

Frage 684: Was versteht man in der Embryologie unter dem Organisator? Wo kommt ein solcher Organisator vor?

Frage 685: Was versteht man unter einem „kompetenten Säugling"?

Frage 686: Was bedeutet der Satz von R. Virchow: (1855) *„omnis cellula e cellula"*?

Frage 687: Die Zellen eines Vielzellers sind in der Regel genetisch identisch. Warum wurde das lange Zeit als Paradoxon gesehen?

Frage 688: Was ist der Unterschied zwischen „Determination" und „Differenzierung"? Was kommt zuerst?

Frage 689: Beschreiben Sie kurz, wie die Hauptkörperachsen bei *Drosophila* entstehen?

Frage 690: Nennen Sie einige entwicklungsbiologische Prozesse, bei denen Homöobox-Gene eine Rolle spielen!

Frage 691: Welche Hormone regulieren die Entwicklung holometaboler Insekten? Beschreiben Sie das Zusammenspiel!

Frage 692: Warum sind alle Vielzeller auch während ihrer Ontogenese Einzeller gewesen?

Frage 693: Was versteht man unter „Ontogenese"?

Frage 694: Skizzieren Sie die Unterschiede zwischen Differenzierung und Entwicklung und beschreiben Sie die Grundlagen dieser Unterschiede!

Frage 695: Wie wird bei Muskelzellen die Differenzierung zu Muskelzellen aufrechterhalten?

Fragen zur Ökologie

3

Olaf Werner

Frage 696: Welche der folgenden Kosten stehen fast generell mit dem Leben in einer Gruppe in Zusammenhang?

a. Ein erhöhtes Feindrisiko.
b. Konkurrenz beim Nahrungserwerb.
c. Ein erhöhtes Risiko für die Infektion mit Krankheiten und Parasiten.
d. Ein stärker eingeschränkter Zugang zu Geschlechtspartnern.
e. Ein stärker eingeschränkter Zugang zu Schlafplätzen.

Frage 697: Welche der folgenden Annahmen ist *nicht* von Bedeutung für die Hypothese des optimalen Nahrungserwerbs?

a. Tiere, die ihre Nahrung effizient erwerben, decken ihren Bedarf an Energie in kürzerer Zeit als ineffiziente Tiere.
b. Tiere, die erfolgreicher im Nahrungserwerb sind, bringen mehr überlebende Nachkommen hervor.
c. Ein erfolgreicher Beutegreifer sucht seine Beute so aus, dass er dadurch seine Energieaufnahme maximiert.
d. Ein effizienter Räuber wählt stets die häufigste Beute aus.
e. Die Fähigkeit eines Beutegreifers, zwischen verschiedenen Beutetieren zu unterscheiden, hat eine genetische Grundlage.

O. Werner (✉)
Las Torres de Cotillas, Murcia, Spanien
E-Mail: werner@um.es

O. Werner (Hrsg.), *1000 Fragen aus Zoologie und Botanik*,
DOI 10.1007/978-3-642-54983-0_3, © Springer-Verlag Berlin Heidelberg 2014

Frage 698: Die grundlegenden Komponenten eines Optimalitätsmodells für ein Verhalten sind …

a. die Art des Verhaltens und seine neuronalen Kontrollmechanismen.
b. das Ziel des Verhaltens und die Entscheidungen, wie dieses am besten zu erreichen ist.
c. das Ziel des Verhaltens und seine neuronalen Kontrollmechanismen.
d. das Ziel des Verhaltens und die Einschränkungen durch den Bau des Tieres.
e. das zu maximierende Ziel und die Währung, um dieses zu messen.

Frage 699: Pflanzen, die Schwermetalle tolerieren, …

a. unterscheiden sich gewöhnlich genetisch von anderen Individuen ihrer Art.
b. nehmen die Schwermetalle gewöhnlich nicht auf.
c. sind gewöhnlich gegenüber allen Schwermetallen tolerant.
d. besiedeln Gebiete mit hoher Schwermetallkonzentration im Boden gewöhnlich langsam.
e. wiegen gewöhnlich mehr als Pflanzen, die gegenüber Schwermetallen empfindlich sind.

Frage 700: Welche der folgenden Ursachen spielt beim derzeitigen Artensterben *keine* wesentliche Rolle?

a. Zerstörung von Lebensräumen.
b. Anstieg des Meeresspiegels.
c. Übernutzung.
d. Einführung von Räubern.
e. Einführung von Krankheiten.

Frage 701: Welches ist gegenwärtig die bedeutendste Ursache für die Gefährdung von Arten in den Vereinigten Staaten und Europa?

a. Umweltverschmutzung.
b. Einführung exotischer Arten.
c. Übernutzung.
d. Verlust von Lebensräumen.
e. Verlust von Symbionten.

Frage 702: Menschen machen sich Sorgen über das Aussterben von Arten, …

a. weil sehr viele Medikamente ein natürliches pflanzliches oder tierisches Produkt enthalten.
b. weil der Mensch Gefallen an anderen Organismen findet.

c. weil die Ausrottung von Arten grundlegende ethische Fragen aufwirft.

d. weil die biologische Vielfalt dazu beiträgt, ökologische Leistungen aufrechtzuerhalten.

e. Alle die genannten Dinge treffen zu.

Frage 703: Wenn ein Habitatfragment kleiner wird, ...

a. können darin keine Populationen mehr leben, die große Gebiete benötigen.

b. können darin bei vielen Arten nur noch kleine Populationen überleben.

c. wirken sich zunehmend Randeffekte aus.

d. wandern Arten aus den Habitaten der Umgebung ein.

e. Alle die genannten Dinge treffen zu.

Frage 704: Eine Pflanzenart wird sich nach Einführung in ein neues Gebiet am ehesten invasiv ausbreiten, ...

a. wenn sie sehr hoch wird.

b. wenn sie sich schon in anderen Gebieten, in denen sie eingeführt wurde, invasiv ausgebreitet hat.

c. wenn sie nahe mit Arten verwandt ist, die in dem Gebiet ihrer Einführung vorkommen.

d. wenn ihre Samen durch ganz spezielle Organismen verbreitet werden.

e. wenn sie eine lange Lebensspanne hat.

Frage 705: Naturschutzbiologen sind besorgt über die globale Erwärmung, ...

a. weil sich das Klima möglicherweise schneller ändern wird, als sich das Verbreitungsgebiet vieler Arten verschieben kann.

b. weil es in den Tropen bereits jetzt zu heiß ist.

c. weil die Klimate über Jahrtausende hinweg so stabil geblieben sind, dass viele Arten variable Temperaturen nicht tolerieren können.

d. weil sich Klimaänderungen besonders schlimm auf seltene Arten auswirken.

e. Aus keinem der genannten Gründe.

Frage 706: Wodurch können Wissenschaftler feststellen, wie häufig in der Vergangenheit in einem Gebiet Feuer aufgetreten sind?

a. Durch Analyse der Holzkohle an den Fundstätten früherer Dörfer.

b. Durch Messung des Kohlenstoffgehalts im Boden.

c. Durch radioaktive Datierung umgestürzter Bäume.

d. Durch Untersuchung von Feuernarben an den Jahresringen lebender Bäume.

e. Durch Ermittlung der Altersstruktur von Wäldern.

Frage 707: Unter welcher Voraussetzung ist die Zucht in menschlicher Obhut eine sinn-volle Maßnahme zur Erhaltung von Arten?

a. In Zoos, Aquarien und Botanischen Gärten muss genügend Platz zur Zucht einiger Individuen vorhanden sein.
b. Der genetische Stammbaum aller Individuen muss bekannt sein.
c. Die Bedrohungen, welche die Art an den Rand des Aussterbens gebracht haben, müs-sen abgemildert werden, sodass die in Menschenobhut aufgezogenen Individuen später wieder in der Natur angesiedelt werden können.
d. Es muss genügend Pfleger geben, die sich um sie kümmern.
e. Eine Zucht in Menschenobhut sollte nicht erfolgen, weil sie die Aufmerksamkeit von der Notwendigkeit ablenkt, die Arten in ihrem natürlichen Lebensraum zu erhalten.

Frage 708: Die Restaurationsökologie ist eine wichtige Disziplin, …

a. weil viele Gebiete in hohem Umfang zerstört (degradiert) sind.
b. weil viele Gebiete anfällig für globale Klimaveränderungen sind.
c. weil viele Arten unter zufälligen demografischen Schwankungen leiden.
d. weil viele Arten genetisch verarmt sind.
e. weil Feuer in vielen Gebieten eine Bedrohung darstellt.

Frage 709: Die neue Fachrichtung *Conservation Medicine* wurde entwickelt, …

a. weil die Häufigkeit von Krankheiten bei marinen Organismen zugenommen hat.
b. weil die Häufigkeit von Krankheiten bei terrestrischen Organismen zugenommen hat.
c. weil die Häufigkeit von Krankheiten bei marinen und terrestrischen Organismen zuge-nommen hat.
d. weil Wissenschaftler Krankheiten heute besser als zuvor unter Kontrolle bekommen können.
e. weil Krankheiten heute leicht diagnostiziert werden können.

Frage 710: Marine Auftriebszonen sind von so großer Bedeutung, …

a. weil Wissenschaftler hier besser die Chemie des Tiefenwassers analysieren können.
b. weil sie Organismen an die Oberfläche bringen, die anderswo schwierig zu beobachten sind.
c. weil Schiffe in diesen Zonen schneller segeln können.
d. weil sie Nährstoffe zurück in oberflächennahe Wasserschichten bringen und dadurch die Produktivität der Meere erhöhen.
e. weil sie sauerstoffreiches Wasser an die Oberfläche bringen.

Frage 711: Saurer Niederschlag ist eine Folge menschlicher Veränderungen …

a. des Kohlenstoff- und Stickstoffkreislaufs.
b. des Kohlenstoff- und Schwefelkreislaufs.
c. des Kohlenstoff- und Phosphorkreislaufs.
d. des Stickstoff- und Schwefelkreislaufs.
e. des Stickstoff- und Phosphorkreislaufs.

Frage 712: Welche Veränderungen können saure Niederschläge in Seen hervorrufen?

a. Sie können Phosphor leichter verfügbar für Pflanzen machen und dadurch die Produktivität erhöhen.
b. Sie können Stickstoff leichter verfügbar für Pflanzen machen und dadurch die Produktivität erhöhen.
c. Sie können ein Populationswachstum stickstofffixierender Organismen bewirken.
d. Sie können den Kohlenstoffkreislauf in Seen beschleunigen.
e. Sie können lokal zum Aussterben von Arten führen, die einen geringeren pH-Wert nicht vertragen.

Frage 713: Mit welchem Begriff bezeichnet man die Gesamtheit der Organismen in einer bestimmten Region?

a. Biota
b. Flora
c. Fauna
d. Flora und Fauna
e. Diversität

Frage 714: Die Biogeographie nahm als Wissenschaft ihren Anfang, …

a. als die Reisenden im 18. Jahrhundert Unterschiede zwischen der Verbreitung der Organismen auf den verschiedenen Kontinenten feststellten.
b. als die Europäer während der Kreuzzüge in den Mittleren Osten vordrangen.
c. als phylogenetische Methoden entwickelt wurden.
d. als die Kontinentaldrift als Tatsache akzeptiert wurde.
e. als Charles Darwin die Theorie der natürlichen Selektion erstellte.

Frage 715: Ereignisse, die zu Vikarianz führen, …

a. sind selten in der Natur.
b. waren in der Vergangenheit häufig, sind heute aber selten.

c. bewirken die Auftrennung des Verbreitungsgebiets von Arten, ohne dass es zu einer Ausbreitung kommt.

d. waren in der Vergangenheit selten, sind heute aber häufig.

e. verursachten die meisten der heutigen disjunkten Verbreitungen.

Frage 716: Im Meer existieren biogeografische Regionen, obwohl die Meere alle untereinander verbunden sind, …

a. weil die Meere nur eine geringe Primärproduktion haben.

b. weil die Meeresströmungen dafür sorgen, dass die Organismen in der Nähe ihres Geburtsortes bleiben.

c. weil die meisten Familien und höheren Taxa mariner Organismen bereits evolvierten, bevor die Meere durch die Kontinentaldrift getrennt wurden.

d. weil sich beim Zusammentreffen von Meeresströmungen die Wassertemperaturen und der Salzgehalt oft abrupt ändern.

e. weil die Zirkulation in den Meeren zu langsam erfolgt, um die marinen Organismen von einem Meer ins andere zu transportieren.

Frage 717: Die Erklärung eines Verbreitungsmusters nach dem Parsimonie-Prinzip …

a. erfordert die kleinste Zahl nicht dokumentierter Ereignisse, die zu Vikarianz führen.

b. erfordert die kleinste Zahl nicht dokumentierter Ausbreitungsereignisse.

c. erfordert die kleinste Zahl nicht dokumentierter Ausbreitungs- und Vikarianzereignisse.

d. steht mit der Phylogenie einer Linie in Einklang.

e. gilt für Endemismuszentren.

Frage 718: Welche große biogeografische Region ist heute als einzige völlig durch Wasser von den anderen Regionen isoliert?

a. Grönland.

b. Afrika.

c. Südamerika.

d. Australien.

e. Nordamerika.

Frage 719: Der Artenreichtum erreicht im Modell der Inselbiogeografie von MacArthur und Wilson ein Gleichgewicht, …

a. wenn die Immigrationsrate neuer Arten der Aussterberate vorhandener Arten entspricht.

b. wenn die Immigrationsraten und die Aussterberaten aller Arten gleich sind.

c. wenn die Rate von Vikarianzereignissen der Ausbreitungsrate entspricht.

d. wenn die Rate der Inselbildung der Verlustrate an Inseln entspricht.

e. In diesem Modell gibt es kein Gleichgewicht des Artenreichtums.

Frage 720: Welche Pflanzen dominieren in der Hartlaubvegetation?

a. Laub abwerfende Bäume.

b. Immergrüne Bäume.

c. Laub abwerfende Sträucher.

d. Immergrüne Sträucher.

e. Gräser.

Frage 721: Welche der folgenden Aussagen trifft *nicht* auf immergrüne tropische Wälder zu?

a. Sie umfassen eine hohe Zahl von Baumarten.

b. Die meisten Pflanzenarten werden von Tieren bestäubt.

c. Die Samen der meisten Pflanzenarten werden von Tieren verbreitet.

d. Der biologische Energiefluss ist sehr hoch.

e. Die hohe Produktivität beruht auf einem reichhaltigen Angebot an Bodennährstoffen.

Frage 722: In Kältewüsten …

a. dominieren wenige Arten niedrigwüchsiger Sträucher.

b. dominiert eine reichhaltige Flora aus niedrigwüchsigen Sträuchern.

c. gibt es nur wenige verholzte Pflanzen, aber in vielen unterschiedlichen Wuchsformen.

d. gibt es viele verholzte Pflanzen und unterschiedliche Wuchsformen.

e. dominieren wenige Arten hoher Sträucher.

Frage 723: Die Biogeografie übte einen großen Einfluss auf die Geschichte der Menschheit aus, …

a. weil die Menschen in Afrika evolvierten.

b. weil es in Eurasien mehr Pflanzen- und Tierarten gab, die relativ leicht zu domestizieren waren.

c. weil die Gebirgsketten der Alten Welt in Ost-West-Richtung ausgerichtet sind.

d. weil es Pferde nur in Eurasien gab.

e. Alle genannten Punkte treffen zu.

Frage 724: Was ist der Unterschied zwischen Primärproduktivität und Primärproduktion?

a. Die Primärproduktivität ist stets größer als die Primärproduktion.
b. Die Primärproduktivität ist stets geringer als die Primärproduktion.
c. Die Primärproduktivität bezeichnet eine Rate, die Primärproduktion hingegen ein Produkt.
d. Die Primärproduktivität bezeichnet ein Produkt, die Primärproduktion hingegen eine Rate.
e. Es gibt im Prinzip keinen Unterschied zwischen Primärproduktivität und Primärproduktion.

Frage 725: Wie lautet die Bezeichnung für die Gesamtmenge an Energie, die Pflanzen durch Photosynthese assimilieren?

a. Bruttoprimärproduktion.
b. Nettoprimärproduktion.
c. Biomasse.
d. Energiepyramide.
e. Sukzession.

Frage 726: Die Energiemenge, die auf eine höhere trophische Ebene gelangt, wird bestimmt …

a. durch die Nettoprimärproduktion.
b. durch die Nettoprimärproduktion und die Effizienz, mit der die Energie aus der Nahrung in Biomasse umgewandelt wird.
c. durch die Bruttoprimärproduktion.
d. durch die Bruttoprimärproduktion und die Effizienz, mit der die Energie aus der Nahrung in Biomasse umgewandelt wird.
e. durch die Brutto- und die Nettoprimärproduktion.

Frage 727: Die Energie- und Biomassepyramiden von Wäldern und Grasländern unterscheiden sich, …

a. weil Wälder produktiver sind als Grasländer.
b. weil Wälder weniger produktiv sind als Grasländer.
c. weil große Säugetiere es vermeiden, in Wäldern zu leben.
d. weil Bäume viel Energie in Form von schwer verdaulichem Holz speichern, während Graslandpflanzen nur wenige schwer verdauliche Gewebe produzieren.
e. weil Gräser schneller wachsen als Bäume.

Frage 728: Schlüsselarten …

a. beeinflussen die Struktur ihrer Lebensgemeinschaften stärker, als man aufgrund ihrer Häufigkeit erwarten würde.
b. wirken sich erheblich auf die Artenzusammensetzung von Lebensgemeinschaften aus.
c. können die Geschwindigkeit des Nährstoffkreislaufs erhöhen.
d. können Herbivoren oder Carnivoren sein.
e. sind durch alle genannten Dinge gekennzeichnet.

Frage 729: In welchem generellen Zusammenhang stehen Artenreichtum und Störungen?

a. Der Artenreichtum ist am höchsten bei niedriger Störungsintensität.
b. Der Artenreichtum ist am höchsten bei hoher Störungsintensität.
c. Der Artenreichtum ist am höchsten bei mittlerer Störungsintensität.
d. Der Artenreichtum ist geringer bei mittlerer Störungsintensität.
e. Es gibt keinen generellen Zusammenhang zwischen Artenreichtum und Störungsintensität.

Frage 730: Die Erde befindet sich in einem chemischen Ungleichgewicht, …

a. weil die Erde einen Mond hat.
b. weil Organismen Energie als Wärme freisetzen.
c. weil die meisten Kontinente auf der Nordhalbkugel liegen.
d. weil die Erde von Lebewesen bewohnt ist, die den Sauerstoff-, Stickstoff- und Wassergehalt der Atmosphäre aufrechterhalten.
e. aufgrund der Neigung der Erdachse.

Frage 731: Welche der folgenden Aussagen über die Troposphäre trifft *nicht* zu?

a. Sie enthält nahezu den gesamten atmosphärischen Wasserdampf.
b. Stoffe gelangen vor allem im Bereich der innertropischen Konvergenzzone in sie hinein.
c. Sie weist in den Tropen eine Höhe von ungefähr 17 km auf.
d. Hier erfolgt der größte Teil der globalen Luftzirkulation.
e. Sie enthält ungefähr 80 % der Masse der Atmosphäre.

Frage 732: Der Wasserkreislauf wird angetrieben …

a. durch den Abfluss von Wasser über die Flüsse in die Meere.
b. durch die Verdunstung (Transpiration) von Wasser von den Blättern der Pflanzen.

c. durch die Verdunstung von Wasser von der Meeresoberfläche.

d. durch den Niederschlag auf dem Land.

e. durch die Tatsache, dass über dem Meer weniger Wasser als Niederschlag fällt, als von seiner Oberfläche verdunstet.

Frage 733: Kohlendioxid bezeichnet man als Treibhausgas, …

a. weil es in Treibhäusern zur Steigerung des Pflanzenwachstums verwendet wird.

b. weil es wärmedurchlässig ist, aber das Sonnenlicht abfängt.

c. weil es durchlässig für Sonnenlicht ist, aber Wärme abfängt.

d. weil es sowohl für Sonnenlicht als auch für Wärme durchlässig ist.

e. weil es sowohl das Sonnenlicht als auch Wärme abfängt.

Frage 734: Wo transportiert das große marine Förderband Wasser in die Tiefsee?

a. im Nordpazifik.

b. im Südpazifik.

c. im Nordatlantik.

d. im Südatlantik.

e. im Indischen Ozean.

Frage 735: Worin unterscheidet sich der Phosphorkreislauf vom Kohlenstoff- und Stickstoffkreislauf?

a. Er hat keine gasförmige Phase.

b. Er hat keine flüssige Phase.

c. Nur Phosphor wird durch marine Organismen geschleust.

d. Lebende Organismen benötigen keinen Phosphor.

e. Der Phosphorkreislauf unterscheidet sich nicht wesentlich vom Kohlenstoff- und Stickstoffkreislauf.

Frage 736: Der Schwefelkreislauf wirkt sich auf das globale Klima aus, …

a. weil Schwefelverbindungen bedeutende Treibhausgase sind.

b. weil Schwefelverbindungen dazu beitragen, dass Kohlenstoff von der Atmosphäre in die Meere gelangt.

c. weil Wasser um Partikel aus Schwefelverbindungen in der Atmosphäre kondensieren und Wolken bilden kann.

d. weil Schwefelverbindungen zum sauren Niederschlag beitragen.

e. Der Schwefelkreislauf hat keinen Einfluss auf das globale Klima.

Frage 737: Herbivorie …

a. bezeichnet die Jagd von Pflanzen auf Tiere.
b. vermindert grundsätzlich das Pflanzenwachstum.
c. führt gewöhnlich zu einer gesteigerten Photosyntheseleistung in den verbleibenden Blättern.
d. reduziert die Transportrate der Photosyntheseprodukte aus den verbleibenden Blättern.
e. ist für die beweidete Pflanze immer tödlich.

Frage 738: Wenn zwei Organismen dieselbe Ressource nutzen und diese nur eingeschränkt verfügbar ist, bezeichnet man die Organismen als …

a. Prädatoren.
b. Konkurrenten.
c. Mutualisten.
d. Kommensalen.
e. Amensalen.

Frage 739: Wenn unter Bäumen wachsende Sträucher von herabfallenden Ästen beschädigt werden, bezeichnet man das als …

a. Konkurrenz.
b. partielle Prädation.
c. Amensalismus.
d. Kommensalismus.
e. diffuse Koevolution.

Frage 740: Wie lautet die Bezeichnung für die Zahl der Individuen einer Art pro Flächeneinheit?

a. Populationsgröße.
b. Populationsdichte.
c. Populationsstruktur.
d. Subpopulation.
e. Biomasse.

Frage 741: Wodurch wird die Altersverteilung in einer Population bestimmt?

a. Durch den Zeitpunkt der Geburten.
b. Durch den Zeitpunkt der Todesfälle.
c. Durch den Zeitpunkt der Geburten und der Todesfälle.

d. Durch die Wachstumsrate der Population.

e. Durch alle genannten Faktoren.

Frage 742: Welches der folgenden Ereignisse ist *kein* demografisches Ereignis?

a. Entwicklung.

b. Geburt.

c. Tod.

d. Immigration.

e. Emigration.

Frage 743: Wie lautet die Bezeichnung für eine Gruppe zum gleichen Zeitpunkt geborener Individuen?

a. Deme.

b. Subpopulation.

c. Mendel'sche Population.

d. Kohorte.

e. Taxon.

Frage 744: Wann liegt die Wachstumsrate einer Population am nächsten an ihrer intrinsischen Zuwachsrate?

a. Wenn die Geburtenrate am höchsten ist.

b. Wenn die Sterberate am geringsten ist.

c. Unter optimalen Umweltbedingungen.

d. Wenn sie nahe an ihrer Umweltkapazität liegt.

e. Wenn sie deutlich unter der Umweltkapazität liegt.

Frage 745: Wenn Immigranten verhindern, dass eine Subpopulation ausstirbt, spricht man von …

a. Besiedlungseffekt.

b. Rettungseffekt.

c. Metapopulationseffekt.

d. genetischer Drift.

e. Schutzeffekt.

Frage 746: Die dichteabhängige Regulation von Populationen ist am stärksten, wenn …

a. sich als Reaktion auf die Dichte nur die Geburtenraten ändern.

b. sich als Reaktion auf die Dichte nur die Sterberaten ändern.

c. sich bei allen Dichten Krankheiten in Populationen ausbreiten.

d. sich als Reaktion auf die Dichte sowohl die Geburten- als auch die Sterberaten ändern.

e. die Populationsdichte nur sehr wenig schwankt.

Frage 747: Die Populationsdichte einer „unerwünschten" Art lässt sich auf lange Sicht am besten reduzieren …

a. durch Verringerung der Umweltkapazität für diese Art.

b. durch selektives Töten fortpflanzungsfähiger Adulter.

c. durch selektives Töten noch nicht fortpflanzungsfähiger Individuen.

d. indem man versucht, Individuen aller Altersklassen zu töten.

e. durch Sterilisation von Individuen.

Frage 748: Eine Biozönose umfasst …

a. alle Organismenarten, die in einem bestimmten Gebiet leben und untereinander in Wechselbeziehung stehen.

b. alle Organismenarten, die in einem bestimmten Gebiet leben und untereinander sowie mit der abiotischen Umwelt in Wechselbeziehung stehen.

c. alle Organismenarten in einem Gebiet, die einer bestimmten trophischen Ebene angehören.

d. alle Arten, die an dem Nahrungsnetz in einem Gebiet beteiligt sind.

e. alle der genannten Arten.

Frage 749: Als „ökologische Sukzession" bezeichnet man …

a. Veränderungen von Arten im Laufe der Zeit.

b. den graduellen Prozess, durch den sich die Artenzusammensetzung einer Lebensgemeinschaft verändert.

c. die Veränderungen in einem Wald, wenn die Bäume größer werden.

d. den Prozess, durch den eine Art häufig wird.

e. die Anreicherung von Nährstoffen im Boden.

Frage 750: Zu einer Primärsukzession kommt es …

a. schon bald nach dem Ende einer Störung.

b. zu verschiedenen Zeiten nach dem Ende einer Störung.

c. an Stellen, an denen einige Arten die Störung überlebt haben.

d. an Stellen, an denen keine Art die Störung überlebt hat.

e. an Stellen, an denen nur Primärproduzenten die Störung überlebt haben.

Frage 751: Was sind „endokrine Ökotoxine"?

Frage 752: Weshalb haben eingeschleppte Tierarten u. U. einen Überlebensvorteil gegenüber einheimischen Arten?

Frage 753: Worauf ist die Klimaerwärmung des letzten Jahrhunderts zurückzuführen?

Frage 754: Warum ist durch die Ausdünnung der Ozonschicht das Leben auf der Erde bedroht?

Frage 755: Naturschutz durch angepasste Nutzung klingt wie ein Widerspruch. Ist es das nicht auch?

Frage 756: Was versteht man unter „Phytoremediation"?

Frage 757: Definieren Sie „Nachhaltigkeit". Warum ist dieser Begriff heute problematisch?

Frage 758: Die Erhaltung der Diversität ist ein wichtiges Leitbild in der internationalen Umweltpolitik. Was versteht man darunter?

Frage 759: Auf die Behauptung, es genügten einige Individuen einer bedrohten Art, um diese zu schützen, wird erwidert, dass genetische Aspekte wichtig seien. Können Sie das begründen?

Frage 760: Schlüsselarten sollen besonders geeignet für Naturschutzmaßnahmen sein. Können Sie das an Hand eines Beispiels erklären?

Frage 761: Ein Bekannter empfiehlt, in einem europäischen Lebensraum, der durch unsachgemäße Nutzung bereits viele (spezialisierte) Arten verloren hat, unempfindliche Arten aus Nordamerika und Ostasien (ähnliches Klima!) einzuführen, um die Artenzahl wieder zu erhöhen. Was halten Sie davon?

Frage 762: Naturschutz bedeutet eigentlich, die Natur vor dem Menschen zu schützen. Dennoch gibt es Lebensräume, in denen von Pflegemaßnahmen die Rede ist. Warum?

Frage 763: Warum ist eine Eutrophierung von Gewässern unerwünscht?

Frage 764: Was versteht man unter „Bodenerosion"?

Frage 765: Welche Möglichkeiten sieht der Naturschutz vor, um die biologische Vielfalt zu erhalten?

Frage 766: Warum könnte die Konvention „Biologische Vielfalt" für die Arterhaltung wichtig sein?

Frage 767: Erklären Sie den Zusammenhang zwischen Saurem Regen und Waldschäden!

Frage 768: Erklären Sie Vor- und Nachteile der Dreifelderwirtschaft.

Frage 769: Wie unterscheiden sich die Begriffe „Verstädterung" und „Urbanisierung"?

Frage 770: Welche wichtigen Instrumente sieht das Bundesnaturschutzgesetz zur Umsetzung seiner Ziele vor?

Frage 771: Während einer Saison wurden in zwei Gebieten mit gleicher Fläche folgende Arten festgestellt: Im Gebiet A 10, 30, 5 und 50 Individuen der Arten 1, 2, 3 und 4, im Gebiet B 50, 80, 50 und 1000 Individuen der gleichen Arten 1, 2, 3 und 4. Ist die Diversität der beiden Gebiete unterschiedlich? Erlauben diese Daten Aussagen zur Eigenschaft der Arten? Hinweis: Erinnern Sie sich dazu an die Beziehung zwischen Dichte und Körpergröße.

Frage 772: Skizzieren Sie in Diagrammen die Beziehung zwischen Artenzahl und Sammelaufwand, Fläche, Produktivität und Strukturreichtum. Vergleichen Sie diese Beziehungen.

Frage 773: Auf einer Insel mit der Fläche von 10 ha wurden 20 Insektenarten festgestellt. Aus vorhergehenden Untersuchungen ist bekannt, dass die Arten-Flächen-Beziehung einen Exponenten von $z = 0{,}2$ hat. Wie viele Arten erwarten Sie auf einer Insel mit 100 ha?

Frage 774: Um welchen Faktor steigt die Artenzahl bei einer Verzehnfachung der Fläche für Probeflächen innerhalb eines Testgebietes?

Frage 775: Sie wollen die Theorie von MacArthur und Wilson einem Test unterziehen und müssen dazu ein Forschungsprogramm konzipieren, das die natürliche Variation der Artenvielfalt nutzt. Welche Erhebungen sind notwendig?

Frage 776: Im Rahmen eines Forschungsprogramms haben Sie Artengemeinschaften von krautigen Pflanzen in der Tundra, der Sahara und im tropischen Regenwald erhoben. Welche Unterschiede in der Artenzahl und welche Rang-Abundanz-Kurven erwarten Sie?

Frage 777: Was versteht man unter Agrochemikalien, warum sind sie wichtig und welche Vor- und Nachteile haben sie?

Frage 778: Wie erhält man aus einer mehrdimensionalen ökologischen Nische Auskunft über die einzelnen ökologischen Potenzen?

Frage 779: Primärproduzenten werden oft als untere Stufe einer Nahrungspyramide dargestellt, auf der die Folgekonsumenten schichtweise weitere Stufen bilden. Unter welchen Bedingungen weist diese Schichtung die typische Pyramidalform auf?

Frage 780: In einer Biozönose gibt es selten mehr als vier Ernährungsstufen, welche Ursachen werden diskutiert?

Frage 781: Warum regenerieren die Mischwälder der gemäßigten Zonen nach einem Kahlschlag leichter als die Regenwälder der Tropen?

Frage 782: Verfechter der biologischen Schädlingskontrolle legen Wert auf die Feststellung, dass diese geringe Risiken birgt. Begründen Sie dies.

Frage 783: Bezogen auf die beiden häufigsten gentechnischen Anwendungen bei Nutzpflanzen wird behauptet, schädlingsresistente Nutzpflanzen seien eher nachhaltig als herbizidresistente. Erklären Sie dies.

Frage 784: Erklären Sie den Unterschied zwischen Phänotyp, Genotyp und Ökotyp an einem Beispiel.

Frage 785: Wie stellen Sie sich den Lebensraum eines stenöken Organismus vor?

Frage 786: Geben Sie Beispiele für Organismen, die verschiedene Wellenlängen des Lichtes nutzen können.

Frage 787: Körperflüssigkeit gefriert bei Temperaturen unter $-2\,°C$. Gibt es trotzdem Möglichkeiten, bei tieferen Temperaturen zu überleben?

Frage 788: Wie verhalten sich ein poikilosmotischer und ein homoiosmotischer mariner Organismus im Süßwasser?

Frage 789: Erklären Sie die Vor- und Nachteile von C_3-, C_4- und CAM-Pflanzen.

Frage 790: Erklären Sie den Aufbau eines Klimadiagramms.

Frage 791: Warum wird zur Einteilung der terrestrischen Lebensräume die Vegetation, aber nicht die Tierwelt verwendet?

Frage 792: Erklären Sie die ökologischen Unterschiede zwischen terrestrischen und limnischen Lebensräumen.

Frage 793: Warum lassen sich im aquatischen Bereich Lebensräume nicht gut anhand von Klimadaten einteilen?

Frage 794: Das Weltmeer erscheint uns als einheitlicher Wasserkörper. Nach welchen Parametern kann es dennoch untergliedert werden?

Frage 795: Erklären Sie die Begriffe: „poikilosmotisch", „homoiosmotisch", „euryhalin", „hypertonisch", „hypotonisch"!

Frage 796: Erklären Sie einem Naturschutzbeauftragten einer mediterranen Kleinstadt, dass Feuer ein wichtiger ökologischer Faktor ist.

Frage 797: Warum ist das häufigste Luftgas Stickstoff in den meisten Ökosystemen ein limitierender Faktor?

Frage 798: Welche Bedeutung kommt dem C/N-Verhältnis bei Bodenanalysen zu?

Frage 799: Kann man die Nischenüberlappung zweier Arten messen, und welche Konsequenzen hat eine starke Überlappung?

Frage 800: Erklären Sie den Unterschied zwischen fundamentaler und realisierter Nische.

Frage 801: Wodurch unterscheiden sich Brutto- und Nettoprimärproduktion sowie Bestandsbiomasse eines Ökosystems?

Frage 802: Man sagt allgemein, dass Organismen nur wenige Prozent einer Nahrungsressource zum eigenen Wachstum nutzen. Warum eigentlich? Und was passiert mit dem Rest?

Frage 803: In welchen Ökosystemen erwarten Sie eine Herbivorennahrungskette, in welchen eine Destruentennahrungskette?

Frage 804: Die Erde wird gerne als Wasserplanet beschrieben. Trotzdem müssen sich viele Organismen an Wasserknappheit anpassen. Wie können Sie das erklären?

Frage 805: Warum sind Mikroorganismen für den Stickstoffhaushalt von so zentraler Bedeutung? Geben Sie Beispiele.

Frage 806: Phosphor und Stickstoff sind beide sehr wichtig für die „Ernährung" von Organismen. Was sind die wichtigsten Unterschiede zwischen beiden Elementen?

Frage 807: In tropischen Wäldern ist die grüne Vegetation üppiger als in Kältewäldern, die Humusschicht deutlich dünner, es ist nur wenig Totholz vorhanden. Erklären Sie diese Beobachtung anhand der Temperaturabhängigkeit von Assimilation und Dissimilation!

Frage 808: Nennen Sie mögliche Ursachen für die sogenannte „Brackwassersubmergenz": Viele Organismen, die im Meerwasser in oberflächennahen Zonen leben, kommen im Brackwasser nur noch in tieferen Wasserschichten vor und sind oft kleiner.

Frage 809: Wie lassen sich die Bodenfeuchte-Präferenzen von Pflanzen experimentell bestimmen?

Frage 810: Was versteht man unter dem „Toleranzbereich" einer Art?

Frage 811: Welche Phasen lassen sich bei einer Sukzession unterscheiden?

Frage 812: Beschreiben Sie die besonderen Bedingungen im Grenzbereich benachbarter Lebensräume und nennen Sie Beispiele!

Frage 813: Beschreiben Sie die Veränderung der abiotischen Faktoren vom Oberflächen- zum Tiefenwasser der Meere!

Frage 814: Inwieweit unterscheidet sich das Hochsee- vom Flachmeer-Plankton?

Frage 815: Die Temperaturschichtung stehender Gewässer wird in den gemäßigten Breiten zweimal im Jahr durchmischt (dimiktische Seen), in polaren Seen nur einmal jährlich (monomiktisch). Woran liegt das?

Frage 816: Vergleichen Sie Flachmoor und Hochmoor!

Frage 817: Wo liegen die produktivsten Zonen an Land bzw. im Meer?

Frage 818: Beschreiben Sie die Aspektfolge in einem sommergrünen Mischwald!

Frage 819: Erläutern Sie die Bedeutung des Feuers für verschiedene Naturräume!

Frage 820: Hochgebirge und Polargebiete weisen Gemeinsamkeiten in den abiotischen Bedingungen auf, aber auch Unterschiede. Erläutern Sie! (a) Gemeinsamkeiten; (b) Unterschiede.

Frage 821: Vergleichen Sie die Folgen menschlicher Besiedlung in den gemäßigten und tropischen Zonen!

Frage 822: Nennen Sie biotische Umweltbedingungen, die eher den Charakter eines einseitigen Faktors als den einer Wechselbeziehung haben!

Frage 823: Die Bergmann-Regel besagt, dass bei homoiothermen Tieren nahe verwandte Arten sowie Populationen derselben Art vom Äquator zu den Polen hin an Größe zunehmen. Bei großen Tieren ist die Oberfläche im Vergleich zum Volumen klein, sie kühlen daher langsamer aus und haben in kalten Regionen einen Vorteil gegenüber kleineren Arten. Dieser Effekt wird allerdings von anderen Faktoren überlagert, nennen Sie Beispiele!

Frage 824: Erklären Sie, warum Tiere in der Natur suboptimale Nahrung akzeptieren, auch wenn optimale Nahrung nicht selten ist.

Frage 825: Nennen und erklären Sie die verschiedenen Arten von Mimikry mit jeweils einem Beispiel.

Frage 826: Welche Wege gibt es für eine Beuteart, ihren Räubern zu entkommen?

Frage 827: Unter welchen Umständen kann ein Räuber eine Beutepopulation um ein Gleichgewicht regulieren?

Frage 828: Nennen und erklären Sie die drei Wege, wie eine Pflanze auf Herbivorenbefall reagieren kann.

Frage 829: Warum werden Mutualismen häufig als instabil angesehen? Wie kann die Stabilität erhöht werden?

Frage 830: In welchen Bereichen setzen Organismen chemisch übertragene Informationen ein?

Frage 831: Erklären Sie den Unterschied zwischen Pheromonen und Allomonen, und geben Sie je ein Beispiel.

Frage 832: Inwiefern kann die Umweltkapazität K durch die Lebenstätigkeit einer Population verändert werden?

Frage 833: Erläutern Sie das „Konkurrenz-Ausschluss-Prinzip" und beschreiben Sie, unter welchen Bedingungen Arten mit ähnlichen Ansprüchen koexistieren können!

Frage 834: Zur Bekämpfung von Ernteschädlingen werden oft großflächig Insektizide eingesetzt. Welche Argumente gegen dieses Verfahren liefert das Feind-Beute-Modell von Lotka und Volterra?

Frage 835: Die Koevolution von Räuber und Beute hat die morphologischen Merkmale der beteiligten Arten geprägt. Nennen Sie Trachten von Räuber und Beute!

Frage 836: Grenzen Sie die Begriffe „Parasit", „Parasitoid" und „Räuber" voneinander ab!

Frage 837: Parabiose und Symbiose werden gelegentlich unter dem Begriff „Probiose" zusammengefasst. Inwiefern ist das berechtigt?

Frage 838: Eine Tierart lebt nur einen Sommer und jedes Weibchen bringt immer vier Junge zur Welt. Falls es keine Begrenzung der Ressourcen gibt, nach wie vielen Sommern hätte die Population eine Größe von mehr als 50 Individuen erreicht, wenn die Population zu Beginn aus nur einem befruchteten Weibchen besteht (das Geschlechterverhältnis sei 1:1)?

Frage 839: Eine Population von 25 Individuen wächst mit einer individuellen Wachstumsrate von 3 % pro Jahr. Wie groß wäre die Population bei ungebremstem Wachstum nach 200 Jahren?

Frage 840: Bei welcher Populationsgröße hat eine logistisch wachsende Population die höchste Wachstumsrate? Leiten Sie dies mathematisch ab. Hinweis: Bedenken Sie, dass bei Extremwerten die Ableitung null ist.

Frage 841: Zeichnen Sie die drei Grundtypen von Überlebenskurven auf. Beschriften Sie die Achsen. Bei welchen Organismen findet man die jeweiligen Überlebenskurven?

Frage 842: Erklären Sie an einem Beispiel den Unterschied zwischen einem labilen und einem stabilen Gleichgewicht.

Frage 843: Welche Beziehungen bestehen zwischen Körpergröße einer Tierart sowie Populationsdichte, Alter und intrinsischer Wachstumsrate?

Frage 844: Art A ist relativ klein und bringt viele Junge zur Welt. Art B ist groß und hat nur alle zwei Jahre einen Nachkommen. Charakterisieren Sie die Habitate, in denen die beiden Arten vorkommen könnten.

Frage 845: Erklären Sie den Unterschied zwischen „Limitierung" und „Regulation". Welche Faktoren wirken regulierend?

Frage 846: Warum hängt die Wirkung eines dichteunabhängigen Faktors von den Eigenschaften des dichteabhängigen Faktors ab? Erklären Sie dies anhand einer Skizze.

Frage 847: Bei der Diskussion mit einem Kollegen erkennen Sie, dass es recht schwierig ist, die Nischenbreite-Hypothese überzeugend zu testen. Welchen Grund könnte das haben?

Frage 848: Nennen Sie ökologische Gründe für Nahrungsspezialisierung.

Frage 849: Nennen Sie die verschiedenen Typen funktioneller Reaktionen, und erklären Sie, wie sie entstehen.

Frage 850: Beschreiben Sie das Konkurrenzausschlussprinzip, und erklären Sie, unter welchen Umständen Arten koexistieren können.

Frage 851: Was ist eine „trophische Kaskade"?

Frage 852: Nennen Sie Beispiele für die Änderung der Körpertemperatur bei Endothermen!

Frage 853: Grenzen Sie den Begriff „Population" vom Begriff „Art" ab!

Frage 854: Nennen Sie Parameter, welche die Struktur einer Population charakterisieren!

Frage 855: Welche einfachen Modelle des Populationswachstums lassen sich unterscheiden?

Frage 856: Was versteht man unter der „Log-Phase" des Populationswachstums, und wodurch geht das Populationswachstum in ein gedämpftes Wachstum über?

Frage 857: Welche populationsökologischen Größen bestimmen die Zuwachsrate r einer Population?

Frage 858: Erläutern Sie die „r-Strategie" und die „K-Strategie"!

Frage 859: Die mittlere Gelegegröße von Singvögeln aus tropischen Wäldern ist nicht einmal halb so groß wie die von mitteleuropäischen Singvögeln. Erklären Sie anhand der r-K-Strategie.

Frage 860: Erläutern Sie das „Hardy-Weinberg-Gesetz" und seinen Gültigkeitsbereich!

Frage 861: Was versteht man unter „intraspezifischer Konkurrenz" und wie kann sie vermindert werden?

Frage 862: Erklären Sie die „Grüne-Welt-Hypothese"!

Frage 863: Diskutieren Sie die Thienemann'schen „Regeln" im Hinblick auf die wichtigsten Faktoren, die Artengemeinschaften beeinflussen.

Frage 864: Kennen Sie Ausnahmen von der allgemeinen Zunahme der Artenzahl mit dem Breitengrad? Diskutieren Sie Gründe für diese Ausnahmen!

Frage 865: Warum gibt es keine Vögel oder Säugetiere von 1–3 cm Körperlänge, also etwa der Größe von Laufkäfern oder Heuschrecken?

Frage 866: Was versteht man unter „Primärproduzenten", „Konsumenten" und „Destruenten", und welche Rolle spielen diese drei Gruppen im Biomasse-Kreislauf?

Frage 867: Was geschieht mit den von den Primärproduzenten gebildeten Kohlenstoffverbindungen?

Frage 868: Welche Rolle spielt der Sauerstoff im Kohlenstoffkreislauf?

Frage 869: Welche Formen des Phosphors sind am Phosphorkreislauf beteiligt?

Frage 870: Was bedeuten „phototroph", „osmotroph", „phagotroph" und „mixotroph"?

Fragen zur Evolution

4

Olaf Werner

Frage 871: Wie hoch ist ungefähr die Zahl der bisher beschriebenen fossilen Organismenarten?

a. 50.000.
b. 100.000.
c. 200.000.
d. 300.000.
e. 500.000.

Frage 872: Wodurch sind ungestörte Sedimentgesteinsschichten charakterisiert?

a. Die ältesten Gesteine liegen ganz oben.
b. Die ältesten Gesteine liegen ganz unten.
c. Die ältesten Gesteine liegen in der Mitte.
d. Die ältesten Gesteine sind in den Schichten mit jüngerem Gestein verteilt.
e. Keine der genannten Aussagen trifft zu.

Frage 873: Man kann mithilfe von radioaktivem Kohlenstoff das Alter fossiler Organismen datieren, …

a. weil alle Organismen viele Kohlenstoffverbindungen enthalten.
b. weil radioaktiver Kohlenstoff eine im Vergleich zu nichtradioaktivem Kohlenstoff regelmäßige Zerfallsrate aufweist.

O. Werner (✉)
Las Torres de Cotillas, Murcia, Spanien
E-Mail: werner@um.es

O. Werner (Hrsg.), *1000 Fragen aus Zoologie und Botanik,*
DOI 10.1007/978-3-642-54983-0_4, © Springer-Verlag Berlin Heidelberg 2014

c. weil das Verhältnis von radioaktivem zu nichtradioaktivem Kohlenstoff in lebenden Organismen immer das gleiche ist wie in der Atmosphäre.

d. weil die Produktion von neuem radioaktivem Kohlenstoff in der Atmosphäre den natürlichen Zerfall von radioaktivem ^{14}C gerade ausgleicht.

e. weil alle der getroffenen Aussagen zutreffen.

Frage 874: Eine bedeutende gerichtete Veränderung in der Geschichte der Erde war …

a. die stetige Zunahme vulkanischer Aktivität.

b. das allmähliche Aufeinander-zu-Driften der Kontinente.

c. die stetige Zunahme des Sauerstoffgehalts in der Atmosphäre.

d. die allmähliche Erwärmung des Klimas.

e. die stetige Zunahme der Niederschläge.

Frage 875: Die heute zur Energiegewinnung abgebauten Kohlelagerstätten sind die Überreste von …

a. Bäumen, die während des Karbons in Sümpfen wuchsen.

b. Bäumen, die während des Devons in Sümpfen wuchsen.

c. Bäumen, die während des Perms in Sümpfen wuchsen.

d. Kräutern, die während des Karbons in Sümpfen wuchsen.

e. keinen der genannten Organismen.

Frage 876: Was war vermutlich die Ursache des Massenaussterbens am Ende des Ordoviziums?

a. Der Einschlag eines großen Meteoriten auf der Erde.

b. Massive Vulkanaktivität.

c. Massive Vergletscherung in Gondwana.

d. Die Vereinigung aller Kontinente zu Pangaea.

e. Eine Änderung der Umlaufbahn der Erde.

Frage 877: Die Ursache des Massenaussterbens am Ende des Mesozoikums war vermutlich …

a. die Kontinentalverschiebung.

b. der Einschlag eines großen Meteoriten auf der Erde.

c. eine Änderung der Umlaufbahn der Erde.

d. die massive Vergletscherung.

e. eine Veränderung des Salzgehalts der Meere.

Frage 878: Zu welchen Zeiten in der Geschichte des Lebens traten zahlreiche neue Evolutionslinien in Erscheinung?

a. Präkambrium, Kambrium und Trias.
b. Präkambrium, Kambrium und Tertiär.
c. Kambrium, Paläozoikum und Trias.
d. Kambrium, Trias und Devon.
e. Paläozoikum, Trias und Tertiär.

Frage 879: Warum sind viele Wissenschaftler der Ansicht, dass der Einschlag eines großen Meteoriten ganz wesentlich zu dem Massenaussterben am Ende der Kreidezeit beigetragen hat?

a. Weil sich an der Grenze zwischen den Gesteinen aus der Kreide und dem Känozoikum eine iridiumreiche Schicht befindet.
b. Weil man vor der mexikanischen Halbinsel Yucatan einen Krater gefunden hat, welcher der Stelle des Einschlags entsprechen könnte.
c. Weil das Massenaussterben am Ende der Kreidezeit vermutlich sehr plötzlich stattgefunden hat.
d. Weil auch viele Planktonorganismen und bodenlebende Wirbellose ausstarben.
e. Weil alle der genannten Punkte zutreffen.

Frage 880: Daphnien mit einem großen Helm sind für einige Prädatoren schwieriger zu fangen und zu verschlingen, aber nicht alle Daphnien produzieren einen großen Helm, weil ...

a. Individuen mit einem großen Helm bei der Nahrungsaufnahme im Nachteil sind.
b. Individuen mit einem großen Helm Schwierigkeiten bei der Paarung haben.
c. Individuen mit einem großen Helm weniger Eier produzieren als Individuen mit kleinem Helm.
d. sich Individuen mit einem großen Helm leicht in der Vegetation verfangen.
e. einigen Individuen die zur Helmbildung nötigen Gene fehlen.

Frage 881: Der bipede Gang hat sich in der Linie der Menschen wahrscheinlich entwickelt, weil eine bipede Fortbewegung ...

a. zwar weniger Energie sparend ist als eine quadrupede Fortbewegung, aber einen besseren Überblick ermöglicht.
b. energiesparender ist als eine quadrupede Fortbewegung und die Vordergliedmaßen dadurch frei werden zur Manipulation von Objekten.

c. zwar weniger energiesparend ist als eine quadrupede Fortbewegung, die Vordergliedmaßen dadurch aber frei werden zur Manipulation von Objekten.

d. zwar weniger energiesparend ist als eine quadrupede Fortbewegung, aber bipede Tiere schneller laufen können.

e. zwar weniger energiesparend ist als eine quadrupede Fortbewegung, aber die natürliche Selektion nicht darauf einwirkt, die Effizienz zu verbessern.

Frage 882: Welches sind die beiden wichtigsten Komponenten von Darwins Evolutionstheorie?

a. Die Evolution ist eine Tatsache, und Mutationen sind der Mechanismus der Evolution.

b. Die Evolution ist eine Tatsache, und die natürliche Selektion ist der Mechanismus der Evolution.

c. Aus Arten können keine neuen Arten hervorgehen, aber sie können sich durch natürliche Selektion verändern.

d. Aus Arten können keine neuen Arten hervorgehen, aber sie können sich durch Mutationen verändern.

e. Die Evolution ist eine Hypothese, und die genetische Drift ist der Mechanismus der Evolution.

Frage 883: Was tat Darwin, um seine Theorie zu begründen?

a. Er entwickelte eine umfassende Theorie der Vererbung.

b. Er beschrieb verschiedene evolutionäre Veränderungen und fand heraus, durch welche Faktoren sie verursacht werden.

c. Er zeigte anhand des Verlaufs der Domestikation die Abweichungen seiner Theorie hiervon auf.

d. Er trug als Grundlage eine Vielzahl von Informationen aus vielen Bereichen zusammen.

e. Er entwickelte ein mathematisches Modell für evolutionäre Veränderungen.

Frage 884: Die biologische Fitness eines Genotyps wird bestimmt durch …

a. die durchschnittliche Überlebens- und Fortpflanzungsrate der Individuen mit diesem Genotyp.

b. die Individuen mit der höchsten Überlebens- und Fortpflanzungsrate.

c. die Individuen mit der höchsten Überlebensrate.

d. die Individuen mit der höchsten Fortpflanzungsrate.

e. die durchschnittliche Fortpflanzungsrate von Individuen mit diesem Genotyp.

Frage 885: Selektionsexperimente an Taufliegen im Labor haben gezeigt, dass …

a. die Zahl der Borsten nicht genetisch festgelegt ist.

b. die Zahl der Borsten nicht genetisch festgelegt ist, aber Veränderungen der Borstenzahl durch die Umwelt hervorgerufen werden, in der die Fliegen aufwachsen.

c. die Zahl der Borsten genetisch festgelegt ist, es aber nur wenig genetische Variabilität gibt, auf welche die natürliche Selektion einwirken kann.

d. die Zahl der Borsten genetisch festgelegt ist, aber die Selektion keine Fliegen mit mehr Borsten hervorbringen kann, als bei den Individuen der Stammpopulation vorhanden waren.

e. die Zahl der Borsten genetisch festgelegt ist und die Selektion Fliegen hervorbringen kann, die mehr Borsten besitzen, als dies bei Individuen der Stammpopulation der Fall ist.

Frage 886: Die disruptive Selektion erhält bei den westafrikanischen Purpurastrilden eine bimodale (zweigipflige) Verteilung der Schnabelgröße aufrecht, weil …

a. Schnäbel mittlerer Größer schwierig auszubilden sind.

b. sich die beiden Hauptnahrungsquellen dieser Prachtfinken deutlich in Größe und Härte unterscheiden.

c. die Männchen ihre großen Schnäbel bei der Balz einsetzen.

d. jedes Jahr Zuwanderer mit abweichenden Schnabelgrößen zu der Population hinzukommen.

e. ältere Vögel größere Schnäbel benötigen als jüngere.

Frage 887: Eine Art ist eine Gruppe von natürlichen Populationen, deren Mitglieder …

a. sich tatsächlich von Natur aus kreuzen und von anderen solchen Gruppen reproduktiv isoliert sind.

b. sich potenziell von Natur aus kreuzen könnten und von anderen solchen Gruppen reproduktiv isoliert sind.

c. sich von Natur aus kreuzen oder dies potenziell könnten und von anderen solchen Gruppen reproduktiv isoliert sind.

d. sich von Natur aus kreuzen oder dies potenziell könnten und mit anderen solchen Gruppen reproduktiv in Verbindung stehen.

e. sich tatsächlich von Natur aus kreuzen und mit anderen solchen Gruppen reproduktiv in Verbindung stehen.

Frage 888: Zu allopatrischer Speziation kann es kommen, wenn …

a. Kontinente auseinanderdriften und zuvor verbundene Entwicklungslinien dadurch getrennt werden.

b. ein Gebirgszug zuvor zusammenhängende Populationen trennt.

c. unterschiedliche Umwelten auf beiden Seiten einer Barriere bewirken, dass sich Population auseinanderentwickeln.

d. das Verbreitungsgebiet einer Art durch den Verlust eines dazwischenliegenden Habitats aufgetrennt wird.

e. alle der genannten Faktoren zutreffen.

Frage 889: Auf den Galapagosinseln kam es zur Speziation der Finken, weil …

a. die Galapagosinseln nicht weit vom Festland entfernt sind.
b. die Galapagosinseln sehr trocken sind.
c. die Galapagosinseln ziemlich klein sind.
d. die Inseln des Galapagos-Archipels ausreichend voneinander isoliert sind, sodass zwischen ihnen kaum ein Austausch stattfindet.
e. die Inseln des Galapagos-Archipels nahe genug beieinander liegen, sodass zwischen ihnen ein beträchtlicher Austausch stattfindet.

Frage 890: Welche der folgenden ist *keine* potenzielle präzygotische Fortpflanzungsbarriere?

a. Zeitlich unterschiedliche Fortpflanzungszeiten.
b. Unterschiedliche chemische Lockstoffe zum Anlocken der Männchen.
c. Unfruchtbarkeit der Hybriden (Bastardsterilität).
d. Die räumliche Abgrenzung der Balz- und Paarungsplätze.
e. Dass die Spermien im weiblichen Fortpflanzungstrakt nicht überleben können.

Frage 891: Welcher der folgenden ist ein wichtiger Faktor für die sympatrische Artbildung?

a. Polyploidie.
b. Unfruchtbarkeit der Hybriden (Bastardsterilität).
c. Zeitlich unterschiedliche Fortpflanzungszeiten.
d. Die räumliche Abgrenzung der Balz- und Paarungsplätze.
e. Das Entstehen einer geographischen Barriere.

Frage 892: Sympatrische Arten sehen oft ähnlich aus, weil …

a. das Erscheinungsbild oft nur von geringer Bedeutung für die Evolution ist.
b. die mit der Artbildung einhergehenden genetischen Unterschiede oft nur gering sind.
c. die mit der Artbildung einhergehenden genetischen Unterschiede in der Regel groß sind.
d. die Artbildung in der Regel eine Neuorganisation des Genoms erforderlich macht.
e. sich Arten in anderen Merkmalen unterscheiden als die Individuen innerhalb von Arten.

Frage 893: Schmale Hybridzonen können oft für lange Zeiträume bestehen bleiben, weil …

a. Hybriden stets im Nachteil sind.
b. Hybriden nur in schmalen Zonen im Vorteil sind.
c. Hybridindividuen sich nie weit vom Ort ihrer Geburt entfernen.

d. Individuen, die in die Zone einwandern, zuvor noch nie auf Individuen der anderen Art getroffen sind und es daher noch nicht zu einer Verstärkung der Isolationsmechanismen gekommen ist.

e. schmale Hybridzonen Artefakte sind, denn Biologen beschränken sich bei ihren Studien stets auf die Kontaktzonen zwischen Arten.

Frage 894: Welche der folgenden Aussagen über Speziation ist *falsch*?

a. Die Entstehung von Arten dauert stets Tausende von Jahren.

b. Die Entstehung von Arten dauert oft Tausende von Jahren, kann aber auch innerhalb einer einzigen Generation erfolgen.

c. Bei Tieren ist für die Artbildung in der Regel eine physikalische Barriere erforderlich.

d. Bei Pflanzen erfolgt die Artbildung oft infolge von Polyploidie.

e. Durch Speziation entstanden die Millionen von Arten, die heute auf der Erde leben.

Frage 895: Die Artbildung erfolgt in Linien, deren Arten ein komplexes Verhalten zeigen, oft rasch, weil ...

a. die Individuen solcher Arten genau zwischen potenziellen Geschlechtspartnern unterscheiden.

b. solche Arten kurze Generationszeiten haben.

c. sich solche Arten durch eine hohe Fortpflanzungsrate auszeichnen.

d. solche Arten komplexe Wechselwirkungen mit ihrer Umwelt eingehen.

e. Keine der getroffenen Aussagen ist zutreffend.

Frage 896: Adaptive Radiationen ...

a. erfolgen oft auf Kontinenten, aber selten auf Inselgruppen.

b. sind charakteristisch für Vögel und Pflanzen, aber nicht für andere taxonomische Gruppen.

c. erfolgten sowohl auf den Kontinenten als auch auf Inseln.

d. erfordern größere Neuorganisationen des Genoms.

e. erfolgen nie in artenarmen Umwelten.

Frage 897: Speziation ist ein wichtiger Bestandteil der Evolution, weil ...

a. dadurch die Variabilität entsteht, auf welche die natürliche Selektion einwirkt.

b. dadurch die Variabilität entsteht, auf die genetische Drift und Mutationen einwirken.

c. sie Darwin ermöglichte, die Mechanismen der Evolution zu begreifen.

d. sie zu den hohen Aussterberaten führt, die evolutionäre Veränderungen vorantreiben.

e. sie zu einer Welt mit Millionen von Arten geführt hat, die jeweils an eine bestimmte Lebensweise angepasst sind.

Frage 898: Homologe Merkmale sind …

a. von ähnlicher Funktion.
b. von ähnlicher Struktur.
c. von ähnlicher Struktur, aber nicht von ähnlicher Funktion.
d. von einem gemeinsamen Vorfahren abgeleitet.
e. von unterschiedlichen ursprünglichen Strukturen abgeleitet und sich nun strukturell nicht mehr ähnlich.

Frage 899: Was sind „orthologe Gene"?

a. Gene, die keinen gemeinsamen Ursprung besitzen.
b. Homologe Gene, die in den Genomen von verschiedenen Organismen vorkommen.
c. Homologe Gene, die in demselben Genom vorkommen.
d. Nichthomologe Gene, die aufgrund einer konvergenten Evolution entstanden sind.

Frage 900: Die geeignete Einheit, um genetische Variabilität zu definieren und zu ermitteln, ist …

a. eine Zelle.
b. ein Individuum.
c. eine Population.
d. eine Lebensgemeinschaft.
e. ein Ökosystem.

Frage 901: Auf welcher Ebene lassen sich Verwandtschaftsbeziehungen am besten anhand von Merkmalen ermitteln, die sehr langsam evolvieren?

a. Auf der Ebene von Stämmen.
b. Auf der Ebene von Gattungen.
c. Auf der Ebene von Ordnungen.
d. Auf der Ebene von Familien.
e. Auf der Ebene von Arten.

Frage 902: Inwiefern unterscheidet sich die molekulare Evolution von der phänotypischen Evolution?

a. Damit sie abläuft, sind Veränderungen in Molekülen erforderlich.
b. Zufällige genetische Drift und Mutationen wirken sich in der Regel stärker auf die Rate und Richtung molekularer Evolution aus als auf die Rate und Richtung phänotypischer Evolution.
c. Die molekulare Evolution wird nicht von der natürlichen Selektion beeinflusst.

d. Die molekulare Evolution verläuft sehr viel langsamer als die phänotypische Evolution, weil die Mutationsrate im Normalfall gering ist.

e. Es gibt keine gravierenden Unterschiede zwischen molekularer und phänotypischer Evolution.

Frage 903: Neutrale Merkmale …

a. evolvieren nicht unter dem Einfluss der natürlichen Selektion.

b. weisen einen neutralen pH-Wert auf.

c. sind nicht von Nutzen für die Rekonstruktion von Phylogenien.

d. sind starken funktionellen Einschränkungen unterworfen.

e. evolvieren wahrscheinlich nicht.

Frage 904: Das Konzept einer molekularen Uhr setzt voraus, dass …

a. viele Proteine eine konstante Rate von Veränderungen im Laufe der Zeit zeigen.

b. Organismen eine konstante Evolutionsrate aufweisen.

c. sich evolutionäre Ereignisse ausschließlich anhand von molekularen Daten zeitlich datieren lassen.

d. sich alle Moleküle im Laufe der Evolution mit der gleichen Rate verändern.

e. wir vorhersagen können, wie rasch alle Gene evolvieren.

Frage 905: Proteine übernehmen in erster Linie neue Funktionen durch …

a. Genduplikation, weil dadurch eine Kopie eines Gens von ihrer ursprünglichen Funktion entbunden wird.

b. Genduplikation, weil dadurch zwei Kopien eines Gens entstehen, die in Kooperation ein neues Protein erzeugen.

c. Deletionen, durch die Proteine eine neue Gestalt erhalten.

d. Deletionen, durch die Proteine funktionslos werden; das schafft neue Gelegenheiten für andere Proteine.

e. keine der genannten Möglichkeiten.

Frage 906: Die Entwicklungsgeschichte von Lysozym legt nahe, dass …

a. Moleküle ihre Funktion im Laufe der Evolution nicht ändern können.

b. die Selektion nicht auf die Molekülebene einwirkt.

c. Moleküle dazu beitragen können, dass wir die Vorgänge der Evolution von Organismen besser verstehen.

d. alle Organismen in der Lage sind, Bakterien zu verdauen.

e. Lysozym als sehr genaue molekulare Uhr dienen kann.

Frage 907: Die tatsächlichen Unterschiede in der Genomgröße sind weitaus geringer als die scheinbaren Unterschiede, weil ...

a. vielzellige Organismen in Wirklichkeit nicht viel komplexer sind als eukaryotische Protisten.
b. die Organismen mit der größten Menge an Kern-DNA weitaus mehr nicht codierende DNA besitzen als Organismen mit geringeren Mengen Kern-DNA.
c. die Größe vieler scheinbar großer Genome deutlich überschätzt wurde.
d. die scheinbaren Unterschiede der Genomgröße weitgehend auf die unterschiedliche Größe von Genen zurückzuführen ist.
e. Arten mit großem Genom meist DNA einbüßen, indem diese in Pseudogene umgewandelt wird, die dann in der Folge verloren gehen.

Frage 908: Die Unterteilung der Organismen in drei Domänen ...

a. erfolgte rein willkürlich.
b. erfolgte aufgrund von morphologischen Unterschieden zwischen den Archaea und den Bacteria.
c. hebt die größere Bedeutung der Eukaryoten hervor.
d. wurde von den ersten Wissenschaftlern vorgeschlagen, die Mikroskope verwendeten.
e. wird stark durch die Daten von rRNA-Sequenzen gestützt.

Frage 909: Worauf könnte die Auswahl eines Geschlechtspartners beruhen?

a. Auf den inhärenten Qualitäten eines potenziellen Paarungspartners.
b. Auf den Ressourcen, die ein potenzieller Partner kontrolliert.
c. Sowohl auf den inhärenten Qualitäten eines potenziellen Partners als auch auf den von ihm kontrollierten Ressourcen.
d. Auf dem Erfolg von Individuen des anderes Geschlechts bei der Balz.
e. Auf allen genannten Dingen.

Frage 910: Als Verwandtenselektion bezeichnet man ...

a. Paarungen zwischen Verwandten.
b. die Adoption eines Jungtiers durch ein nicht mit ihm verwandtes adultes Tier.
c. die Fähigkeit, innerhalb einer Sozialgruppe die eigenen Verwandten zu erkennen.
d. ein Verhalten, das die Überlebenschancen eines Verwandten erhöht.
e. eine Form der Selektion, die nur bei sozialen Säugetieren auftritt.

Frage 911: Altruistisches Verhalten ...

a. bringt dem Ausführenden einen Vorteil, bedeutet aber für ein anderes Individuum einen Nachteil.

b. bringt sowohl dem Ausführenden als auch einem anderen Individuum einen Vorteil.

c. ist sowohl für den Ausführenden als auch für ein anderes Individuum mit Kosten verbunden.

d. bringt einem anderen Individuum einen Vorteil auf Kosten des Ausführenden.

e. ist für den Ausführenden mit Kosten verbunden, ohne dass es einem anderen Individuum nützt.

Frage 912: Wie bezeichnet man Arten, in deren Sozialgruppen es sterile Individuen gibt?

a. eusozial.

b. semisozial.

c. oligosozial.

d. sterisozial.

e. supersozial.

Frage 913: Wie lautet die Bezeichnung für eine Gruppe von Organismen, die in einem Klassifikationssystem als Einheit behandelt wird?

a. Art.

b. Gattung.

c. Taxon.

d. Klade.

e. Phylogen.

Frage 914: Unter einer „Gattung" (Genus) versteht man …

a. eine Gruppe nahe verwandter Arten.

b. eine Gruppe von Genera.

c. eine Gruppe mit ähnlichem Genotyp.

d. eine taxonomische Einheit oberhalb der Familie.

e. eine taxonomische Einheit unterhalb der Art.

Frage 915: Ein Merkmal, das als abweichend von seiner ursprünglichen Form definiert ist, bezeichnet man als …

a. verändertes Merkmal.

b. analoges Merkmal.

c. paralleles Merkmal.

d. abgeleitetes Merkmal.

e. homologes Merkmal.

Frage 916: Es ist oft schwierig, Merkmale als ursprünglich zu identifizieren, weil …

a. Merkmale oft so unähnlich werden, dass der ursprüngliche Zustand nicht mehr erkennbar ist.
b. es nicht immer Fossilien entsprechender Vorfahren gibt.
c. es während der Evolution häufig zu einer Umkehr von Merkmalen kommt.
d. Merkmale oft rasch evolvieren.
e. alle der genannten Faktoren zutreffen.

Frage 917: Bei der Rekonstruktion von Phylogenien wird normalerweise das Parsimonie-Prinzip (Sparsamkeitsprinzip) angewendet, weil …

a. die Evolution nahezu immer sparsam abläuft.
b. es besser ist, zunächst einmal die einfachste Hypothese zu verwenden, anhand der sich die bekannten Fakten erklären lassen.
c. sparsame Daten leichter mit Computern verarbeitet werden können.
d. es bei allen Merkmalen gut funktioniert, seien es morphologische oder molekulare.
e. es schon angewendet wurde, bevor es Computer gab, und auch weiterhin verwendet wird, obwohl die neuen Methoden besser sind.

Frage 918: Mit welcher der folgenden Methoden lassen sich ursprüngliche Merkmale identifizieren?

a. Durch die Feststellung, welche Merkmale bei fossilen Vorfahren vorhanden sind.
b. Durch einen Außengruppenvergleich.
c. Durch Vergleich mit einer Entwicklungslinie, die nahe mit der Innengruppe verwandt ist.
d. Durch die Erforschung der Entwicklung des Merkmals.
e. Durch alle genannten Methoden.

Frage 919: Wofür werden Phylogenien nicht verwendet?

a. Zum Erstellen evolutionärer Verwandtschaftsbeziehungen.
b. Um festzustellen, wie rasch Merkmale evolvieren.
c. Um festzustellen, wie sich Organismen in ihrer Geschichte ausgebreitet haben.
d. Als Hilfsmittel, um unbekannte Arten zu identifizieren.
e. Um evolutionäre Trends abzuleiten.

Frage 920: Wofür spielen Klassifikationssysteme *keine* große Rolle?

a. Als Gedächtnisstütze.
b. Für eine bessere Vorhersagekraft.

c. Um Verwandtschaftsbeziehungen zwischen Lebewesen besser erklären zu können.
d. Um Organismen relativ stabile Namen zuzuweisen.
e. Um Bestimmungsschlüssel zu erstellen.

Frage 921: Welche der folgenden Fragen versuchen Wissenschaftler, die sich mit der Evolution von Genomen befassen, *nicht* zu beantworten?

a. Welche Kräfte halten die Wechselbeziehungen zwischen verschiedenen Genen aufrecht?
b. Warum sind die Genome von Organismen so unterschiedlich groß?
c. Wie kam es zu einer Vergrößerung der Genome?
d. Warum ist die DNA das genetische Material der Organismen?
e. Wie können Proteine neue Funktionen übernehmen?

Frage 922: Welche Gene werden am häufigsten dazu verwendet, evolutionäre Verwandtschaftsbeziehungen zwischen Pflanzen aufzuklären?

a. Kerngene.
b. Chloroplastengene.
c. Mitochondriengene.
d. Blütengene.
e. Wurzelgene.

Frage 923: Bei der Auswahl eines geeigneten Moleküls für die Rekonstruktion von Stammbäumen muss man *nicht* berücksichtigen, …

a. welche Frage damit beantwortet werden soll.
b. wie die Evolutionsrate des Moleküls ist.
c. wie die phylogenetische Verbreitung des Moleküls ist.
d. welche Funktion das Molekül hat.
e. wie vollständig die Fossilbelege sind.

Frage 924: Die Form der natürlichen Selektion, die bewirkt, dass vorhandene Allelfrequenzen aufrechterhalten bleiben, nennt man …

a. unidirektionale Selektion.
b. bidirektionale Selektion.
c. prävalente Selektion.
d. stabilisierende Selektion.
e. erhaltende Selektion.

Frage 925: Welche der folgenden Methoden wird in der molekularen Phylogenetik *nicht* angewendet?

a. Die Verwendung von molekularen Daten, um einen Stammbaum zu rekonstruieren.

b. Die Verwendung von molekularen Daten, um die genetische Grundlage von variablen Phänotypen herauszufinden.

c. Die Verwendung von molekularen Daten, um evolutionäre Beziehungen zwischen Genomen herzuleiten.

d. Die Anwendung genauer mathematischer Methoden, um variable Merkmale zu analysieren.

Frage 926: Auf welcher der folgenden Methoden basierten die ersten molekularen Verfahren in der Phylogenetik der 1950er- und 1960er-Jahre *nicht*?

a. DNA-DNA-Hybridisierung.

b. Immunologische Tests.

c. Elektrophorese von Proteinen.

d. Proteinsequenzierung.

Frage 927: Wenn zwei oder mehr DNA-Sequenzen von verschiedenen Vorfahrensequenzen abstammen, bezeichnet man sie als:

a. monophyletisch.

b. orthophyletisch.

c. paraphyletisch.

d. polyphyletisch.

Frage 928: Ribosomale RNA-Sequenzen sind besonders hilfreich, um die evolutionären Beziehungen von Entwicklungslinien zu ermitteln, die sich bereits zu einem sehr frühen Zeitpunkt auseinanderentwickelt haben, weil …

a. sie rasch evolvieren.

b. sie in vielen Linien eine konvergente Evolution durchliefen.

c. diese Moleküle bei allen Organismen vorkommen.

d. sie überwiegend aus neutralen Merkmalen bestehen.

e. ein Alignment ihrer Sequenzen schwierig ist.

Frage 929: Mithilfe mitochondrialer DNA-Sequenzen lässt sich besonders gut die Evolution nahe verwandter Arten in jüngerer Zeit erforschen, weil …

a. einige Mitochondriengene sehr rasch Mutationen anhäufen.

b. sie nur von väterlicher Seite vererbt werden.

c. sie nur auf neutrale Weise evolvieren.

d. sie in ihrer Funktion stark eingeschränkt sind.

e. es in jeder Generation zu Rekombinationen kommt.

Frage 930: Warum werden selbst dann DNA- oder Proteinsequenzen zur Rekonstruktion von Phylogenien herangezogen, wenn gute Fossilbelege vorhanden sind?

a. Weil es umso besser ist, je mehr Merkmale man untersucht.
b. Weil es sich bei Sequenzen um exaktere Merkmale handelt als bei Fossilien.
c. Weil Sequenzen weniger oft eine analoge Entwicklung durchmachen als Merkmale von Fossilien.
d. Weil Sequenzen weniger subjektive Merkmale sind als Fossilien.
e. Weil wir nur durch Sequenzen die „richtige" Phylogenie erhalten.

Frage 931: Nennen Sie drei Evolutionsbelege!

Frage 932: Wie unterscheidet sich die heutige Atmosphäre der Erde von der Atmosphäre, die herrschte, als das erste Leben entstand?

Frage 933: Wie kam der Sauerstoff in die Atmosphäre?

Frage 934: Wie konnten auf der Urerde ohne Zutun von Lebewesen organische Moleküle entstehen?

Frage 935: Wie sind wahrscheinlich einige der Aminosäuren, Nucleotidbasen und Zucker entstanden, bevor sich das Leben entwickelte?

Frage 936: Wenn alle heute lebenden Organismen von einem einzigen Ursprung abstammen, ist es dann möglich oder wahrscheinlich, dass es auf der frühen Erde weitere Ursprünge für biologische Systeme gab? Begründen Sie Ihre Antwort.

Frage 937: Zeichnen Sie den zeitlichen Verlauf der Evolution der lebenden Organismen von der Entstehung der Erde bis zum Auftreten der ersten Hominiden.

Frage 938: Ordnen Sie folgende Stoffwechselwege nach ihrem evolutiven Alter: a) Gärung; b) aerobe Zellatmung; c) Glykolyse; d) anoxygene Photosynthese; e) oxygene Photosynthese.

Frage 939: In welchen Phasen der Evolution kam es zu einer Zunahme der Genzahl in den lebenden Organismen?

Frage 940: Erläutern Sie, warum die homöotischen Selektorgene für die Genomevolution durch Genverdopplung ein gutes Beispiel sind?

Frage 941: Welche Belege gibt es dafür, dass in der Entwicklungslinie der Evolution, die zu *Saccharomyces cerevisiae* führt, eine Verdopplung des gesamten Genoms stattgefunden hat?

Frage 942: Was besagt die „Exontheorie der Gene"?

Frage 943: Welche Faktoren beeinflussen die Häufigkeit von Allelen in einer Population?

Frage 944: Welche Unterschiede bestehen zwischen der Hypothese der multiregionalen Evolution und der *Out-of-Africa*-Hypothese zur Evolution des heutigen Menschen?

Frage 945: Welche Grundeigenschaften weist ein Lebewesen auf?

Frage 946: Warum gilt die Fortpflanzungsfähigkeit als wichtigstes Kriterium für „Leben"?

Frage 947: Warum nimmt man eine sehr frühe Trennung der Organismenreiche an?

Frage 948: Warum sind (häufig zu lesende) Formulierungen wie „Dieses Experiment wurde durchgeführt, um die Hypothese XY zu bestätigen" unwissenschaftlich?

Frage 949: Was muss gelten, wenn eine Größe B die Ursache einer anderen Größe C ist (Kausalität)?

Frage 950: Was unterscheidet eine „Hypothese" von einer „Theorie"?

Frage 951: Was bedeutet intertaxonische Kombination? Welche Auswirkungen hat sie für die Evolutionsbiologie?

Frage 952: Was versteht man unter „Gradualismus"? Gibt es Gegenbeispiele?

Frage 953: Warum müssen Pflanzen ihre Oberfläche nach außen vergrößern?

Frage 954: Warum ist die kugelförmige Alge *Volvox*, einer der ersten pflanzlichen Vielzeller, eine Sackgasse der Evolution geblieben?

Frage 955: Warum können Pflanzen nicht laufen?

Frage 956: Was ist der evolutionäre Vorteil der Sexualität?

Frage 957: Beschreiben Sie die zeitliche Entwicklung der Primaten.

Frage 958: Welche Eigenschaften sind vermutlich ursächlich für die Menschwerdung?

Frage 959: Über welche Stufen und Zeiträume erstreckt sich die Hominidenentwicklung?

Frage 960: Welche Stellung haben die Neandertaler im Stammbaum des Menschen?

Frage 961: Wie wurde die erste Analyse von der DNA eines Neandertalers durchgeführt und welche Schlussfolgerung über die Verwandtschaft von Neandertalern und den heutigen Menschen zog man daraus?

Frage 962: Warum haben Menschen und Schimpansen unterschiedlich viele Chromosomen?

Frage 963: Welche Informationen hat die molekulare Phylogenetik in Bezug auf die prähistorische Wanderung von menschlichen Populationen nach Nordamerika geliefert?

Frage 964: Welche Faktoren sind für die Entwicklung der Sprache maßgebend?

Frage 965: Welche Unterschiede bestehen zwischen Schimpanse und Mensch bezüglich der Riechrezeptorgene?

Frage 966: Welche Kulturstufen hat die Menschheit durchlaufen, und wie werden sie charakterisiert?

Frage 967: Ab welcher Zeit hat der Mensch Tiere und Pflanzen domestiziert?

Frage 968: Was ist „Intellekt", „Erkenntnis" und „Bewusstsein"?

Frage 969: Welche Ethnien gibt es auf der Erde, und durch welche Eigenschaften sind sie charakterisiert?

Frage 970: In welcher Phase der menschlichen Entwicklung entstand die Lactosetoleranz?

Frage 971: Wie kann man das disjunkte Areal einer Art erklären? Gibt es hierfür Beispiele?

Frage 972: Was ist der Unterschied zwischen „adaptiver Radiation" und „allopatrischer Artbildung"?

Frage 973: Welche beiden Theorien der Entstehung des modernen Menschen werden derzeit diskutiert?

Frage 974: Nennen Sie fünf Merkmale des Lebens!

Frage 975: Worin unterscheiden sich die Evolutionstheorien von Lamarck und Darwin?

Frage 976: Was sind die wesentlichen Neuerungen der Synthetischen Evolutionstheorie?

Frage 977: Nennen Sie die Evolutionsfaktoren!

Frage 978: Was bewirkt eine stabilisierende Selektion?

Frage 979: Nennen Sie zwei Beispiele für Isolationsmechanismen!

Frage 980: Wie können Arten entstehen?

Frage 981: Was ist „adaptive Radiation"? Nennen Sie ein Beispiel!

Frage 982: Was ist eine „Art"?

Frage 983: Was versteht man unter dem Begriff „Taxonomie"?

Frage 984: Was ist das Ziel der „Phylogenie"?

Frage 985: Welche Kriterien spielen eine wesentliche Rolle in der klassischen Systematik der Pflanzen und Tiere, welche in der Bakteriensystematik?

Frage 986: Wie unterscheidet sich die Phänetik von den traditionellen Methoden der Systematik aus der Zeit vor 1957?

Frage 987: Wie unterscheidet sich die Kladistik von der Phänetik?

Frage 988: Was ist der Unterschied zwischen einem ursprünglichen und einem abgeleiteten Merkmalszustand?

Frage 989: Warum werden bei phylogenetischen Untersuchungen DNA-Sequenzen gegenüber Proteinsequenzen bevorzugt verwendet?

Frage 990: Wie unterscheiden sich interne Knoten bei Gen- und Artenstammbäumen?

Frage 991: Welche Unterschiede bestehen zwischen der Ähnlichkeitsbestimmung und der Abstandsmethode?

Frage 992: Welche Vorteile bieten molekulare Identifizierungsmethoden im Vergleich zu klassischen?

Frage 993: Zwei artverschiedene Organismen besitzen ein Merkmal in übereinstimmender Form. Welche Deutungen dieser Übereinstimmung sind in der Phylogenetik möglich?

Frage 994: Welche der beiden folgenden Behauptungen ist innerhalb der Phylogenetischen Systematik einzig zu akzeptieren und warum: A) Gottesanbeterin und Fanghaft können nicht Schwestergruppen sein, weil die Fangbeine konvergent sind. B) Gottesanbeterin und Fanghaft können nicht Schwestergruppen sein, weil die Gottesanbeterin näher mit den Schaben als mit dem Fanghaft verwandt ist.

Frage 995: Welches sind die Unterschiede zwischen A) Kladogramm, B) System und C) Klassifikation?

Frage 996: Wie könnte man beweisen, beziehungsweise weshalb kann man nicht beweisen, dass der Urvogel *Archaeopteryx lithographica* Vorfahr der heutigen Vögel ist?

Frage 997: Welche Überlegung liegt der Methode des Außengruppenvergleichs zugrunde?

Frage 998: Was versteht man unter dem „Handicap-Prinzip"?

Frage 999: Was besagt die „*Red-Queen*-Hypothese"?

Frage 1000: Bringen Sie die Begriffe „Selektion", „Adaptation" und „Fitness" in Zusammenhang mit Verhalten!

Teil II
Antworten

Olaf Werner

Richtige Antwort zu Frage 1: d. Teufelszwirn (Gattung *Cuscuta*) ist ein Parasit. Es handelt sich um einen Schmarotzer, der auf anderen Pflanzen wächst. Der Pflanzenkörper ist stark reduziert und besitzt weder Blätter noch Wurzeln. Die Sprossachse enthält Chlorophyll, wodurch der Keimling zu autonomer Photosynthese befähigt ist, bevor er über ein Haustorium (Saugorgan) das Phloem der Wirtspflanze anzapft. Venusfliegenfalle (*Dionaea muscipula*), Schlauchpflanzen (Sarraceniaceae) und Sonnentau (Droseraceae) sind carnivore Pflanzen, die mit dem Fang von kleineren Insekten zur Deckung ihres Stickstoffbedarfs beitragen können. Hierzu besitzen sie hochgradig spezialisierte Fangeinrichtungen, die allesamt von Blättern abgeleitet sind.

Richtige Antwort zu Frage 2: e. Alle carnivoren Pflanzen gewinnen zusätzlichen Stickstoff aus Tieren. Carnivore Pflanzen können sich auch ohne den Fang von Insekten entwickeln. Über die Fixierung von CO_2 bei der Photosynthese können sie sich ausreichend mit Kohlenstoff versorgen. Da die besiedelten Böden oftmals recht sauer und damit vergleichsweise nährstoffarm sind, können carnivore Pflanzen ihre Stickstoffversorgung durch den Fang von Insekten verbessern. Man kann Carnivorie bei Pflanzen also als eine Art Nahrungsergänzung betrachten.

Richtige Antwort zu Frage 3: e. Antwort e nennt keine verbreitete Verteidigungsstrategie der Pflanzen. Die Mykorrhiza ist eine symbiotische Interaktion zwischen den Wurzeln einer Pflanze und Chitinpilzen. Hierbei erhalten beide Partner Nährstoffe voneinander: Während die Pflanze den Pilz mit Photosyntheseprodukten versorgt, erleichtert dieser die Aufnahme von Mineralstoffen und Wasser aus dem Boden. Pflanzen können sich durch

O. Werner (✉)
Las Torres de Cotillas, Murcia, Spanien
E-Mail: werner@um.es

O. Werner (Hrsg.), *1000 Fragen aus Zoologie und Botanik*,
DOI 10.1007/978-3-642-54983-0_5, © Springer-Verlag Berlin Heidelberg 2014

mechanische Barrieren wie zum Beispiel eine Wachsschicht auf den Blättern oder die verstärkte Ligninbildung gegen Bakterien, Pilze und Viren schützen. Wird dieses Hindernis überwunden, so helfen molekulare Prozesse bei der Verteidigung. Einerseits werden Abwehrstoffe (Phytoalexine) gegen den eingedrungenen Schädling wirksam, andererseits kann der Infektionsherd vom gesunden Gewebe abgeschottet werden. Während der so genannten hypersensitiven Reaktion sterben die Zellen unmittelbar um die Eintrittsstelle des Erregers ab, wodurch dessen Nährstoffversorgung gekappt wird.

Richtige Antwort zu Frage 4: b. Die Wurzelspitze ist von der Wurzelhaube bedeckt, die unter anderem dem Schutz der Wachstumszone dient. Grundsätzlich unterscheidet man Pfahlwurzel- und Büschelwurzelsysteme. Während Büschelwurzeln mit einer Vielzahl an verzweigten Sekundärwurzeln den Boden befestigen können, dient die stark ausgeprägte Primärwurzel der Pfahlwurzeln in erster Linie als Speicherorgan. Die Verzweigungen der Wurzeln basieren auf Zellteilungsvorgängen innerhalb des Perizykels, einem Gewebe, das zwischen Epidermis und Endodermis des Zentralzylinders liegt. Es werden keine Knospen gebildet. Sekundäres Dickenwachstum ist möglich, wenn eine Wurzel Cambium besitzt und somit sekundäres Gewebe bilden kann. Da Wurzeln in erster Linie der Verankerung im Boden dienen, sind sie nicht photosynthetisch aktiv.

Richtige Antwort zu Frage 5: e. Die pflanzliche Zellwand enthält Cellulose und andere Polysaccharide, die das Grundgerüst der Zellwand darstellen. Diese wird von einem membranständigen Proteinkomplex synthetisiert und liegt der Plasmamembran als äußere Schicht auf. Die nach Abschluss des Streckungswachstums von der Plasmamembran ausgehend gebildete Sekundärwand besitzt einen höheren Cellulosegehalt und kann Lignin zur zusätzlichen Versteifung oder das wasserundurchlässige Suberin enthalten. Sie wird unter der Primärwand abgelagert. Die Zellwand an sich bildet keine undurchlässige Schicht zwischen den Zellen, da diese untereinander über lokale Zellwanddurchbrüche (Plasmodesmen) verbunden sind, wodurch Stoffaustausch und Kommunikation zwischen benachbarten Zellen ermöglicht wird. Die Mittellamelle trennt in der Teilung befindliche Pflanzenzellen und liegt später genau zwischen den beiden Tochterzellen.

Richtige Antwort zu Frage 6: e. Parenchymzellen kommen nicht nur in Sprossachse und Wurzel vor, sondern im gesamten Pflanzenkörper. Die verhältnismäßig großen und dünnwandigen Zellen sind vor allem im primären Pflanzenkörper der häufigste Zelltyp. Das von ihnen gebildete Grundgewebe ergänzt die spezialisierten Leit- und Stützgewebe auf verschiedene Art und Weise. Beispiele für Parenchyme außerhalb von Spross und Wurzel sind das chlorophyllhaltige Assimilationsparenchym in Blättern und das Speicherparenchym im Speichergewebe von Samen.

Richtige Antwort zu Frage 7: a. Tracheiden und Gefäßelemente sterben durch programmierten Zelltod ab, bevor sie funktionell werden. Aufgrund des dadurch verminderten Widerstandes kann Wasser mit höherer Effizienz durch die Zellen transportiert werden.

Während Tracheiden gerade in evolutionär älteren Gruppen zu finden sind, treten Gefäß-elemente (Tracheen) erst in evolutionär jüngeren Gruppen auf. Beide Zelltypen findet man im primären und sekundären Pflanzenkörper. Da sie dem Xylem angehören, werden sie nicht von Geleitzellen unterstützt, wie es bei den Siebröhrengliedern des Phloems der Fall ist. Zusätzlich zu Mittellamelle und Primärwand besitzen die Zellen stark verholzte Sekundärwände, mit denen sie dem Unterdruck, der durch den Transpirationssog verursacht wird und dem Wassertransport zugrunde liegt, widerstehen können.

Richtige Antwort zu Frage 8: b. Im Gegensatz zu den Transportzellen des Xylems sterben Siebröhrenglieder nicht ab, bevor sie funktionell werden. Sie verändern jedoch ihre innere Kompartimentierung, da sich beispielsweise die Membran der Vakuole auflöst, wodurch die Zellen auf Durchfluss optimiert werden. Da die einzelnen Glieder einer Siebröhre mit ihren Enden aufeinanderstoßen, bilden sie lange Röhren für den Transport gelöster organischer Stoffe (z. B. Kohlenhydrate) von den Orten ihrer Produktion zu Regionen, die diese Verbindungen verbrauchen. Als namensgebende Siebplatten bezeichnet man die in diesem Kontaktbereich von Poren durchbrochenen Querwände.

Richtige Antwort zu Frage 9: b. Der Pericycel ist das Gewebe, in dem die Seitenwurzeln ihren Ursprung haben. Das Gewebe des Pericycels wird auch Pericambium genannt, da die relativ undifferenzierten Zellen ihre Teilungsfähigkeit über lange Zeit erhalten und daher Entwicklungspotenzial bieten. Als äußerste Zellschicht des Zentralzylinders liegt es zwischen Leitgewebe und Endodermis, die den Zentralzylinder von der Wurzelrinde trennt. Die Gewebeformation mit oftmals sternförmigem Querschnitt ist das Xylem; Wasserundurchlässigkeit charakterisiert die Endodermis (Caspary-Streifen).

Richtige Antwort zu Frage 10: c. Sekundäres Dickenwachstum von Sprossachse und Wurzel wird durch Cambium und Korkcambium bewirkt. Beide Gewebe sind durch dauerhaft teilungsaktive Zellen charakterisiert und werden Lateralmeristeme genannt. Sie unterschieden sich von den Apikalmeristemen, die für das primäre Wachstum (Längenwachstum) verantwortlich sind. Sekundäres Dickenwachstum ist nur bei Eudikotylen zu beobachten, da Monokotyle kein Cambium besitzen. Es werden nicht nur sekundäres Xylem und Phloem gebildet, sondern auch Korkzellen (Korkcambium) und die Zellen der sekundären Markstrahlen (Cambium). Ihre Rolle besteht darin, bei zunehmendem Sprossdurchmesser die angrenzenden Speichergewebe (Parenchymzellen) weiterhin mit Nährstoffen zu versorgen.

Richtige Antwort zu Frage 11: a. Das Periderm besitzt Lentizellen, die den Gasaustausch ermöglichen – a ist korrekt. Als sekundäres Abschlussgewebe wird es im Zuge des Dickenwachstums gebildet, wenn die Epidermis der Dehnung nicht mehr standhält und aufreißt. Als ganz außen gelegenes Gewebe hat es eine Schutzfunktion inne: der Zellverband ist kaum durchlässig, stirbt sukzessive ab und löst sich von der Oberfläche. Aus diesem Grund wäre eine Ausstattung mit Leitbündeln nicht zweckmäßig.

Richtige Antwort zu Frage 12: d. Mesophyllzellen sind zunächst einmal alle Zellen zwischen der unteren und der oberen Epidermis eines Blattes. Sie lassen sich in zwei Kategorien unterteilen: Das oben gelegene Palisadenparenchym besteht aus länglichen, dicht aneinanderliegenden Zellen mit hoher Chloroplastendichte. Seine Hauptaufgabe ist die Photosynthese. Das unten gelegene Schwammparenchym wird von unregelmäßig geformten Zellen aufgebaut und ist durch große Interzellularräume gekennzeichnet. Der hierbei entstehende interne Luftraum ist für den Gasaustausch im Zuge der Photosynthese wichtig. C_4-Pflanzen unterscheiden sich in der Blattanatomie von den C_3-Pflanzen vor allem durch Bündelscheidezellen, die das Leitgewebe des Blattes dicht umschließen.

Richtige Antwort zu Frage 13: d. Im Xylem steht der Saft häufig unter Saugspannung. Da der Wurzeldruck zu schwach und die daraus resultierende maximale Förderhöhe zu gering ist, um beispielsweise die Krone großer Bäume zu versorgen, ist die Saugspannung für den Langstreckentransport des Wassers verantwortlich. Sie entsteht dadurch, dass durch Transpiration vor allem über die Blätter kontinuierlich Wasser an die Atmosphäre verloren geht. Dadurch wird das Wasserpotenzial stärker negativ. Da sich Wasser immer in Richtung des Wasserpotenzialgefälles bewegt, wird es aus den Gefäßen des Xylems nachgezogen. Hierbei werden auch gelöste Ionen von der Wurzel sprossaufwärts in die überirdisch gelegenen Pflanzenteile transportiert. Den Transport gelöster Photosyntheseprodukte sprossabwärts übernimmt hingegen das Phloem. Zwischen den Siebröhrengliedern des Phloems befinden sich die Siebplatten – im Xylem sind die Zellwände zwischen aufeinanderfolgenden Tracheengliedern vollständig aufgelöst.

Richtige Antwort zu Frage 14: d. Milchsaft ist nicht gummiartig fest, sondern von zähflüssiger Konsistenz. Milchsaft ist bei manchen Pflanzenarten in spezialisierten Zellen, den so genannten Milchröhren, enthalten. Wird die Pflanze verletzt, so tritt die oftmals weiße Flüssigkeit aus – man kann das beispielsweise beim Abpflücken von Löwenzahn (*Taraxacum* spec.) beobachten. Auch die Seidenpflanzen (*Asclepias* spec.) bilden Milchsaft. Dieser scheint das Fraßverhalten von Schadinsekten zu beeinflussen und dient damit wahrscheinlich der Abwehr von Herbivoren.

Richtige Antwort zu Frage 15: b. Die Sauerstoffversorgung der Wurzeln von Sumpfpflanzen wird durch das Aerenchym ermöglicht. Dieses spezialisierte Gewebe zeichnet sich durch extrem große Interzellularen aus, die dem Gasaustausch zwischen photosynthetisch aktivem (Sauerstoffproduktion) und inaktivem (Zellatmung) Gewebe dienen. Das Aerenchym ist eine Sonderform des Parenchyms, dem pflanzlichen Grundgewebe. Hierzu zählt auch das Chloroplasten enthaltende Assimilationsgewebe des Chlorenchyms. Kollenchym und Sklerenchym gehören zu den Festigungsgeweben, die durch verdickte Zellwände charakterisiert sind.

Richtige Antwort zu Frage 16: c. Halophyten sind häufig sukkulent, das heißt mit fleischig verdickten Sprossen oder Blättern kann Wasser für Trockenperioden gespeichert werden. Da Halophyten ähnlichem Trockenstress wie Xerophyten unterliegen, lagern auch sie lösliche Stoffe in ihren Vakuolen ein. Einerseits wird so das Cytoplasma von giftigen Salzen befreit und andererseits ein stärker negatives osmotisches Potenzial erreicht, wodurch die Wasseraufnahme aus dem Boden erleichtert wird. Gewöhnlich werden Natrium- und Chloridionen akkumuliert, aber auch Prolin wird von manchen Arten angereichert.

Richtige Antwort zu Frage 17: c. Bei höheren Pflanzen erfolgt die Meiose in den Sporangien des diploiden Sporophyten. Aus den hierbei entstehenden Meiosporen entwickelt sich ein haploider Gametophyt. Dieser kann durch einfache Mitose bereits haploide Gameten hervorbringen. Eine Reduktion des Chromosomensatzes durch Meiose erübrigt sich also. Da sich Sporophyt und Gametophyt morphologisch unterscheiden, liegt ein heteromorpher Generationswechsel vor. Aufgrund der verschiedenen Kernphasen besteht auch ein genetischer Unterschied zwischen beiden Generationen (heterophasischer Generationswechsel).

Richtige Antwort zu Frage 18: e. Obwohl eine Tendenz zur Immobilisierung der Eizellen innerhalb verschiedener Klassen der Grünalgen feststellbar ist, produzieren nicht alle Grünalgen große, unbewegliche Eizellen. Landpflanzen dagegen besitzen generell unbewegliche Eizellen, die in den Archegonien befruchtet werden.

Richtige Antwort zu Frage 19: b. Moospflanzen wachsen in dichten Massen, was eine Kapillarbewegung des Wassers ermöglicht. Bryophyten besitzen keine ausdifferenzierten Leitbündel, Xylem und Phloem fehlen also. Der Transport gelöster Stoffe in der Pflanze erfolgt meist vermittels Diffusion. Auch das Befruchtungssystem ist auf einen dünnen Wasserfilm angewiesen, der die Bewegung der begeißelten Spermatozoiden zu einem Archegonium ermöglicht. Der Gametophyt ist die dominierende Generation der Moose. Er trägt und ernährt den Sporophyten und besitzt im Normalfall weder echte Wurzeln noch Blätter, sondern dazu analoge Rhizoide und Phylloide.

Richtige Antwort zu Frage 20: b. Spermien werden *nicht* in Archegonien gebildet. Spermien werden in Antheridien, den männlichen Gametangien, gebildet. Archegonien als weibliche Gametangien enthalten jeweils eine Eizelle. Beide Geschlechtsorgane sind Bildungen des Gametophyten.

Richtige Antwort zu Frage 21: e. Megaphylle sind die charakteristischen Blätter der Schachtelhalme und Farne. Sie entwickelten sich vermutlich aus einfach gegabelten Telomen, indem ein Seitenzweig weiter auswächst als der zweite, der sich blattartig abflacht und photosynthetisch aktives Gewebe entwickelt. Diese Übergipfelung findet sich bei mehreren Klassen der Tracheophyten, woraus abgeleitet werden kann, dass Megaphylle mehr als einmal entstanden sein könnten. Die Bärlappgewächse sind ein Beispiel für eine Klasse der Tracheophyten, die Mikrophylle anstelle von Megaphyllen tragen. Dieser Blatttyp entwickelte sich möglicherweise aus sterilen Sporangien.

Richtige Antwort zu Frage 22: c. Die Sporangien der Urfarne befanden sich an den Spitzen dichotom (gabelig) verzweigter Sprosse, deren abgeflachte Schuppenblättchen keine Ähnlichkeit mit Blättern hatten. Das Leitgewebe bestand aus einfachem Phloem und Xylem ohne Gefäßelemente, die erst bei höher entwickelten Angiospermen auftreten. Anstelle von Wurzeln verankerten Rhizome die heute ausgestorbenen Psilotophytopsida im Boden.

Richtige Antwort zu Frage 23: b. Bärlappgewächse besitzen einfach gebaute Mikrophylle, während Schachtelhalme reduzierte Megaphylle tragen. Der Gametophyt ist immer bedeutend kleiner als der Sporophyt, der zwar blütenartige Sporophyllstände besitzen kann, jedoch keine Früchte ausbildet. Diese sind erst bei den Angiospermen zu finden. Im Karbon prägten baumgroße Vorfahren beider Klassen die Vegetation, wohingegen heute krautige Wuchsformen überwiegen.

Richtige Antwort zu Frage 24: b. Die Mehrheit der Farne ist homospor, was bedeutet, dass aus den Sporangien stets gleichförmige, nicht weiter differenzierte Meiosporen freigesetzt werden. Diese entwickeln sich zu einem Gametophytentyp, der sowohl Archegonien als auch Antheridien bildet. Nach der Syngamie wächst der junge Sporophyt unabhängig vom Gametophyten heran, um schließlich dessen vielfache Größe zu erreichen.

Richtige Antwort zu Frage 25: d. Die leptosporangiaten Farne sind Pteridophyten. Sie bilden ein Monophylum, denn sie sind aus einer gemeinsamen Vorfahrengruppe entstanden. Charakteristisch ist die bis auf eine Zellschicht reduzierte Sporangienwand. Heute machen die leptosporangiaten Pteridophyten mit über 90 % die Mehrzahl aller Farnarten aus. Selbstverständlich werden keine Samen gebildet, da diese erst bei den Spermatophytina auftreten und dort namensgebend sind.

Richtige Antwort zu Frage 26: d. Alle Samenpflanzenarten sind heterospor. Sie bilden also zwei unterschiedliche Sporentypen aus. Die größeren Megasporen bezeichnet man als Embryosackzellen und die kleineren Mikrosporen als Pollenzellen. Beide gehören der gametophytischen Generation an, die bei Samenpflanzen stärker reduziert ist als bei Farnen. Sie wird auf dem Sporophyten gebildet und ist somit von diesem abhängig. Die vom Gametophyten gebildeten Gameten verschmelzen zur Zygote, die sich mehrfach teilt und den Sporophyten bildet. Die phylogenetischen Beziehungen zwischen allen fünf Klassen der Samenpflanzen sind noch nicht vollständig geklärt.

Richtige Antwort zu Frage 27: c. Die Gymnospermen zeichnen sich durch aktives sekundäres Dickenwachstum aus. Sekundäre Gewebe können ausgehend vom Cambium gebildet werden. Im Xylem finden sich neben den Tracheiden keine höher spezialisierten Leit- und Stützelemente. In den männlichen Zapfen (Mikrosporophylle) sind die oft sehr zahlreichen Mikrosporangien (Pollensäcke) zusammengefasst, in den weiblichen Zapfen

(Megasporophylle) die Megasporangien (Samenanlagen). Im Zeitalter des Mesozoikums dominierten die artenreichen Gymnospermen die Vegetation der Landmassen, wohingegen die Artenvielfalt heute relativ gering ist.

Richtige Antwort zu Frage 28: d. Koniferen bilden einen Pollenschlauch aus, der zwei Spermakerne freisetzt. Einer dieser Spermakerne verschmilzt mit der Eizelle, während der andere abstirbt. Damit steht dieser nicht zur Ausbildung eines triploiden Endosperms zur Verfügung, wie es bei den Angiospermen gebildet wird. Das Endosperm der Gymnospermen stammt vom weiblichen Gametophyten und ist haploid. Die Befruchtung ist nicht von flüssigem Wasser abhängig, da der Pollen vom Wind verfrachtet wird. Die Klasse der Coniferopsida wird den Gymnospermen zugeordnet. Ihr Holzgewebe besitzt also keine Tracheenglieder.

Richtige Antwort zu Frage 29: a. Angiospermen bilden Samenanlagen und Samen, die von einem Fruchtblatt umschlossen sind. Das Fruchtblatt (Karpell) umschließt anfangs die Samenanlagen und bildet später die den Samen umgebende Frucht. Das charakteristische, triploide Endosperm entsteht gewöhnlich durch Vereinigung eines der beiden Spermakerne mit zwei haploiden Kernen des weiblichen Gametophyten. Die Blüten der Angiospermen können sowohl ein- als auch zweigeschlechtlich sein; es handelt sich jedoch nicht um die Zapfen der Gymnospermen.

Richtige Antwort zu Frage 30: d. Eine Art, die an derselben Pflanze weibliche und männliche Blüten bildet, wird nicht als diözisch, sondern als monözisch (einhäusig) bezeichnet. Eine zweigeschlechtliche Blüte besitzt sowohl Megasporangien (Nucellus der weiblichen Fruchtblätter) als auch Mikrosporangien (Pollensäcke der männlichen Staubblätter).

Richtige Antwort zu Frage 31: c. Ein Sammelfruchtstand entsteht nicht aus mehreren Fruchtblättern (Karpelle) einer einzelnen Blüte, sondern aus den Karpellen mehrerer Blüten eines Blütenstands. Früchte entwickeln sich aus dem Fruchtknoten, können aber auch weitere Organe der Blüte mit einbeziehen. Sie sind charakteristisch für die Angiospermen. Eine Kirsche ist eine Einblattfrucht und unterscheidet sich von den Mehrblatt- und Sammelfrüchten dadurch, dass sie aus nur einem Karpell einer einzelnen Blüte entsteht.

Richtige Antwort zu Frage 32: a. Bei den Pollen der Angiospermen handelt es sich nicht um männliche Gameten, sondern um Gametophyten. Sie sind das haploide Produkt der Meiose in den Mikrosporenmutterzellen der Mikrosporangien (Pollensäcke). Sobald der Pollen einen geeigneten weiblichen Gametophyten erreicht, keimt der Pollenschlauch aus und setzt die beiden Spermazellen frei. Diese entsprechen den männlichen Gameten. Durch Wechselwirkung mit dem Fruchtblatt wird gewährleistet, dass nur entsprechend passender Pollen auskeimt. Selbstbestäubung kann somit verhindert und Fremdbestäubung gefördert werden.

Richtige Antwort zu Frage 33: e. Bereits in den einfachen Blüten von *Archaefructus* waren die Samenanlagen in Karpellen (Fruchtblätter) eingeschlossen. Als typische Blütenorgane der Angiospermen haben sie sich vermutlich aus Blättern entwickelt, was an der strukturellen Ähnlichkeit noch heute zu erkennen ist. Die Karpelle können zu einem Fruchtknoten mit Griffel verwachsen sein. Im Inneren der einzelnen Karpelle oder des Fruchtknotens sind die Samenanlagen verborgen, die ein Megasporangium in Form des Nucellus beinhalten.

Richtige Antwort zu Frage 34: c. *Amborella* gehört zum ältesten heute noch existierenden Angiospermenmonophylum – Antwort c ist richtig. Die Gruppe umfasst nur eine Art und steht an der Basis der Blütenpflanzen. Die Antworten a und b scheiden aus, da man nicht mit Bestimmtheit sagen kann, welches die erste Blütenpflanze und welches das erste Angiospermenmonophylum war. Aufgrund ihrer basalen Stellung kann *Amborella* keine Eudikotyle sein, da dieses Monophylum das fortschrittlichste unter den Angiospermen darstellt. Eines der basalen Merkmale ist beispielsweise das Fehlen von Tracheengliedern im Xylem.

Richtige Antwort zu Frage 35: a. Die Eudikotylen umfassen zahlreiche Kräuter, Kletterpflanzen, Sträucher und Bäume. Sie und die Monokotylen bilden zwar die beiden größten, aber nicht die einzigen Angiospermenmonophyla. Innerhalb der Angiospermen existieren weitere Monophyla, von denen einige in den Magnoliidae zusammengefasst sind. Orchideen und Palmen gehören zu den Monokotyledonen.

Richtige Antwort zu Frage 36: d. Die Leitbündel der Monokotyledonen liegen meist verstreut, wohingegen die der Dikotylen zylindrisch angeordnet sind. Aufgrund des fehlenden Cambiums im Leitbündelstrang sind die Monokotyledonen gewöhnlich nicht zu sekundärem Dickenwachstum befähigt. Blattform und Blütenaufbau können dagegen als grobe Einteilungskriterien verwendet werden.

Richtige Antwort zu Frage 37: d. Die sexuelle Fortpflanzung bei Angiospermen führt zur Bildung von genetisch diversen Nachkommen. Sowohl bei der meiotischen Keimzellbildung als auch bei der Verschmelzung der Gameten (Syngamie) kommt es zur Rekombination des Erbguts. Dadurch besteht jede Folgegeneration aus verschiedenen Genotypen, die an die jeweils vorherrschenden Umweltbedingungen unterschiedlich gut angepasst sein können. Sexuelle Fortpflanzung kann über Selbstbestäubung (Autogamie) erfolgen, wenn Pollen von den Antheren auf die Narbe innerhalb derselben Blüte übertragen wird. Obwohl die Kronblätter vielfältige Funktionen im Dienste der sexuellen Fortpflanzung erfüllen (z. B. Anlocken von Bestäubern, Schutz der Blütenorgane), können sie bei windbestäubten Arten stark reduziert sein. Apomixis und Pfropfen scheiden hier aus, da sie Formen der vegetativen Vermehrung darstellen.

Richtige Antwort zu Frage 38: b. Der typische weibliche Gametophyt der Angiospermen besitzt acht Zellkerne und wird als Embryosack bezeichnet. Er entsteht durch Meiose aus einer diploiden Megasporenmutterzelle (Embryosackmutterzelle) innerhalb des Megasporangiums (Nucellus). Hierbei teilt sich der Kern dreimal, wobei acht Kerne entstehen, die sich mit Membranen umgeben. Der resultierende Embryosack besteht aus sieben Zellen. In der großen Zentralzelle befinden sich zwei Polkerne, die später zum diploiden Embryosackkern verschmelzen. Hinzu treten eine Eizelle, die von zwei Hilfszellen (Synergiden) umgeben ist, und drei Antipoden, die dem Eiapparat gegenüber liegen. Als Pollenkorn wird der männliche Gametophyt bezeichnet, der durch Wind oder Tiere zur Narbe der weiblichen Blütenorgane gebracht wird.

Richtige Antwort zu Frage 39: e. Die Bestäubung bei Angiospermen ist bezüglich der Befruchtung von externem Wasser unabhängig. Die Gameten müssen nicht über einen Wasserfilm zueinander finden, wie dies beispielsweise bei Moosen und Farnen der Fall ist, da andere Agenzien den Transport des männlichen Gametophyten (Pollen) übernehmen. Die wichtigste Rolle spielen hierbei Wind und Insekten, es existieren jedoch vielfältige weitere Anpassungen. So wird beispielsweise der Pollen mancher Wasserpflanzen vom Wasser verfrachtet, Fledermäuse und Vögel können zum Pollentransport beitragen, und auch innerhalb einer einzelnen Blüte kann es zur Selbstbestäubung und damit einhergehender Befruchtung kommen. Bestäubung als Vorgang der Pollenübertragung von den Antheren auf die Narbe ist dabei strikt von der Befruchtung, also der Verschmelzung von männlichen und weiblichen Gameten, zu unterscheiden.

Richtige Antwort zu Frage 40: b. Doppelte Befruchtung findet nicht im Mikrosporangium (männlich) statt, sondern im Megasporangium (weiblich). Bei den meisten Angiospermen setzt der Pollenschlauch zwei haploide Spermazellen frei, wenn er den Embryosack erreicht hat. Einer der Spermakerne verschmilzt mit der Eizelle, wobei der andere mit den beiden haploiden Polkernen der Zentralzelle fusioniert. Hieraus geht ein triploider Zellkern hervor, womit die Entwicklung des sekundären Endosperms beginnt.

Richtige Antwort zu Frage 41: d. Der Suspensor stellt bereits in der frühen Entwicklung sein Längenwachstum ein. Er stellt eine dünne, wenigzellige Verbindung zur Mutterpflanze dar, welche die Nährstoffversorgung des heranwachsenden Embryos gewährleistet. Sowohl der Suspensor als auch der Embryo an sich gehen aus der ersten, asymmetrischen Teilung der Zygote hervor. Während der Suspensor das Wachstum einstellt, entwickelt sich der Embryo weiter: Bei Eudikotylen wird der Übergang vom Kugel- ins Herzstadium durch die Ausbildung der Keimblätter (Kotyledonen) markiert. Im daran anschließenden Torpedostadium liegt der Sprossscheitel (Apex) zwischen den Keimblättern, die an Größe zugenommen haben.

Richtige Antwort zu Frage 42: c. Möglichkeit c hat nichts mit asexueller Vermehrung zu tun. Die Zygote entsteht durch Verschmelzung männlicher und weiblicher Gameten und ist damit das unmittelbare Produkt sexueller Fortpflanzung. Die übrigen Antwortmöglichkeiten beschreiben vegetative Pflanzenteile, die nach Trennung von der Elternpflanze der asexuellen Vermehrung dienen können. Sie sind oftmals vom Spross abgeleitet (oberirdisch: Ausläufer; unterirdisch: Sprossknollen, Rhizome, Zwiebelknolle).

Richtige Antwort zu Frage 43: d. Apomixis umfasst einen diploiden Embryo. Dieser entwickelt sich ausschließlich aus dem Gewebe der weiblichen Samenanlage. Bei dieser Form der asexuellen Fortpflanzung entfallen meiotische Reduktionsteilungen und die Fusion von männlichen und weiblichen Gameten während der Befruchtung. Die hierbei entstehenden Embryonen sind Klone der Mutterpflanze und genetisch mit dieser identisch. Es werden fruchtbare Samen gebildet.

Richtige Antwort zu Frage 44: b. Der vernalisierte Zustand hält deutlich länger als eine Woche an. Damit wird der Tatsache Rechnung getragen, dass der Zeitabstand zwischen benötigter Winterkälte und der normalen Blütezeit relativ groß sein kann. Je nach Art kann die zur Blühinduktion benötigte Kälteperiode unterschiedlich lang sein und bis zu 50 Tage betragen. Besonders groß ist die Bedeutung der Vernalisation im Nutzpflanzenbau. Winterweizen kann im Herbst ausgesät werden und liefert im darauffolgenden Sommer höhere Erträge als der Sommerweizen. Die winterliche Kälteperiode kann durch Stratifikation (Kältebehandlung der Samen) simuliert werden, wodurch der Vernalisationseffekt erreicht wird. Der Winterweizen kann damit wie Sommerweizen im Frühling des Jahres gesät werden, in dem geerntet werden soll. Damit kann ein harter Winter, den der Winterweizen nicht überstehen würde, umgangen werden.

Richtige Antwort zu Frage 45: b. Phytochrom existiert in zwei Formen, die durch Licht ineinander überführt werden können. Beide Formen sind an der Regulation pflanzlicher Entwicklungsprozesse beteiligt (beispielsweise Samenkeimung und Keimlingswachstum). Phytochrome sind Rotlichtrezeptoren. Die Pigmente absorbieren den Rotlichtanteil des Spektrums und erscheinen daher bläulich. Neben den Phytochromen existieren weitere Photorezeptorpigmente. Zu nennen sind insbesondere die Rezeptoren für energiereiches Blaulicht: Zeaxanthin, Cryptochrome und Phototropine. Letztere sind die für den Phototropismus verantwortlichen Rezeptoren.

Richtige Antwort zu Frage 46: e. Photoperiodismus ist nicht nur auf das Pflanzenreich beschränkt. Auch bei Tieren trägt die Wahrnehmung des Licht-Dunkel-Rhythmus zur Anpassung an die sich im Wechsel der Jahreszeiten verändernden Umweltbedingungen bei. Die innere biologische Uhr steht in enger Wechselbeziehung mit periodischen Entwicklungsprozessen. So variiert einerseits die Ausprägung photoperiodischer Effekte in Abhängigkeit von der biologischen Uhr, wobei andererseits Phytochrom (Photorezeptor) den Abgleich der Uhr mit der Umwelt ermöglicht. Experimentelle Befunde haben gezeigt, dass die Nachtlänge der ausschlaggebende Faktor ist. Von der Dauer der Nacht hängt ab, welche Konzentration des Transkriptionsfaktors CONSTANS zu Tagesbeginn mit Licht in Kontakt kommt und damit die Blühinduktion bedingt. Bei der Mehrzahl der Pflanzenarten ist die Blühinduktion jedoch nicht von bestimmten Tageslängen abhängig – sie sind tagneutral.

Richtige Antwort zu Frage 47: c. Osmose kann zur Turgeszenz einer Zelle führen. Wasser tritt so lange in die Zelle ein, bis das Druckpotenzial gleich dem osmotischen Potenzial ist. Daraus resultiert ein deutliches Druckpotenzial, der Turgor. Dieses Druckpotenzial wird von der formgebenden Zellwand aufgebaut und verhindert ein Platzen der Pflanzenzelle durch uneingeschränkten Wassereinstrom. Das osmotische Potenzial beschreibt, wie stark das Bestreben von Wasser ist, aufgrund von Konzentrationsunterschieden gelöster Stoffe über eine Membran in die Zelle einzudiffundieren. Der Vorgang der Osmose entspricht der passiven Diffusion von Wasser durch eine Membran. Es wird keinerlei Stoffwechselenergie benötigt, da alleine die unterschiedlichen Konzentrationen der Lösungen maßgeblich sind. Osmose läuft solange weiter, bis das Wasserpotenzial null ist, also der hydrostatische Druck gleich dem osmotischen Potenzial ist und der Wassereinstrom zum Erliegen kommt.

Richtige Antwort zu Frage 48: d. Das Wasserpotenzial bestimmt die Richtung der Wasserbewegung zwischen Zellen. Es beschreibt die Wassersättigung eines Systems und damit die Tendenz einer Komponente des Systems, Wasser osmotisch über eine Membran aufzunehmen. Die Bewegung findet stets hin zum System mit dem niedrigsten negativen Wasserpotenzial statt. Das Wasserpotenzial einer Lösung ist gleich der Summe ihres (meist negativen) osmotischen Potenzials und ihres (meist positiven) Druckpotenzials. Hierbei ist das osmotische Potenzial ein Maß für das osmotische Verhalten einer Lösung, also wie stark das Bestreben von reinem Wasser ist, aufgrund von Konzentrationsunterschieden gelöster Stoffe über eine Membran in die Lösung einzudiffundieren. Das Druckpotenzial ist als hydrostatischer Druck dem Luftdruck in einem Autoreifen analog. Es kommt durch die Steifheit der Zellwand zustande, entspricht dem Turgordruck und wirkt dem Einstrom von Wasser in eine Zelle entgegen. Die Einheit des Wasserpotenzials ist Pascal. Für reines Wasser ohne Anwendung von Druck gilt, dass alle drei Parameter der Wasserpotenzialgleichung null sind.

Richtige Antwort zu Frage 49: e. Stomata schließen sich, wenn der Wasserverlust zu rasch erfolgt. Spaltöffnungen befinden sich vermehrt auf der Blattunterseite. Sie ermöglichen den für die Photosynthese notwendigen Gasaustausch mit der Umgebung und sind dadurch hauptverantwortlich für den Verlust von Wasser in Form von Wasserdampf. Um diesen Vorgang kontrollieren zu können, wird die Öffnung der Stomata von einem Paar Schließzellen kontrolliert. Kommt es beispielsweise bei Trockenheit und Wind zu raschem Wasserverlust, sinkt der Turgor der Schließzellen, die dadurch erschlaffen und die Spaltöffnung verschließen.

Richtige Antwort zu Frage 50: e. Der Phloemtransport erfolgt vom Bildungsort (Source) zum Bedarfsort (Sink). Nach der Druckstromtheorie wird im Source-Gewebe aktiv Saccharose in die Siebröhrenglieder eintransportiert, wodurch ein osmotisches Potenzial entsteht, das zum Nachströmen von Wasser und darin gelösten Stoffen führt. Dadurch entsteht ein hohes Druckpotenzial am Source-Ende der Siebröhre, das den Phloemtransport in Richtung Sink-Gewebe antreibt. Dieser Transport kommt zum Erliegen, wenn das Phloem durch Hitzeeinwirkung abgetötet wird, da er auf aktiver Beladung durch lebende Zellen beruht.

Richtige Antwort zu Frage 51: a. Das faserförmige Protein in den Siebröhrengliedern kann Lecks verstopfen, wenn das Phloem einer Pflanze verletzt wird. In intakten Siebröhrengliedern ist es vermutlich mehr oder weniger zufällig verteilt, um dann bei Verletzung mit dem ausströmenden Phloemsaft in die Poren zu gelangen und diese zu verstopfen. Die Antriebskraft des Phloemtransports basiert auf einem osmotischen Druckpotenzial, das durch aktiven Eintransport von Saccharose am Source-Ende der Siebröhre aufgebaut wird.

Richtige Antwort zu Frage 52: d. Makronährelemente werden in Konzentrationen von mindestens 1 g pro kg pflanzlicher Trockenmasse benötigt. Sowohl Makro- als auch Mikronährelemente sind essenzielle Nährstoffe, also für Wachstum und Vermehrung der Pflanze unersetzbar. Sie unterscheiden sich ausschließlich durch die von der Pflanze benötigte Menge und übernehmen eine Vielfalt verschiedener Aufgaben im Organismus. Mangan, Bor und Zink zählen zu den Mikronährelementen, da sie jeweils weniger als 100 mg pro kg Trockengewicht ausmachen. Durch Photosynthese kann die Pflanze ausschließlich ihren Kohlenstoff-, Wasserstoff- und Sauerstoffbedarf decken. Die Mehrheit der weiteren Nährelemente wird dem Boden entnommen.

Richtige Antwort zu Frage 53: d. Das Schwermetall Blei ist kein essenzieller Mineralstoff für Pflanzen. Kalium, Magnesium, Calcium und Phosphor sind dagegen essenzielle Nährelemente, denn sie sind für Wachstum und Vermehrung der Pflanze unmittelbar notwendig und können nicht durch andere Elemente ersetzt werden. Sie gehören zu den Makronährstoffen. Auch potenziell toxische Schwermetalle wie Zink und Kupfer stellen für Pflanzen essenzielle Nährelemente dar (Mikronährstoffe: unter 100 mg pro kg Trockenmasse). Blei jedoch wird nicht als essenzieller Mikronährstoff benötigt.

Richtige Antwort zu Frage 54: a. Ein schwächer negatives osmotisches Potenzial in den Vakuolen ist keine Anpassung an trockene Lebensräume. Um bei Trockenheit weiterhin eine ausreichende Wasserversorgung zu gewährleisten, reichern manche Arten lösliche Substanzen in der Vakuole an. Dadurch wird das Wasserpotenzial in den Zellen negativer, wodurch die Aufnahme von Wasser aus dem Boden erleichtert wird. Zusätzlich können behaarte Blätter, eingesenkte Spaltöffnungen und eine dickere Cuticula über der Epidermis dazu beitragen, die Verdunstung über die Blattoberfläche so gering wie möglich zu halten.

Besonders Wüstenpflanzen können über das während der Regenzeit sehr rasch wachsende Wurzelsystem effektiv Wasser aufnehmen.

Richtige Antwort zu Frage 55: a. In einem typischen Boden neigt der Oberboden dazu, Nährelemente durch Auswaschen zu verlieren. Bei Regen oder durch Bewässerungsfeldbau werden Mineralstoffe aus den oberen Bodenschichten in tiefere Horizonte gespült. Dort sind sie für die meisten Pflanzenwurzeln unerreichbar. In einem typischen Boden kann man drei waagrechte Schichten erkennen. Zuunterst liegt der C-Horizont des anstehenden Gesteins. Dieses trägt durch Verwitterung maßgeblich zum Bodencharakter bei. Darauf liegt der B-Horizont, in dem sich die ausgewaschenen Stoffe des darüberliegenden A-Horizontes sammeln. Zuoberst liegt der A-Horizont, auch Mutterboden genannt, in dem sich das tote und verwesende Material ansammelt. Von ihm hängt die landwirtschaftliche Nutzbarkeit eines Bodens ab. Tonminerale sind sehr klein und dicht gepackt. Dadurch ist das Porenvolumen des Bodens gering und der Sauerstoffgehalt niedrig.

Richtige Antwort zu Frage 56: a. Antwort a benennt *keinen* wichtigen Schritt in der Bodenbildung. Bodenbildung beginnt in der Regel mit der chemischen und mechanischen Verwitterung des Ausgangsgesteins, wobei der chemischen Verwitterung eine größere Bedeutung zukommt. Mineralische Nährstoffe werden zunächst durch Oxidations- und Hydrolyseprozesse aus dem Gestein freigesetzt, um dann an der Oberfläche winziger Tonpartikel gebunden zu werden, wo sie den Pflanzen zur Verfügung stehen. Bakterien stellen darüber hinaus einen wichtigen Bestandteil der belebten Bodenfraktion dar, da sie zusammen mit Pilzen und anderen Mikroorganismen zur Remineralisation von abgestorbenen Organismen beitragen. Zusätzlich bestehen mehrere Assoziationen zwischen Pflanzen und Bakterien, die, wie im Falle der bekannten Stickstofffixierung durch Rhizobien, der Ernährung der Pflanze förderlich sind.

Richtige Antwort zu Frage 57: d. Die Gibberelline führen bei einigen zweijährigen Pflanzen zum Schossen. Die Gruppe der Gibberelline wurde zwar nach dem Pilz benannt, in dem sie zuerst nachgewiesen werden konnten, ihre Vertreter kommen jedoch auch in Pflanzen vor. Ihre Beteiligung an der Regulation des Streckungswachstums zeichnet die Gibberelline als Wachstumshormone aus. Das Schossen des Sprosses, der die Blüte tragen wird, ist eine Entwicklung bei zweijährigen Pflanzen, die von einem Anstieg der Gibberellinkonzentration angestoßen wird. Darüber hinaus leiten sie während der Samenkeimung den Aufschluss von Reservestoffen ein, indem sie die Synthese von Verdauungsenzymen fördern. Ein bei Raumtemperatur gasförmiges Pflanzenhormon (b) ist Ethylen, das unter anderem an der Fruchtreifung beteiligt ist. Für Phototropismus und Gravitropismus verantwortlich (a) ist dagegen Auxin.

Richtige Antwort zu Frage 58: b. Im Coleoptilgewebe wird Auxin von der Spitze zur Basis transportiert. Das Phytohormon gelangt über ungerichtete Diffusion in die Zelle hinein. Beim dort herrschenden pH-Wert liegt Auxin als Anion vor und kann das Cytoplasma nur noch über spezielle Auxin-Effluxcarrier verlassen, die ausschließlich am basalen Pol der Zelle lokalisiert sind. Die polare Lokalisation der Auxintransporter ist demnach die Ursache für den polaren Auxintransport im Spross. Alleine der hierbei etablierte Gradient ist verantwortlich für die Wuchsrichtung der Pflanze. Da die Transportrichtung von der Schwerkraft unabhängig ist, ist es völlig unerheblich, wie die Coleoptile zur Schwerkraft ausgerichtet ist: apikal bleibt apikal.

Richtige Antwort zu Frage 59: c. Die Synthese von Verdauungsenzymen durch Gerstensamen wird nicht von Auxin beeinflusst. Hierfür sind die vom Embryo sezernierten Gibberelline verantwortlich. Dagegen hemmt Auxin die Entwicklung von Seitenknospen und ist damit entscheidend an der Aufrechterhaltung der Apikaldominanz beteiligt. Außerdem spielen Auxine eine Rolle bei der Wurzelinitiierung, sie hemmen den Blattfall und rufen die parthenokarpe Fruchtentwicklung hervor, bei der sich Früchte ohne vorausgegangene Befruchtung spontan bilden.

Richtige Antwort zu Frage 60: e. Pflanzliche Zellwände werden durch Behandlung mit Auxin plastischer. Das Phytohormon Auxin fördert das Streckungswachstum des Sprosses, das auf gerichteter Ausdehnung der Zelle basiert. Die dazu notwendige Volumenzunahme wird jedoch von der Zellwand eingeschränkt. Auxin wirkt auf die Zellwand und führt zur Auflockerung ihrer Struktur, indem es membranständige Protonenpumpen aktiviert, die H^+ aus dem Cytoplasma in die Zellwand befördern. Durch diese Ansäuerung werden bestimmte Proteine, sogenannte Expansine, aktiviert, die für die Dehnung der Zellwände verantwortlich sind. Man vermutet, dass sie das Bindungsmuster der Wasserstoffbrücken zwischen den Polysacchariden der Zellwand verändern und diese damit flexibler machen. Die Volumenzunahme der Zelle kommt durch starken Wassereinstrom in die Vakuole zustande. Die Zellwand dehnt sich aus und die Zelloberfläche nimmt zu. Dabei werden ständig neue Polysaccharide eingelagert, sodass die ursprüngliche Dicke der Zellwand erhalten bleibt.

Richtige Antwort zu Frage 61: c. Cytokinine hemmen das Streckungswachstum des Sprosses, fördern jedoch dessen Dickenwachstum. Das Streckungswachstum von Sprossen wird von den Gibberellinen und Auxinen gefördert.

Richtige Antwort zu Frage 62: a. Ethylen wird durch Silbersalze wie Silberthiosulfat in seiner Wirkung gehemmt. Vermutlich wird der Ethylenrezeptor von den Silbersalzen beeinflusst – der genaue Wirkmechanismus wurde bisher jedoch noch nicht aufgeklärt. Das Phytohormon Ethylen ist bei Raumtemperatur gasförmig und kann ausgehend von ein paar reifen Früchten die Fruchtreife in einer ganzen Containerladung Obst beschleunigen. Vergleichbar mit der Wirkung der Cytokinine hemmt auch Ethylen die Sprossstreckung und fördert das Dickenwachstum der Pflanze.

Richtige Antwort zu Frage 63: c. Beim nichtzyklischen Elektronentransport wird Wasser genutzt, um Chlorophyll zu reduzieren. Durch Absorption eines Photons angeregtes Chlorophyll wird oxidiert und gibt ein Elektron an das Photosystem II ab. Dieses Elektron wird in die Kette von Redoxreaktionen eingespeist, die letztendlich zur Synthese von NADPH + H$^+$ und ATP münden. Die bei der Spaltung von Wasser freiwerdenden Elektronen werden genutzt, um Chlorophyll wieder zu reduzieren und damit die Absorption weiterer Photonen zu ermöglichen.

Richtige Antwort zu Frage 64: b. Ein Absorptionsspektrum kann eine gute Methode zur Identifikation eines Pigments sein. In einem Absorptionsspektrum wird die bei bestimmten Wellenlängen gemessene Lichtabsorption eines Stoffes gegen die Wellenlänge aufgetragen. Die entstehende Kurve ist für jedes Pigment charakteristisch, da jedes Pigment bestimmte Wellenlängen des eingestrahlten Lichtes absorbiert. Damit ermöglicht der Abgleich mit bekannten Absorptionsspektren die eindeutige Identifikation eines bestimmten Pigments. Bei der Absorption eines Photons geht die Energie des Lichtquants auf das Pigmentmolekül über. Diese Energie wird benötigt, um chemische Arbeit im Organismus verrichten zu können. Das Molekül geht in den angeregten Zustand über, wobei ein Elektron innerhalb des Moleküls auf ein vom Kern weiter entferntes Orbital steigt. Die physikalische Beschaffenheit eines Moleküls definiert also die Grenzen für die möglichen Energieebenen eines Moleküls.

Richtige Antwort zu Frage 65: d. Angeregtes Chlorophyll reagiert nicht als Oxidationsmittel. Stattdessen gibt angeregtes Chlorophyll ein Elektron ab, wird dadurch positiv geladen und oxidiert. Es wirkt also als Reduktionsmittel, das Elektronen für die Redoxreaktionen der Photosynthese bereitstellt. Chlorophylle der Pflanzen absorbieren Licht vor allem im roten und blauen Bereich, also nahe der beiden Endbereiche des sichtbaren Spektrums. Dazwischen liegt der Absorptionsbereich von akzessorischen Pigmenten (Phycobiline, Carotinoide). Diese können Energie auf Chlorophylle übertragen, wodurch ein größerer Teil des sichtbaren Spektrums nutzbar wird. Im Zentrum des Chlorophyllmoleküls ist ein Magnesiumatom koordiniert, das für die effektive Lichtabsorption notwendig ist. Chlorophyllfluoreszenz beruht auf der Abgabe überschüssiger Energie in Form von Licht im dunkelroten Wellenbereich.

Richtige Antwort zu Frage 66: b. Beim zyklischen Elektronentransport wird ATP gebildet. Hierbei nutzt das Photosystem I die Lichtenergie zum Aufbau eines Protonengradienten über der Thylakoidmembran. Dieser Gradient treibt die ATP-Synthase an, die im Stroma des Chloroplasten ATP synthetisiert. Beim nichtzyklischen Elektronentransport wird die Lichtenergie zusätzlich verwendet, um NADPH + H$^+$ herzustellen. Nur beim nichtzyklischen Elektronentransport ist Wasser beteiligt. Es dient am Photosystem II als Sauerstoff-, Elektronen- und Protonenquelle. Die Reaktion von CO_2 mit RuBP leitet den Calvin-Zyklus ein, der als Dunkelreaktion der Photosynthese Energie in Form von ATP und NADPH + H$^+$ aus den Lichtreaktionen bezieht.

Richtige Antwort zu Frage 67: e. Die Reaktion von CO_2 mit RuBP ist die erste Reaktion des Calvin-Zyklus und findet damit nicht beim nichtzyklischen Elektronentransport statt. Die Antwortmöglichkeiten a, b, c und d benennen Vorgänge, die beim nichtzyklischen Elektronentransport stattfinden.

Richtige Antwort zu Frage 68: c. In den Chloroplasten führt Licht dazu, dass das Stroma basischer wird als die Thylakoide. Eine Kette von Redoxreaktionen liefert Energie für die Protonenpumpe Plastochinon, die damit einen Protonengradienten über die Thylakoidmembran aufbaut. Da hierbei Protonen aus dem Stroma aktiv in den Thylakoid-Innenraum gepumpt werden, wird das Stroma im Vergleich zum Thylakoid-Innenraum basischer. Ist der Konzentrationsgradient groß genug, fließen Protonen passiv über die ATP-Synthase aus dem Thylakoid-Innenraum zurück ins Stroma, wobei ATP gebildet wird.

Richtige Antwort zu Frage 69: c. In der ersten Reaktion des Calvin-Zyklus katalysiert Rubisco die Fixierung von CO_2 an den Akzeptor RuBP – es wird 3PG gebildet. Darauf folgt eine zweistufige Reduktion von 3PG zu G3P, bei der sowohl ATP als auch NADPH + H$^+$ verbraucht werden. Antwort c ist somit eine Falschaussage. Wenn das Licht abgeschaltet wird, steigt die 3PG-Konzentration an, da ATP und NADPH + H$^+$ als Energielieferanten nicht mehr durch Photosynthese produziert werden. Dadurch unterbleibt die Reduktion von 3PG zu G3P und die 3PG-Konzentration steigt. Ein Teil des hergestellten G3P fließt in die Synthese von Kohlenhydraten, der Rest wird verwendet, um den Akzeptor RuBP zu regenerieren.

Richtige Antwort zu Frage 70: d. Bei der C_4-Photosynthese läuft die Photosynthese mit einer geringeren Rate weiter als in C_3-Pflanzen. Die C_4-Photosynthese ist nach dem ersten Produkt der CO_2-Fixierung benannt. Es handelt sich um die C_4-Verbindung Oxalacetat. 3PG enthält nur drei Kohlenstoffatome und ist das erste Produkt der CO_2-Fixierung bei C_3-Pflanzen. Der erste Schritt in der CO_2-Fixierung wird von der PEP-Carboxylase katalysiert. Sie bindet CO_2 aus dem Interzellularraum an den Akzeptor Phosphoenolpyruvat, woraus Oxalacetat entsteht. Dieses diffundiert aus den Mesophyllzellen in die Bündelscheidezellen und wird dort in PEP und CO_2 gespalten. PEP wird als Akzeptor rezykliert und CO_2 von der Rubisco auf RuBP übertragen.

Richtige Antwort zu Frage 71: d. Die Photosynthese in grünen Pflanzen läuft nur bei Tag ab. Die Zellatmung bei Pflanzen ereignet sich jedoch ständig. Beide Prozesse sind über den Calvin-Zyklus eng verknüpft. ATP und NADPH + H$^+$ der Photosynthese in den Chloroplasten werden im Calvin-Zyklus zur Synthese von G3P verwendet. Dieses kann zu Pyruvat umgewandelt werden, das bei der Zellatmung in den Mitochondrien zur Energiegewinnung (ATP) dient. Es kommt zur Aufnahme von O_2 und Abgabe von CO_2.

Richtige Antwort zu Frage 72: b. Photorespiration umfasst Reaktionen, die in Peroxisomen ablaufen. Das Enzym Rubisco besitzt sowohl Carboxylase- als auch Oxygenaseaktivität. Je größer das Verhältnis CO_2/O_2, desto mehr überwiegt die Carboxylaseaktivität. Bei umgekehrtem Verhältnis überwiegt die Oxygenaseaktivität und es kommt zur Photorespiration. Dieser Vorgang ist von der Lichtintensität abhängig. Je stärker die Sonneneinstrahlung, desto höher ist die Temperatur und damit einhergehend die Gefahr des Wasserverlustes durch Transpiration. Schließung der Stomata mildert dieses Problem, schränkt aber den Gasaustausch ein, wodurch der O_2-Gehalt im Interzellularraum bei fallender CO_2-Konzentration steigt. Der Akzeptor RuBP reagiert dann mit O_2 zu Phosphoglycerat und 3PG anstatt mit CO_2 verknüpft zu werden. Durch Photorespiration wird die in Kohlenhydrate umgewandelte CO_2-Menge verringert und der Photosyntheseertrag um bis zu 25 % gesenkt. Um einen Teil der verloren gehenden Energie zurückzugewinnen, wird aus Phosphoglycerat Glycerat gebildet, das in Peroxisomen diffundiert, um dort in einer Reaktionsfolge zu Glycin umgewandelt zu werden. Dieses kann dann in den Mitochondrien zu Glycerat und CO_2 umgewandelt werden. Im C_4-Stoffwechselweg katalysiert das Enzym PEP-Carboxylase die Vorfixierung von CO_2 an den Akzeptor PEP. Der dabei gebildete C_4-Körper dient der Aufkonzentration von CO_2 in unmittelbarer Umgebung der Rubisco, wodurch C_4-Pflanzen Photorespiration vermeiden können.

Richtige Antwort zu Frage 73: a. Die Nitratreduktion wird von Pflanzen durchgeführt. Während Bodenbakterien Stickstofffixierung (Nitrogenase) und Nitrifikation betreiben, dienen pflanzeneigene Enzyme der Reduktion von Nitrat über Nitrit zurück zu Ammoniak, woraus Aminosäuren synthetisiert werden. Im Gegensatz zu den Chloroplasten, in denen die letzten Schritte der Nitratreduktion stattfinden, haben die Mitochondrien hiermit nichts zu tun. Als Haber-Bosch-Verfahren bezeichnet man die industrielle Fixierung von Stickstoff, die beispielsweise zur Herstellung von Düngemitteln eingesetzt wird.

Richtige Antwort zu Frage 74: b. Pflanzen schützen sich manchmal vor ihren eigenen toxischen Sekundärstoffen, indem sie die Vorstufen der Toxine und die sie aktivierenden Enzyme in getrennten Kompartimenten speichern. Die Brassicaceae können beispielsweise zum Schutz vor Fraßfeinden die sogenannte Senfölbombe aktivieren: Glucosinolate als Vorstufe toxischer Nitrile und Isothiocyanate sind getrennt von dem für die Umwandlung verantwortlichen Enzym Myrosinase in verschiedenen Kompartimenten gespeichert. Beschädigt nun ein Fraßfeind das Gewebe, so kommen beide Substanzen zusammen und das Toxin wird freigesetzt.

Richtige Antwort zu Frage 75: c. Proteine und Nucleinsäuren sind Primärstoffe, da sie für den Grundstoffwechsel der Pflanze benötigt werden. Die Vielfalt an darüber hinausreichenden Sekundärstoffen ist enorm: Es sind mehr als 30.000 Verbindungen mit unterschiedlichster Wirkung bekannt, wobei meist der Schutz vor Fraßfeinden im Vordergrund steht. Steroide beispielsweise ahmen Insektenhormone nach und rufen schwere Störungen des Entwicklungszyklus hervor. Darüber hinaus gibt es jedoch auch Stoffe, die der Anlockung von Bestäubern dienen und Samenverbreiter anziehen.

Richtige Antwort zu Frage 76: a. Während der Keimruhe befindet sich der Samen in einem Ruhezustand (Dormanz). Dabei pausiert die Samenentwicklung, bis die Umweltbedingungen eine erfolgreiche Entwicklung des Keimlings versprechen. Diese Pause verhindert beispielsweise die vorzeitige Keimung bereits an der Mutterpflanze und erhöht damit die Chance auf Ausbreitung des Samens. In der Keimruhe kann auch der Transport im Verdauungstrakt von Vögeln unbeschadet überstanden werden. Dabei wäre es widersinnig, den Verdau des Samens zu fördern, denn nur dessen unbeschadete Ausscheidung ermöglicht die Keimung am passenden Ort. Manche Samen benötigen sogar den Kontakt mit Verdauungssekreten als Signal, um die Dormanz zu brechen.

Richtige Antwort zu Frage 77: e. Gehäufte mitotische Teilungen sind nicht Teil der Samenkeimung. Diese beginnen erst mit der DNA-Synthese, wenn sich die Samenkeimung dem Ende nähert und die auswachsende Keimwurzel (Radicula) den Übergang zum Keimling markiert. Reife Pflanzensamen sind stark ausgetrocknet, um die Haltbarkeit zu erhöhen. Aus diesem Grund ist der erste Schritt der Samenkeimung die Aufnahme von Wasser (Quellung). Im Anschluss werden verschiedenste Stoffwechselwege durch RNA-Translation, Proteinsynthese und Enzymaktivierung angeschaltet. Um diese Entwicklungsprozesse mit Energie versorgen zu können, nutzt der Embryo die im Endosperm gespeicherten Nahrungsreserven wie zum Beispiel Fette, Proteine und Kohlenhydrate.

Richtige Antwort zu Frage 78: c. Der Embryo im keimenden Gerstensamen scheidet Gibberelline aus, um die im Samen gespeicherten Nahrungsreserven zu mobilisieren. In der Aleuronschicht, die das Endosperm umgibt, leiten die Hormone die Synthese von Enzymen ein, die dann ins Endosperm diffundieren. Dort werden gespeicherte Stärke und Proteine zu Glucose und Aminosäurebausteinen gespalten, welche im Gegensatz zu den Speicherstoffen selbst vom Embryo zum Wachstum genutzt werden können. Gegenteilig zu Antwortmöglichkeit (d) werden gespeicherte Lipide in Glycerol und Fettsäuren zerlegt und zur Energiegewinnung genutzt.

Richtige Antwort zu Frage 79: e. Die frühe Anlage von Keimzellen ist kein Merkmal, das die Pflanzen in ihrer Entwicklung beeinflusst.

Richtige Antwort zu Frage 80: b. Die Größe der Samen bleibt auch bei veränderten Bedingungen annähernd konstant; die Samenzahl kann allerdings variieren. Die Energiemenge (und damit die Größe), die in den Samen gespeichert wird, hängt ab von der Temperatur, Niederschlagsmenge und Größe sowie Zahl der Nachbarn. Alle diese Faktoren können zum Zeitpunkt des Keimens der Samen bereits wieder anders sein.

Richtige Antwort zu Frage 81: Sie sind eukaryotisch, mehrzellig, in der Regel ortsfest, primär photoautotroph, d. h. sie besitzen Plastiden; ihre Zellen besitzen Zellwände und Vakuolen.

Richtige Antwort zu Frage 82: Eine Zellwand ist geschichtet. Von außen nach innen folgen aufeinander: Mittellamelle, Primärwand, Sekundärwand und manchmal eine Tertiärwand. Die Hauptsubstanzen sind Pektine, Hemicellulosen, Cellulose und Proteine.

Richtige Antwort zu Frage 83: Zellwand, Plastiden, Vakuole, Plasmodesmen.

Richtige Antwort zu Frage 84: Apoplast: Gesamtheit des Zellwandraumes; Symplast: Gesamtheit der Protoplasten.

Richtige Antwort zu Frage 85: Plasmalemma grenzt Cytoplasma gegen die Zellwand ab, Tonoplast grenzt Cytoplasma gegen die Vakuole ab.

Richtige Antwort zu Frage 86: Licht, Chemikalien, Wärme, Verletzung.

Richtige Antwort zu Frage 87: Komplexe Plastiden besitzen mehr als zwei Chloroplastenhüllmembranen. Sie sollen durch sekundäre Endocytobiose entstanden sein, d. h. eine eukaryotische Zelle hat eine andere, bereits Plastiden enthaltende eukaryotische Zelle aufgenommen.

Richtige Antwort zu Frage 88: Chloroplasten und Leukoplasten.

Richtige Antwort zu Frage 89: Durch Umwandlung aus Chloroplasten (Blattalterung, Fruchtreifung) und aus Proplastiden (Blütenbildung).

Richtige Antwort zu Frage 90: Carotinoide.

Richtige Antwort zu Frage 91: Stärke (Amylose, Amylopectin).

Richtige Antwort zu Frage 92: Eine akkrustierte Schicht aus Cutin (hydrophobe Wachse), die auf der Außenseite der Epidermiszellen liegt.

Richtige Antwort zu Frage 93: Verdunstungsschutz.

Richtige Antwort zu Frage 94: Einlagerung von Cutinmassen in die äußeren Lamellen der primären Wand von Epidermiszellen, unterhalb der eigentlichen Cuticula.

Richtige Antwort zu Frage 95: Plasmatische Verbindungen zwischen pflanzlichen Zellen, die als Aussparungen in der Zellwand erhalten bleiben.

Richtige Antwort zu Frage 96: Durch Auseinanderweichen von Zellen (schizogen), durch Auflösen von Zellen (lysigen), durch Zerreißen von Zellen (rhexigen).

Richtige Antwort zu Frage 97: Isodiametrische Zellen sind in alle Richtungen des Raumes ungefähr gleich ausgedehnt. Prosenchymatische Zellen erscheinen in einer Dimension lang gestreckt.

Richtige Antwort zu Frage 98: Ein interzellularenreiches Durchlüftungsgewebe.

Richtige Antwort zu Frage 99: Nach der Lage der Parenchyme im Kormus (Rindenparenchym, Markparenchym), nach der Funktion (Aerenchym, Speicherparenchym), nach dem Aussehen der Zellen (Sternparenchym, Palisadenparenchym).

Richtige Antwort zu Frage 100: Kollenchym: Festigungsgewebe der noch wachsenden Pflanzenteile, Verdickung der Primärwand; Sklerenchym: Festigungsgewebe der ausdifferenzierten Pflanzenteile, Verdickung der Sekundärwand.

Richtige Antwort zu Frage 101: Ein- bis mehrzellige Anhänge der Epidermis, die aus einer epidermalen Meristemoidzelle hervorgehen.

Richtige Antwort zu Frage 102: Anhangsgebilde der Epidermis und subepidermaler Schichten; z. B. Stacheln bei Rosen.

Richtige Antwort zu Frage 103: Fraßschutz, Wundverschluss.

Richtige Antwort zu Frage 104: Gegliederte Milchröhren entstehen durch Zellverschmelzung nach der Auflösung ursprünglich vorhandener Querwände (Bildung eines Syncytiums). Ungegliederte Milchröhren durchwachsen als polyenergide, verzweigte Riesenzellen den gesamten Pflanzenkörper.

Richtige Antwort zu Frage 105: In interzellularen Sekretbehältern (lysigen oder schizogen entstanden) oder zwischen Cuticula-Häutchen und übriger Zellwand.

Richtige Antwort zu Frage 106: Einzelne Zellen abweichender Struktur und Funktion in pflanzlichen Geweben.

Richtige Antwort zu Frage 107: Lokale Bildungsgewebe, deren Teilungsfähigkeit bewahrt bleibt, lassen sich auf embryonale Meristeme zurückführen.

Richtige Antwort zu Frage 108: Interfaszikuläres Cambium, Korkcambium.

Richtige Antwort zu Frage 109: Tunica.

Richtige Antwort zu Frage 110: Xylem: wasserleitende Bestandteile des Leitbündels; Phloem: nährstoffleitende Bestandteile des Leitbündels.

Richtige Antwort zu Frage 111: offen: mit Cambium; geschlossen: ohne Cambium.

Richtige Antwort zu Frage 112: Tracheen, Tracheiden, Xylemparenchymzellen.

Richtige Antwort zu Frage 113: Siebröhren, Geleitzellen, Phloemparenchymzellen.

Richtige Antwort zu Frage 114: Sekundäre Auflösung des Zellkerns und des Tonoplasten, P-Protein.

Richtige Antwort zu Frage 115: Strasburger-Zellen: begleiten die Siebzellen bei Gymnospermen; Geleitzellen: begleiten die Siebröhren bei Angiospermen; gehen aus gemeinsamer Mutterzelle mit Siebröhrenglied hervor.

Richtige Antwort zu Frage 116: Im Bast von Gymnospermen dienen sie der Be- und Entladung der benachbarten Siebzellen mit Nährstoffen.

Richtige Antwort zu Frage 117: Das englumige Spätholz (Herbst) grenzt nach der Wachstumspause an das großlumige, schnell leitende Frühholz (Frühjahr).

Richtige Antwort zu Frage 118: *Aristolochia*-Typ: interfaszikuläres Cambium produziert Markstrahlparenchym; *Ricinus*-Typ: interfaszikuläres Cambium produziert sekundäres Xylem und sekundäres Phloem; *Tilia*-Typ: geschlossener Cambiumring produziert sekundäres Xylem und sekundäres Phloem.

Richtige Antwort zu Frage 119: Das Cambium bildet parenchymatisches Gewebe aus, das sich in Holz oder Bast radial erstreckt.

Richtige Antwort zu Frage 120: Das Periderm besteht aus Phellem, Phellogen und Phelloderm.

Richtige Antwort zu Frage 121: Tracheen, Libriformfasern.

Richtige Antwort zu Frage 122: Bei zerstreutporigen Hölzern ist der Durchmesser der Tracheen über die gesamte Wachstumsperiode annähernd gleich. Bei ringporigen Hölzern findet man im Frühholz extrem großlumige Gefäße, danach werden abrupt Gefäße geringeren Durchmessers gebildet.

Richtige Antwort zu Frage 123: Die Schließhaut einer der Trachee benachbarten Holzparenchymzelle stülpt sich blasenförmig in das Gefäß ein, sodass eine Verstopfung des Gefäßes erreicht wird.

Richtige Antwort zu Frage 124: Verstopfung kollabierter Gefäße und deren Imprägnierung durch Einlagerung von Gerbstoffen.

Richtige Antwort zu Frage 125: Weichbast: Siebröhren, Geleitzellen, Phloemparenchymzellen; Hartbast: Bastfasern.

Richtige Antwort zu Frage 126: Das Periderm besteht aus Phellem, Phellogen und Phelloderm.

Richtige Antwort zu Frage 127: Tertiäres Abschlussgewebe der Sprossachse, das aus Außen- und Innenperidermen und dazwischenliegenden Gewebeschichten des Bastes und der Rinde besteht. Die Borke bietet Schutz vor Strahlung, Pilzbefall und mechanischen Schädigungen.

Richtige Antwort zu Frage 128: Die Korkwarzen sind unter den Spaltöffnungen angelegte Ausbildungen des Periderms, die durch lockere, interzellularenreiche Füllzellen weiterhin einen Gasaustausch ermöglichen.

Richtige Antwort zu Frage 129: Sie sind in Sprossachse, Blätter und Wurzel gegliedert.

Richtige Antwort zu Frage 130: Monopodium: Die Hauptachse setzt das Verzweigungssystem fort und übergipfelt stets die Seitentriebe; Sympodium: Einer oder mehrere Seitentriebe setzen das Verzweigungssystem fort und übergipfeln den ehemaligen Haupttrieb, dessen Terminalknospe verbraucht worden ist oder verkümmert.

Richtige Antwort zu Frage 131: Phyllocladien bzw. Cladodien.

Richtige Antwort zu Frage 132: Unterirdisch wachsende Sprossachsen, die der Speicherung und der Überwinterung im Boden dienen. Sie zeigen typische Merkmale von Sprossachsen (Blattnarben oder Niederblätter, Verzweigung, Ausbildung von Knospen).

Richtige Antwort zu Frage 133: Oberblatt: Lamina (Spreite), Petiolus (Stiel); Unterblatt: Stipeln (Nebenblätter), Blattscheide.

Richtige Antwort zu Frage 134: Photosynthese und Transpiration.

Richtige Antwort zu Frage 135: Niederblätter sind schuppenförmige, kleine Blättchen, die z. B. an Rhizomen vorkommen.

Richtige Antwort zu Frage 136: Anisophyllie: verschieden große Blätter eines Knotens beim Moosfarn; Heterophyllie: Schwimmblätter und Unterwasserblätter beim Wasserhahnenfuß.

Richtige Antwort zu Frage 137: Obere Epidermis, Palisadenparenchym , Schwammparenchym, untere Epidermis.

Richtige Antwort zu Frage 138: Schließzellen und Porus.

Richtige Antwort zu Frage 139: Unifaziale Blätter gehen nur aus einer Seite der Blattprimordie hervor. Bifaziale Blätter entstehen aus Ober- und Unterseite der Blattprimordie.

Richtige Antwort zu Frage 140: Äquifaziale Blätter.

Richtige Antwort zu Frage 141: Reduktion der Blattspreite, verstärkte Epidermiswände, sklerenchymatische Hypodermis, eingesenkte Spaltöffnungen.

Richtige Antwort zu Frage 142: Prinzipiell ist ein Sonnenblatt so konstruiert, dass es das reichlich einstrahlende Licht optimal verwerten kann, ohne dass ein Schaden durch Überenergetisierung auftreten kann. Entsprechend ist gegenüber einem Schattenblatt die Respiration höher, der Lichtkompensationspunkt hoch und die Lichtsättigung ebenfalls. Durch den hohen Gehalt an Rubisco ist auch der Proteingehalt wesentlich höher. Morphologisch gesehen ist das Blatt dicker, vor allem weil das Palisadenparenchym zwei- oder mehrschichtig ausgebildet ist. Die Änderungen zeigen sich auch in den Chloroplasten: Sie haben weniger Granastapel mit allen daraus resultierenden Unterschieden in der Verteilung von PS I und PS II).

Richtige Antwort zu Frage 143: Verankerung im Boden, Wasser- und Nährsalzaufnahme, Speicherung von Reservestoffen, Synthese von Hormonen.

Richtige Antwort zu Frage 144: Nicht cutinisierte äußere Zellschicht der jungen Wurzel, die Trichoblasten hervorbringt.

Richtige Antwort zu Frage 145: Rhizodermis, Hypodermis (Exodermis), Rinde, Endodermis, Perizykel, radiale Leitbündel im Zentralzylinder.

Richtige Antwort zu Frage 146: Radiales Leitbündel.

Richtige Antwort zu Frage 147: Perizykel.

Richtige Antwort zu Frage 148: Schutz des Wurzelvegetationspunktes beim Vordringen ins Erdreich, Erleichterung des Eindringens in den Boden durch verschleimende Zellen.

Richtige Antwort zu Frage 149: Caspary'scher Streifen bei der primären Endodermis, allseitige Auflagerung von Suberin bei der sekundären Endodermis, zusätzliche U-förmige Auflagerung von Cellulose bei der tertiären Endodermis.

Richtige Antwort zu Frage 150: Kontrolle des Wassertransportes von Rinde zu Zentralzylinder (evtl. durch Durchlasszellen), da keine Wasserleitung durch den Apoplasten erfolgen kann.

Richtige Antwort zu Frage 151: Bis zum Caspary-Streifen kann Wasser inklusive der darin gelösten Bestandteile (Ionen) frei diffundieren. Der Caspary-Streifen ist wasserundurchlässig und erzwingt eine Aufnahme von Wasser in den Symplasten, also den Durchtritt durch eine selektiv permeable Membran, an der die Ionenaufnahme durch Transportsysteme kontrolliert werden kann.

Richtige Antwort zu Frage 152: Exodermis.

Richtige Antwort zu Frage 153: Die Wurzel besitzt eine Calyptra und radiale Leitbündel, die Sprossachse besitzt Blattanlagen und ein zentrales Mark.

Richtige Antwort zu Frage 154: Durch Anfertigung eines Querschnitts und anschließender Betrachtung unter dem Mikroskop. Wenn möglich, wird das Präparat mit Phloroglucin-HCl-Lösung behandelt, um lignifizierte Zellen rot zu färben. Dadurch lässt sich die Lage von Leitbündeln im Querschnitt besser erkennen. Handelt es sich um ein Wurzelstück, so ist das Alter der Wurzel von entscheidender Bedeutung, denn mit zunehmendem Alter verwischen sich die Unterschiede zum Spross. Folgende Kriterien sind zu beachten: Bei Wurzeln findet man in den meisten Fällen kein Markgewebe, deshalb fehlen primäre Markstrahlen; der Zentralzylinder ist von einem Pericambium umschlossen, das auch in alten Wurzeln sichtbar ist und dann nach außen Korkgewebe abgibt, d. h. man findet auf keinen Fall Korkcambium, das in der Rindenschicht liegt; im günstigsten Fall ist noch das primäre Xylem zu erkennen, das alternierend zu den sekundären Leitgeweben liegt.

Richtige Antwort zu Frage 155: Das interfaszikuläre Cambium entsteht durch Dedifferenzierung einer Markstrahlparenchymzelle, es ist ein sekundäres Meristem und bildet zusammen mit dem faszikulären Cambium einen Cambiumring, der ein gleichmäßiges sekundäres Dickenwachstum ermöglicht.

Richtige Antwort zu Frage 156: Nein. Unter Holz fasst man alle Strukturen zusammen, die vom Cambiumring nach innen abgegliedert werden, darunter auch parenchymatische Zellen, die nicht lignifiziert (verholzt) sind.

Richtige Antwort zu Frage 157: Das Periderm ist ein sekundäres Abschlussgewebe. Es wird gebildet vom Phellogen, einem sekundären Meristem. Dieses gliedert nach außen Phellem (Korkzellen) ab und nach innen Phellodermzellen (parenchymatische Rindenzellen).

Richtige Antwort zu Frage 158: Blätter entwickeln sich aus den Blattprimordien, die in der/den äußersten Schicht(en) des Vegetationskegels, der Tunica, entstehen. Seitenwurzeln werden im Perizykel, der äußersten Schicht des Zentralzylinders der Wurzel, angelegt und durchbrechen die weiter außen liegenden Gewebe.

Richtige Antwort zu Frage 159: Entwicklung umfasst alle Änderungen in Form und Funktion, die eine Pflanze vom Samen bis zur seneszenten Pflanze durchläuft. Die Elementarprozesse sind Wachstum, Differenzierung und Morphogenese.

Richtige Antwort zu Frage 160: Zellvermehrung bezieht sich auf die Anzahl der Zellen, d. h. sie ist gleichbedeutend mit Zellteilungsaktivität; Zellvergrößerung bezieht sich auf eine einzelne Zelle und deren Volumenzunahme infolge von Wasseraufnahme.

Richtige Antwort zu Frage 161: Umwandlungen von Grundorganen im Zuge der Anpassung an besondere Funktionen.

Richtige Antwort zu Frage 162: Metamorphosen der Blätter. a) Befestigung: Blattranken (*Pisum, Cucurbita*); b) Wasserspeicherung: sukkulente Blätter (Agave, *Sedum*); c) Reservestoffspeicherung: Zwiebel (*Allium, Tulipa*); d) Abwehr: Blattdornen (Kakteen), Nebenblattdornen (*Robinia pseudoacacia*).

Richtige Antwort zu Frage 163: Metamorphosen der Sprossachse. a) Befestigung: Sprossranken (*Passiflora*, Wein); b) Speicherung von Reservestoffen: Sprossknolle (Kohlrabi), Speicher-Rhizom (*Iris*), plagiotrope Sprossknolle (Kartoffel); c) Abwehr: Sprossdornen: *Prunus spinosa* (Schlehe); d) Wasserspeicherung: sukkulente Sprossachsen (Kakteen, Euphorbiaceae, Asclepiadaceae).

Richtige Antwort zu Frage 164: Nein, Stacheln sind Emergenzen der äußeren Gewebe.

Richtige Antwort zu Frage 165: Metamorphosen der Wurzel. a) Reservestoffspeicherung: Wurzelknolle, Wurzelrübe (Möhre); b) Stoffaustausch: Atemwurzeln (Pneumatophoren) bei Mangroven (*Avicennia, Bruguiera*); c) Befestigung kletternder Pflanzen: Haftwurzeln (*Hedera helix*), Wurzelranken (Vanille); d) Festigung aufrecht wachsender Pflanzen: Brettwurzeln (*Ficus*), Stelzwurzeln (Mais, *Rhizophora*).

Richtige Antwort zu Frage 166: Knollen und Rüben, Rhizome, Zwiebeln.

Richtige Antwort zu Frage 167: Zellkultursysteme sind Methoden zur In-vitro-Vermehrung undifferenzierter Pflanzenzellen oder Protoplasten in Form einer Kalluskultur oder einer Suspensionskultur. Die verwendeten Zellen stammen aus Meristemgeweben von Blatt, Spross oder Wurzel.

Richtige Antwort zu Frage 168: Weil sie einen starken Turgor besitzen und sonst platzen würden.

Richtige Antwort zu Frage 169: Zellverbände unspezifischer Gestalt, die nach den Zellteilungen durch eine gemeinsame Gallerte zusammenbleiben.

Richtige Antwort zu Frage 170: Coenoblast: allgemeiner Begriff für mehrkernige Zellen. Plasmodien: Zellen, die durch freie Kernteilungen (ohne nachfolgende Zellteilungen) mehrkernig sind (Schleimpilze, siphonale Algen und Pilze, Milchröhren bei Wolfsmilcharten). Syncytien: Zellen, die durch Fusion einkerniger Zellen mehrkernig sind (Milchröhren des Löwenzahns, Tapetum der Pollensäcke).

Richtige Antwort zu Frage 171: Die funktionelle Einheit eines Kerns mit dem von ihm versorgten Plasmabezirk.

Richtige Antwort zu Frage 172: Einkernige Zellen sind mono-, vielkernige Zellen sind polyenergid.

Richtige Antwort zu Frage 173: In Vakuolen oder Ableitungen von Vakuolen – die Aleuronkörner der Getreide sind proteingefüllte Vakuolen.

Richtige Antwort zu Frage 174: Die ausgewachsene Primärwand.

Richtige Antwort zu Frage 175: Die Wand ist das formgebende Außenskelett und fängt den Turgor auf.

Richtige Antwort zu Frage 176: Primärwand: Cellulose, Hemicellulosen, Pectine; Sekundärwand: Suberinlamellen und Wachsfilme; Tertiärwand: hauptsächlich Cellulose.

Richtige Antwort zu Frage 177: Pektine, Hemicellulosen, Glykoproteine, Cellulose.

Richtige Antwort zu Frage 178: Bildung der Zellplatte (Pektine), die zur Mittellamelle wird. Abscheidung der Primärwand, die zunächst plastisch ist, Dehnung durch Turgor, Wachstum durch Anlagerung weiterer Wandlamellen, schließlich Einlagerung von Gerüstfibrillen und Ende der Dehnung (Sakkoderm).

Richtige Antwort zu Frage 179: Wenn das Sakkoderm chemisch verändert wird oder zusätzliche Wandschichten angelagert werden.

Richtige Antwort zu Frage 180: Als Elementarfibrillen (3 nm Durchmesser) und Mikrofibrillen (in Sekundärwänden, Durchmesser 5–30 nm).

Richtige Antwort zu Frage 181: Die hohe Reißfestigkeit.

Richtige Antwort zu Frage 182: An Proteinkomplexen in der Plasmamembran. Jeder Komplex bildet mehrere Celluloseketten, die unmittelbar zu einer Elementarfibrille kristallisieren.

Richtige Antwort zu Frage 183: Samenhaare der Baumwolle und Holz.

Richtige Antwort zu Frage 184: Etwa 10 Billionen Tonnen. Es ist damit das häufigste Makromolekül der Biosphäre.

Richtige Antwort zu Frage 185: Wachstum in nur einer Richtung, bedingt durch den Transport von Golgi-Vesikeln zur wachsenden Zellspitze (Wurzelhaare, Pilzhyphen, Pollenschläuche).

Richtige Antwort zu Frage 186: Streutextur in der Primärwand, Paralleltextur in der Sekundärwand, je nach Zelltyp als Faser-, Schrauben- und Röhrentextur.

Richtige Antwort zu Frage 187: Mittellamelle, Primärwand (Sakkoderm), dünne S1-Lamelle, dicke S2-Schicht (aus bis zu 50 Wandlamellen), dünne S3-Schicht (Tertiärwand).

Richtige Antwort zu Frage 188: Weil die tragende Kraft des Wassers fehlt. Faserzellen für Zugbelastung, verholzte Zellen für Druckbelastung.

Richtige Antwort zu Frage 189: Durch Inkrustierung der Gerüstfibrillen mit Silikaten und vor allem Ligninen.

Richtige Antwort zu Frage 190: Die Inkrustation mit Lignin, das in den Zellwänden ein starres Netz aus Riesenmolekülen ausbildet.

Richtige Antwort zu Frage 191: Materialien, die aus reißfesten, biegsamen Gerüstfibrillen mit einem dichten, starren Füllmaterial bestehen. Dies erlaubt hohe mechanische Belastbarkeit. Technische Anwendungen sind Faserplastiken, fest verleimte Pappe oder Holzfaserplatten.

Richtige Antwort zu Frage 192: Inkrustation ist die Einlagerung von Substanzen in die Interfibrillarräume der Zellwand. Zu diesen Substanzen zählen Lignin, Gerbstoffe, Farbstoffe, $CaCO_3$ und SiO_2. Akkrustation ist die Auflagerung von Schichten auf eine Zellwand oder eine Zwischenschicht, z. B. zwischen primärer und sekundärer Zellwand. Dies sind meist lipophile Substanzen wie Cutin und Suberin.

Richtige Antwort zu Frage 193: Nadelbäume bilden Druckholz auf der Unterseite der Äste mit starker Lignifizierung. Laubbäume bilden Zugholz auf der Oberseite mit besonders dicken Sekundärwänden aus Cellulose.

Richtige Antwort zu Frage 194: Die eingelagerten Wachsfilme. Suberin selbst ist wasserdurchlässig. Suberin entsteht im glatten ER und gelangt nicht durch Vesikeltransport, sondern durch Diffusion zur Zelle hinaus. Ihr Bildungsort ist das glatte ER.

Richtige Antwort zu Frage 195: Selbst bei Fehlern in einzelnen Schichten wird noch eine große Dichtigkeit erreicht.

Richtige Antwort zu Frage 196: Ein Glucan mit 1–3-Bindung der Monomeren. Sie kommt als Verschlussmaterial in Plasmodesmen und Siebporen vor, bei der Bildung von Pollenkörnern und versiegelt im Pollenschlauch die vegetative Zelle.

Richtige Antwort zu Frage 197: Beim Wandwachstum ausgesparte Kanäle für Stofftransport benachbarter Zellen. Sie korrespondieren an den primären Tüpfelfeldern.

Richtige Antwort zu Frage 198: Hof, Schließhaut, Torus und Margo.

Richtige Antwort zu Frage 199: Die eines Rückschlagventils bei Lufteintritt.

Richtige Antwort zu Frage 200: Durch Akkrustation von Cutin oder Suberin an das Sakkoderm.

Richtige Antwort zu Frage 201: Akkrustation mit Suberin.

Richtige Antwort zu Frage 202: Vakuolen sind Speicher für Nährstoffe und Stoffwechselprodukte, sie regulieren den Zellinnendruck (Turgor), sie sind ein lysosomales Kompartiment und beteiligt an der Zellvergrößerung.

Richtige Antwort zu Frage 203: Zellorganisation, Beweglichkeit, Anzahl und Zusammenhalt der Zellen, räumliche Anordnung der Zellen.

Richtige Antwort zu Frage 204: Ölbehälter sind Hohlräume, in die Öle sezerniert werden. Es kann sich dabei um erweiterte Interzellularen handeln, die durch Auflösung von Mittellamellen (schizogen) entstanden sind. Dazu zählen z. B. die Harzkanäle der Nadelhölzer. Durch Auflösung von Zellen (lysigen) entstehen die Ölbehälter von Zitrusfrüchten.

Richtige Antwort zu Frage 205: Carnivorie, Symbiose mit Knöllchenbakterien.

Richtige Antwort zu Frage 206: Anatomische Anpassungen: vor allem durch xeromorphen Blattbau. Dicke, harte Cuticula, geringe Stomatadichte, eingesenkte Stomata und Haare. Zur Minimierung der transpirierenden Oberfläche: reduzierte Blätter, Kugel- und Säulenformen. Biochemische Anpassungen: durch Verwirklichung des C_4-Wegs beziehungsweise CAM findet eine Erhöhung des Wasserausnutzungskoeffizienten (WUE) statt.

Richtige Antwort zu Frage 207: Der Aufbau von Stützgewebe entfällt, dennoch haben Epiphyten einen Standort mit hohem Lichtgenuss. Nachteil: limitierte Nährstoff- und Wasserverfügbarkeit. Anpassung: CAM, Xeromorphie, Luftwurzeln, spezielle Absorptionsgewebe.

Richtige Antwort zu Frage 208: Bei den Carnivoren lösen Insekten einen sensorischen Reiz aus; bei der Mimose können Temperatur, Berührung oder Verletzung einen Reiz darstellen. Dieser Reiz wird in ein Signal umgewandelt (sensorische Transduktion) und weitergeleitet (Transmission). Die Weiterleitung erfolgt bei der Venusfliegenfalle und der Mimose teilweise bioelektrisch. Als Antwort erfolgt bei *Dionaea* eine rasche Turgeszenzänderung, die das Zusammenklappen der Falle bewirkt, ebenso bei *Mimosa*, was zum Absenken des Blattes bzw. der Blattfiedern und zum Aufklappen der Blattfiederchen führt. Beide Reaktionen bezeichnet man als Seismonastie. Bei *Drosera* (Sonnentau) liegen zwei verschiedene Bewegungen vor. Die Tentakel der Flächen krümmen sich chemotrop in Richtung Insekt, während die Randtentakel chemonastisch durch Einkrümmung in Richtung Blattmitte reagieren.

Richtige Antwort zu Frage 209: Kohäsionsbewegungen, Geißelbewegung, Turgorbewegung wie das Zusammenklappen der Venusfliegenfalle, Filament- und Narbenbewegungen.

Richtige Antwort zu Frage 210: Bewegung ist die Orts- und Lageveränderung eines Organs oder Organismus.

Richtige Antwort zu Frage 211: Die wichtigsten bewegungsauslösenden Reize sind: Licht, Temperatur, Schwerkraft, chemische Substanzen, leichte oder heftige Berührungsreize sowie Verletzungen. Als Bestandteile von Photorezeptoren kommen Moleküle mit konjugierten Doppelbindungen wie Chlorophylle, Carotinoide, Flavone oder Phytochrome in Frage. Die Statolithentheorie beschreibt die Perzeption der Schwerkraft. Die Wahrnehmung von chemischen Substanzen erfolgt über das Anlagern an Rezeptormoleküle in den Membranen.

Richtige Antwort zu Frage 212: Es werden 5 Bewegungstypen unterschieden: Taxis (freie Ortsbewegung, deren Richtung durch einen Reiz bestimmt wird), Tropismus (Krümmungsbewegung von Organ oder Organismus; beruht meist auf Wachstum), Nastie (Bewegung, deren Richtung durch Anatomie und nicht durch den Reiz bestimmt wird), autonome Bewegung (endogen gesteuert) und Dinese (durch Mikrofilamente verursachte

Cytoplasmaströmung, die durch äußere Faktoren beeinflussbar ist). Phototaktisch reagieren z. B. *Euglena* und *Chlamydomonas*, positiv gravitrop z. B. die Keim- und Hauptwurzel von *Taraxacum* (Löwenzahn), positiv chemonastisch die Randtentakel von *Drosera*, durch kurzwelliges Licht kann die Plasmaströmung bei der Gerste gefördert werden und die circadianen Schlafbewegungen der Fabaceae sind autonom.

Richtige Antwort zu Frage 213: Die Circumnutation von Keimpflanzen, jungen Ranken und Winden; die circadianen Schlafbewegungen z. B. bei *Robinia* und die Gyration, d. h. das periodische Heben und Senken der Fiederblättchen bei *Desmodium gyrans*.

Richtige Antwort zu Frage 214: Die Statolithentheorie beschreibt die Perzeption der Schwerkraft. Statolithen sind Zelleinschlüsse wie große Amyloplasten oder Bariumsulfateinschlüsse. Die speziellen Zellen werden entsprechend als Statocyten bezeichnet und bilden ganze Gewebe (Statenchyme). Man findet sie in den Wurzelhauben (Calyptra), den Stärkescheiden der Koleoptilen und in den Rhizoiden der Characeae. Unter dem Einfluss der Schwerkraft sollen die Statolithen auf Endomembranen (z. B. raues ER) einen Druckreiz ausüben. Die genauen Mechanismen sind noch nicht geklärt.

Richtige Antwort zu Frage 215: Gameten können sich durch Geißeln oder amöboid (z. B. Spermazelle im Pollenschlauch) fortbewegen. Das Aufsuchen der weiblichen Gameten erfolgt chemotaktisch, z. B. unter dem Einfluss von Sexuallockstoffen (Gamonen).

Richtige Antwort zu Frage 216: Licht gehört zu den wichtigsten bewegungsauslösenden Reizen. Bei allen Typen der Bewegung sind Fotoformen bekannt. Dabei finden die Bewegungen sowohl gerichtet zum Licht hin, wie vom Licht weg statt. Selbst autonome Bewegungen und Plasmaströmungen sind durch Licht beeinflussbar oder steuerbar.

Richtige Antwort zu Frage 217: Beim Zymbelkraut *Cymbalaria muralis*, das in Mauerritzen wächst, sind die Blütenstiele zunächst positiv phototrop. Sie wachsen von der Mauer weg und ermöglichen somit eine optimale Entfaltung und Befruchtung der Blüten. Nach der Befruchtung reagieren die Blütenstiele negativ phototrop, d. h. sie wachsen zur Mauer hin. Die Samen finden somit in den Mauerritzen das geeignete Substrat zum Keimen. Beim Klatschmohn *Papaver rhoeas* sind die Blütenknospen zunächst nickend (positiv gravitrop). Die empfindlichen Fortpflanzungsorgane sind somit vor „Angriffen von oben" geschützt. Kurz vor dem Öffnen richtet sich die Blüte auf (negativ gravitrop) und die Bestäuber haben freien Zugang von oben. In beiden Fällen sichert die Pflanze das Fortbestehen ihrer Art.

Richtige Antwort zu Frage 218: Durch Drehung der Pflanzen um ihre Längsachse kann die Gravitation durch Zentrifugalkräfte kompensiert werden. Dies geschieht im Klinostaten, der am Ende des 19. Jahrhunderts von Julius Sachs erfunden wurde. Im Experiment befinden sich die Pflanzen in einer Art Schwerelosigkeit.

Richtige Antwort zu Frage 219: Das Absenken oder Heben von Blättern mithilfe von Gelenken (Pulvini) erfolgt durch Turgoränderungen, die eine Kontraktion bzw. Ausdehnung von Parenchymzellen auf den entgegengesetzten Seiten des Gelenks bewirken.

Richtige Antwort zu Frage 220: Beides sind Antworten auf einen Reiz. Tropismen sind irreversible Wachstumsvorgänge, Nastien reversible Bewegungen.

Richtige Antwort zu Frage 221: Bei der Organogenese entwickelt sich ein Pflanzenspross am Kallus, die Wurzelbildung erfolgt erst nach Überführung des Sprosses auf ein Nährmedium. Bei der somatischen Embryogenese bilden sich Proembryonen am Kallus oder in einer Suspensionskultur. Aus ihnen entwickelt sich dann die komplette Pflanze.

Richtige Antwort zu Frage 222: Hemiparasiten (wie die Mistel) sind noch photosynthesefähig, Holoparasiten (wie *Hyobanche* oder *Cuscuta*) haben sekundär ihre Photosynthesefähigkeit komplett eingebüßt und beziehen Kohlenhydrate vom Wirt.

Richtige Antwort zu Frage 223: Stärke kann nie als solche vom Blatt in die Kartoffelknolle transportiert werden!! Die Transportform der Kohlenstoffassimilate sind nicht reduzierende Zucker, in erster Linie Saccharose. In den Chloroplasten bildet sich transitorische Stärke, die zur Triose abgebaut und via Phosphat-Carrier ins Cytoplasma exportiert wird; dort erfolgt die Synthese der Transportform Saccharose. Deren weiterer Weg ist: Mittelstreckentransport zu den Siebelementen, Phloem-Loading, Phloemtransport, Phloem-Unloading. Die Spaltung der Saccharose erfolgt schon im Apoplasten, die anschließende Stärkesynthese und -speicherung im Amyloplasten.

Richtige Antwort zu Frage 224: Wenn der osmotische Druck des Cytoplasmas und der Vakuole genauso groß ist wie der Wanddruck der Zellwand.

Richtige Antwort zu Frage 225: Der Zusammenhang zwischen Wasserpotenzial Ψ, osmotischem Potenzial Ψ_Π und Druckpotenzial (Turgor) Ψ_p wird durch die Wasserpotenzialgleichung wiedergegeben: $\Psi = \Psi_\Pi + \Psi_p$. Bei einer vollturgeszenten Zelle baut sich an der Zellwand ein elastischer Gegendruck auf, wenn das Wasserpotenzial der Außenlösung höher ist als das der wässrigen Lösung in der Vakuole. Die Außenlösung ist dann zu der in der Vakuole hypotonisch. Die Zelle nimmt aus einem solchen Außenmedium so lange Wasser auf, bis die Summe aus Druckpotenzial (Turgor) und osmotischem Potenzial in der Zelle dem osmotischen Potenzial in der Außenlösung gleicht. Der Protoplast ist in diesem vollturgeszenten Zustand an die Zellwand gepresst (Ψ ist negativ; Zellvolumen $>100\,\%$). Ist die Außenlösung zur Zelle isotonisch, stellt sich das Gleichgewicht so ein, dass der Turgor null ist ($\Psi_p = 0$; Zellvolumen $100\,\%$). Ohne die Druckkomponente wird das Wasserpotenzial in der Zelle wie das des Außenmediums ausschließlich vom osmotischen Potenzial bestimmt. Es kommt zur Grenzplasmolyse, d. h. an einigen Stellen beginnt sich der Protoplast, sichtbar als Protoplasmaschlauch, geringfügig von der Zellwand zu lösen.

Bringt man die Zelle in ein hypertonisches Außenmedium, so verliert die Zelle Wasser an das Außenmedium ($\Psi_{\Pi\text{außen}} < \Psi_{\Pi\text{innen}}$, $\Psi_p = 0$). Es kommt zur Plasmolyse, d. h. das Volumen der Vakuole verringert sich und der Protoplast beginnt sich von der Zellwand zu lösen. Der Protoplast wird teilweise oder ganz von der Zellwand abgelöst. Bei starker Wandhaftung des Protoplasten kommt es zur „Krampfplasmolyse", wobei der Protoplast an einigen Stellen fadenförmig mit der Zellwand verbunden bleibt (Hecht'sche Fäden).

Richtige Antwort zu Frage 226: Die Richtung eines Wasserflusses folgt immer der Richtung eines Wasserpotenzialgradienten. Der Gradient des Druckpotenzials $\Delta\Psi_p$ muss also größer sein als der umgekehrte Gradient des osmotischen Potenzials $\Delta\Psi_\Pi$, damit $\Psi_{\text{Lösung}}$ größer ist als $\Psi_{\text{reines Wasser}}$. Auf das Wasser mit den gelösten Schadstoffen muss also ein entsprechend großer Druck ausgeübt werden, damit ein Gradient des Gesamtwasserpotenzials in Richtung des reinen Wassers entsteht. Bei der Pfeffer'schen Zelle müsste entsprechend Ψ_p im Kompartiment A erhöht werden, also z. B. über einen Stempel im Steigrohr Druck auf die Lösung im Kompartiment A ausgeübt werden.

Richtige Antwort zu Frage 227: Der trockene Same nimmt Wasser durch Quellung auf. Für den treibenden Wasserpotenzialgradienten sorgt das sehr negative Matrixpotenzial Ψ_τ der quellbaren Bestandteile des Samens.

Richtige Antwort zu Frage 228: Die Wasseraufnahme ist proportional zur absorbierenden Wurzeloberfläche und $\Delta\Psi_{\text{Boden-Wurzel}}$ umgekehrt proportional zur Summe der Transportwiderstände.

Richtige Antwort zu Frage 229: A) Eintritt in die Wurzel: Diffusion symplastisch oder apoplastisch bis zur Endodermis, dort vorübergehender obligater Eintritt in den Symplasten. B) Eintritt in das Lumen der Xylemgefäße im Zentralzylinder (Apoplast). C) Massenfluss durch die Leitelemente des Xylems (Langstreckentransport) bis ins Blatt. D) Symplastischer oder apoplastischer Mittelstreckentransport durch das Mesophyll. E) Übergang zu Wasserdampf durch Evaporation von der Außenwand einer Mesophyllzelle in die Interzellularen. F) Transpiration: Austritt durch die Stomata und durch die Grenzschicht in die Atmosphäre als Wasserdampf. Treibende Kraft ist das Wasserpotenzialgefälle vom Boden über Wurzel-Sprossachse-Blatt bis zur Atmosphäre.

Richtige Antwort zu Frage 230: Stickstoff als Nitrat- oder Ammoniumion (überwiegend aus dem Bodenwasser), Kohlenstoff ausschließlich in Form von CO_2 aus der Luft (Ausnahme Vollparasiten), Eisen als zwei- oder dreiwertiges Kation (überwiegend aus Bodenwasser), Kalium als Kation (überwiegend aus Bodenwasser), Chlor als Chlorid (überwiegend aus Bodenwasser), Phosphor als Hydrogenphosphat (überwiegend aus Bodenwasser), Sauerstoff direkt aus der Luft, aber auch aus Wasser und Kohlendioxid, Mangan als zweiwertiges Kation (überwiegend aus Bodenwasser). Fe, Cl, Mn = Mikronährstoffe; N, C, K, P, O = Makronährstoffe.

Richtige Antwort zu Frage 231: Magnesium ist in der Pflanze mobil, Eisen nicht. Magnesium kann also bei einer Unterversorgung aus älteren Blättern in jüngere Blätter verschoben werden.

Richtige Antwort zu Frage 232: Vor allem vom pH-Wert, dem Verhältnis der Ionen zueinander und der Bodenstruktur (Art und Größe der Bodenkolloide mit Ionenbindungsstellen).

Richtige Antwort zu Frage 233: Nein, auch andere Oberflächen des Kormus wie die Blattoberflächen (daher ist Blattdüngung möglich).

Richtige Antwort zu Frage 234: Die Aufnahme bestimmter Ionen kann durch selektiven Ausschluss oder aktiven Export aus der Wurzel verhindert werden. Bestimmte Ionen können von Geweben oder Kompartimenten, für die sie eine Bedrohung darstellen, ferngehalten werden, z. B. durch Komplexierung, Festlegung als schwer lösliche Salze, Speicherung in Vakuolen oder Verlagerung in nicht stoffwechselaktive Pflanzenteile. Speziell bei Halophyten: Verdünnung der Salzkonzentration durch Salzsukkulenz, Elimination durch Abwurf von Pflanzenteilen oder Rekretion.

Richtige Antwort zu Frage 235: Verdünnung der aufgenommenen Ionen ist bei Halophyten, auch heimischen, wie *Salicornia* (Queller) auf den Salzmarschen der Nordsee, ein häufiger Mechanismus der Salzregulation.

Richtige Antwort zu Frage 236: A) Richtung: Der Xylemtransport erfolgt ausschließlich von der Wurzel zum Blatt, die Richtung ist durch den Transpirationssog vorgegeben. Der Phloemtransport ist in alle Richtungen möglich, die Richtung ist durch den Verbrauch assimilatbedürftiger Organe (Sink) vorgegeben. B) Zelluläre Lokalisierung: Der Xylemtransport erfolgt apoplastisch, in toten Zellen. Der Phloemtransport erfolgt symplastisch, in lebenden Zellen. C) Treibende Kraft: Die Triebkraft des Xylemtransports ist ein Unterdruck („negativer Druck"), nämlich der Transpirationssog. Die Triebkraft des Phloemtransports (Druckströmung) ist ein positiver Druck.

Richtige Antwort zu Frage 237: Der Wurzeldruck ist in der Regel $< 0{,}1$ MPa; maximal $0{,}5$ MPa. Der Transpirationssog ist (bei entsprechenden Bedingungen und abhängig von der Pflanzenart) maximal -3 MPa, im Extremfall bei sehr hohen Bäumen bis -4 Mpa.

Richtige Antwort zu Frage 238: Stümpfe dekapitierter Pflanzen sondern an der Schnittstelle aufgrund des Wurzeldruckes Flüssigkeit ab. Durch niedrige Temperaturen, Atmungsgifte oder anaerobe Bedingungen kann diese Flüssigkeitsabscheidung gestoppt werden. Setzt man auf den Stumpf ein Manometer auf, kann die Druckabnahme gemessen werden.

Richtige Antwort zu Frage 239: Durch Guttation.

Richtige Antwort zu Frage 240: Weil lebende Zellen einen erheblich größeren Transportwiderstand aufweisen. Der Kräftebedarf für den Xylemtransport wäre wesentlich höher als die durch den Transpirationssog erreichbare Zugkraft und als die maximal mögliche Zugkraft, die noch nicht zu einem Reißen der Wassersäule führt.

Richtige Antwort zu Frage 241: Werden die unter Spannung (Unterdruck) stehenden Xylemelemente durchtrennt, wird durch den Unterdruck Luft in die Leitelemente gesogen. Werden die Stängel anschließend in Wasser gestellt, blockieren diese Luftblasen (Embolien) den Wassernachschub. Obgleich der Stängel im Wasser steht, kann dann das durch Transpiration verlorene Wasser nicht oder nur teilweise ersetzt werden. Der Turgor sinkt, die Pflanze welkt schnell. Schneidet man die Stängel jedoch unter Wasser ab, wird Wasser statt Luft in die Leitelemente gesogen, es entstehen also keine Embolien. Der Wasserfaden vom Wasser in der Vase über das Xylem bis in die transpirierenden Pflanzenteile wird nicht unterbrochen, und eine länger anhaltende Wasserversorgung zur Aufrechterhaltung des Turgors ist gesichert.

Richtige Antwort zu Frage 242: Treibende Kraft des Xylemtransportes ist das durch die Transpiration verursachte Wasserpotenzialgefälle von den Wurzeln zum Blatt. Es ist keine Stoffwechselenergie erforderlich. Die Transpiration ist vom Wasserdampfdefizit zwischen Blatt und Umgebungsluft und von den Transpirationswiderständen abhängig. Auf diese Parameter hat das Sonnenlicht tatsächlich einen vielfachen direkten Einfluss (Wärmestrahlung → Blatttemperatur; photonastische Stomataöffnung → Blaulichtrezeptor) und einen indirekten Einfluss durch Lufttemperatur, Luftfeuchte und Wind (Änderung des Grenzschichtwiderstandes). Die Aussage ist also zutreffend.

Richtige Antwort zu Frage 243: Durch den Verbrauch des assimilatbedürftigen Gewebes (Sink).

Richtige Antwort zu Frage 244: Sie sind Bestandteil von Signaltransferketten (z. B. Salicylsäure), dienen der Abwehr von Herbivoren (z. B. Tannine), Pathogenen oder Konkurrenten, dem Schutz vor UV-Strahlung oder anderem abiotischem Stress (z. B. Anthocyanbildung), der Anlockung von Bestäubern, Pollen- und Samenverbreitern durch Duft- oder Farbstoffe (z. B. etherische Öle) und zur Verfestigung von Zellwänden (Lignin).

Richtige Antwort zu Frage 245: Elicitoren sind Signalstoffe, die beim Befall durch Pathogene auftreten und die Produktion von Phytoalexinen induzieren. Diese Phytoalexine wirken entsprechend antimikrobiell oder fungizid.

Richtige Antwort zu Frage 246: Morphologische Besonderheiten (z. B. Domatien) als Schutz für Nützlinge, Anlockung von räuberischen oder parasitischen Feinden der Pathogene, Bildung von Sauerstoffradikalen, Synthese von toxischen Phytoalexinen, Verhinderung der Erregerausbreitung durch Absterben befallener Zellen, Sekretion hydrolytischer Enzyme, Bildung von Hormonen (Salicylsäure, Ethylen und Jasmonat) aktiviert die R-Gene (Produktion spezifischer Resistenzfaktoren).

Richtige Antwort zu Frage 247: Die Genprodukte der *Avr*-Gene aktivieren die korrespondierenden *R*-Gene der Pflanze.

Richtige Antwort zu Frage 248: Schädliche Substanzen können in spezifischen Zellen oder Geweben akkumuliert werden (z. B. Gerbstoffe), insbesondere in Vakuolen. Es können auch zunächst nur nichttoxische Vorstufen gebildet werden, die sich erst beim Kontakt mit Enzymen zum toxischen Stoff umwandeln; oder die Stoffe (vor allem Schutzstoffe) werden erst bei Bedarf produziert.

Richtige Antwort zu Frage 249: Es gibt sieben Gruppen. Fördernd auf die Zellstreckung wirken Auxin, Gibberellin, Brassinosteroid.

Richtige Antwort zu Frage 250: Endogener circadianer Rhythmus, der durch Temperatur- und Lichtsignale von außen korrigiert werden kann.

Richtige Antwort zu Frage 251: Sonnen- und Schattenchloroplasten unterscheiden sich prinzipiell in der Anzahl und dem Stapelungsgrad ihrer Thylakoide. Daraus resultieren alle weiteren messbaren Befunde. Schattenblätter besitzen eine größere Anzahl von Thylakoiden, die in größeren und zahlreicheren Granastapeln angeordnet sind. Damit ist der Anteil an Stromalamellen kleiner. Entsprechend der Verteilung von PS I und PS II in Stroma- bzw. Granalamellen ist die Anzahl von PS I bei Schattenchloroplasten geringer und die von PS II größer. Das Verhältnis von Chlorophyll *a* zu Chlorophyll *b* ist geringer und das Verhältnis von Chlorophyll *a* zu β-Carotin größer, weil einerseits LHC II optimal ausgebaut sind, andererseits eine Photoprotektion durch Carotinoide nicht besonders erforderlich ist. Deshalb ist auch die Aktivität des Xanthophyllzyklus gering. Da sich dadurch die Entfernung zwischen PS I und PS II durchschnittlich vergrößert, ist die Elektronentransportrate geringer und die Konzentration an Plastochinon höher. Da aber die Einstrahlung von Lichtenergie gegenüber Sonnenchloroplasten geringer ist, ist auch die Photosyntheseleistung und damit die CO_2-Assimilation geringer und eine Stärkebildung unnötig, denn der Abtransport der Assimilate ist zügig. Da die Thylakoide optimal ausgebildet sind, sind Reserven von Baustoffen in Form von Plastoglobuli weniger ausgeprägt, aber das Verhältnis von Chlorophyllgehalt zu Blatttrockenmasse ist hoch.

Richtige Antwort zu Frage 252: Nach der Endosymbiontentheorie sind Plastiden durch Phagocytose photoautotropher prokaryotischer Organismen entstanden. Die äußere Chloroplastenmembran entspricht dabei der Phagocytose-Vakuolenmembran, die innere der Plasmamembran der phagocytierten Zelle.

Richtige Antwort zu Frage 253: Carotinoide sind zum einem essenzielle Pigmente der Photosynthese, Bestandteile der Membranen, andererseits dienen sie als Farbstoffe in den Blütenblättern, als Sekundärstoffe.

Richtige Antwort zu Frage 254: Aktives Phytochrom absorbiert im Dunkelrotbereich und ist olivgrün, inaktives absorbiert im Hellrotbereich und ist blau.

Richtige Antwort zu Frage 255: Radikale sind per se aufgrund ihres „einsamen" Elektrons sehr reaktiv. Superoxid-Radikalionen disproportionieren, von einer Dismutase katalysiert, zu O_2 und H_2O_2. Wasserstoffperoxid reagiert wiederum mit Superoxid-Radikalionen zu O_2, OH^- und $OH^\bullet$, einem Hydroxylradikal. Dieses ist hochreaktiv und wirkt schädigend auf Membranen, Pigmente und Proteine.

Richtige Antwort zu Frage 256: Die Chlorophylle, die mengenmäßig häufigsten Chromophore der höheren Pflanzen, haben ihre Absorptionsmaxima im Rot- und Blaulichtbereich, d. h. im grünen Wellenlängenbereich absorbieren sie nicht (Grünlücke). Dieses nicht absorbierte Licht nimmt das Auge als Farbe eines Körpers wahr.

Richtige Antwort zu Frage 257: Das Verhältnis von Chlorophyll *a* zu Chlorophyll *b* wird vor allem durch das Vorhandensein oder Fehlen von Lichtsammelkomplexen oder Antennen bestimmt, in denen Chlorophyll *b* dominiert.

Richtige Antwort zu Frage 258: Das Ascorbat wirkt als Antioxidans. Durch Abgabe von Elektronen und Protonen wird Ascorbat zu Dehydroascorbat oxidiert; diese Reaktion ist wichtig, weil bei der Verwendung von DCPIP als Donator, Methylviologen (MV) als Akzeptor verwendet wird. MV erzeugt dabei jedoch Superoxid-Radikalionen, deren schädliche Wirkung durch Ascorbat eliminiert wird.

Richtige Antwort zu Frage 259: Hat der Donator ein niedrigeres Redoxpotenzial als der Akzeptor, läuft eine Redoxreaktion nicht ohne äußere Energiezufuhr ab. Es kommt also immer auf den Partner an, ob eine Substanz Donator oder Akzeptor ist. Im Falle von DCPIP wird dieses zwar statt $NADP^+$ bevorzugt reduziert, aber Methylviologen kann ihm Elektronen entziehen.

Richtige Antwort zu Frage 260: Aus dem Anregungszustand S_1 (1. Singulettzustand) kann ein Elektron auf den Grundzustand, S_0, auf folgende Weisen gelangen: unter Wärmeabgabe, durch Fluoreszenz, durch Energietransfer auf andere Moleküle, durch Übergang auf einen Akzeptor und auf dem Umweg über den Triplettzustand mit gleichzeitiger Phosphoreszenz. Aus dem 2. Singulettzustand erfolgt ein Übergang zu S_1 nur unter Wärmeabgabe.

Richtige Antwort zu Frage 261: Die von den Pigmenten in den Antennen absorbierte Energie wird in die Reaktionszentren geleitet. Bei diesem Transfer steigt die Wellenlänge der weitergeleiteten Excitonen in Richtung Reaktionszentren an. Entscheidend für die Ladungstrennung ist also nicht die Wellenlänge der absorbierten Fotonen, sondern die Wellenlänge, die in den Reaktionszentren ankommt.

Richtige Antwort zu Frage 262: Dass es innerhalb der Elektronentransportkette zwei in Serie geschaltete Photosysteme geben muss.

Richtige Antwort zu Frage 263: Die Fluoreszenz ist eine „Verschwendung" von Anregungsenergie. Immer dann, wenn die Anregungsenergie nicht abgeführt werden kann (Hemmung von Wärmeabgabe oder Elektronentransport) und eine schädigende Übererregung droht, erhöht sich die „Verschwendung" wie das Öffnen eines Ventils.

Richtige Antwort zu Frage 264: Solange der Elektronentransport und die Photophosphorylierung gleichzeitig ablaufen, sind Licht- und Dunkelreaktion über die ATP-Synthase (Kopplungsfaktor) gekoppelt: Der laufende Elektronentransport bewirkt die Bildung des transmembranen Protonengradienten, der die ATP-Synthese antreibt. Die Synthese ruht, wenn der Protonengradient zusammenbricht. Stoffe, die dies bewirken, entkoppeln also Licht- und Dunkelreaktion.

Richtige Antwort zu Frage 265: Da CO_2 in den Mesophyllzellen der C_4-Pflanzen in Form von Carbonsäuren fixiert wird, gibt es hier keine Stärkekörner.

Richtige Antwort zu Frage 266: Bei Kälte und gleichzeitigem Starklicht wird Plastochinon quantitativ reduziert, kann aber durch die kältebedingte verlangsamte Diffusion seine Elektronen nicht schnell genug zum Cytochrom-b_6/f-Komplex transportieren. Je langsamer die Diffusion, desto höher die Gefahr der Photoinhibition.

Richtige Antwort zu Frage 267: Die photochemischen Reaktionen liefern Energie in Form von ATP und Reduktionsäquivalente in Form von NADPH für die Kohlenstoffassimilation.

Richtige Antwort zu Frage 268: Es werden insgesamt 3 ATP und 2 NADPH pro fixiertes CO_2 verbraucht. Davon werden 2 ATP bei der Bildung von 1,3-Bisphosphoglycerat aus 3-Phosphoglycerat verbraucht, katalysiert von der Phosphoglycerat-Kinase, und anschließend 2 NADPH bei der Reaktion zu Glycerinaldehyd-3-phosphat, katalysiert von der NADP-Glycerinaldehyd-3-phosphat-Dehydrogenase. Durch die Ribulosephosphat-Kinase wird unter Verbrauch von 1 ATP Ribulose-6-phosphat zu Ribulose-1,5-bisphosphat.

Richtige Antwort zu Frage 269: Der Calvin-Zyklus erfüllt drei Aufgaben: die CO_2-Fixierung durch Carboxylierung des Primärakzeptors Ribulose-1,5-bisphosphat, die Reduktion von 3-Phosphoglycerat zu Triosephosphat und die Regeneration des Primärakzeptors.

Richtige Antwort zu Frage 270: Um 1 Mol CO_2 auf die Stufe einer Hexose zu reduzieren, benötigt man 480 kJ mol^{-1}. Um 2 Triosephosphate bzw. 1 Hexosephosphat zu synthetisieren, werden 6 CO_2 fixiert und damit 12 NADPH und 18 ATP verbraucht. Für die Synthese einer Hexose aus 6 CO_2 benötigt man 6×480 kJ $mol^{-1} = 2880$ kJ mol^{-1}. $\Delta G°$ beträgt beim umgekehrten Vorgang (vollständige Oxidation einer Hexose) daher $- 2880$ kJ mol^{-1}. Hydrolyse von 18 ATP: $\Delta G° = 18 \times - 30$ kJ $mol^{-1} = - 540$ kJ mol^{-1}. Oxidation von 12 NADPH: $\Delta G° = 12 \times - 217$ kJ $mol^{-1} = - 2604$ kJ mol^{-1}; Hexose-Abbau $- 3144$ kJ mol^{-1}; Hexose-Synthese $+ 2880$ kJ mol^{-1}, Energieverlust $- 264$ kJ mol^{-1}. Der Energieverlust ist mit 8,3 % sehr gering, der Wirkungsgrad ist also sehr hoch, er beträgt 91,7 %.

Richtige Antwort zu Frage 271: Gemeinsam sind beiden Reaktionen, dass O_2 verbraucht und CO_2 freigesetzt wird. Die Photorespiration läuft nur im Licht; über das durch die Oxygenasereaktion der Rubisco erzeugte Phosphoglykolat kann CO_2 „recycelt" werden (Phosphoglykolatweg und Calvin-Zyklus). An diesem Prozess sind drei Kompartimente beteiligt: Chloroplasten, Peroxisomen und Mitochondrien. Die mitochondriale Atmung (Respiration) läuft im Dunkeln ab („Dunkelatmung"); sie dient der aeroben Energiegewinnung (Citratzyklus und Atmungskette). Der Prozess ist ausschließlich in den Mitochondrien lokalisiert.

Richtige Antwort zu Frage 272: In den Mesophyllzellen verbraucht die Oxidation von Oxalacetat zu Malat 1 NADPH und die Regeneraton von PEP 2 ATP. In den Bündelscheidenzellen werden pro fixiertes CO_2 3 ATP und 2 NADPH (wie bei C_3-Pflanzen) verbraucht, jedoch durch die Decarboxylierung des Malats 1 NADPH gewonnen. Die Gesamtbilanz beträgt also 5 ATP und 2 NADPH pro CO_2.

Richtige Antwort zu Frage 273: Ja, aber in wesentlich geringerer Konzentration als C_4-Pflanzen.

Richtige Antwort zu Frage 274: Ja, die Enzyme und Stoffwechselwege sind vorhanden. Die Photorespiration wird aber unter den meisten Bedingungen durch den hohen CO_2-Partialdruck am Wirkungsort der Rubisco unterdrückt.

Richtige Antwort zu Frage 275: Als Photosynthesehemmer, z. B. Atrazin; als Wachstumsregulator, z. B. 2,4-Dichlorphenoxyessigsäure (2,4-D); als Stickstoffwechsel-Inhibitor, z. B. Phosphinotricin (Markenname: Basta), als Inhibitor der Biosynthese aromatischer Aminosäuren, z. B. Glyphosat (Markenname: Roundup).

Richtige Antwort zu Frage 276: ATP und NADPH können nicht direkt über die innere Chloroplastenmembran gelangen. Die „Energie- und Reduktionswährung" muss zunächst „vor der Grenze umgetauscht" werden, und zwar durch Reduktion von Oxalacetat zu Malat und die Umwandlung von 3-Phosphoglycerat in Triosephosphat. In dieser Form gelangt sie über Carrier (OAA und Phosphat) ins Cytosol. Hinter der Grenze erfolgt ein erneuter „Umtausch", und das rückgewonnene Oxalacetat bzw. 3-Phosphoglycerat wird im „Shuttle"-Verkehr in den Chloroplasten zurückgebracht.

Richtige Antwort zu Frage 277: Im Blatt selbst wirken die vier Faktoren Wasserpotenzial, CO_2-Partialdruck in den Interzellularen des Mesophylls, Temperatur und Licht. Es gibt zwei Regelkreise (H_2O und CO_2), die von der Temperatur beide beeinflusst werden. Das Licht kann entweder direkt über Blaulichtrezeptoren oder indirekt durch Änderungen des CO_2-Partialdruckes aufgrund von Photosyntheseaktivität wirken.

Richtige Antwort zu Frage 278: Betrachtet man zunächst die Summenformel der Photosynthese, so scheint die Aussage richtig zu sein: $6CO_2 + 12H_2O \rightarrow C_6H_{12}O_6 + 6H_2O + 6O_2$. Entscheidend ist aber, dass dieser Prozess in Teilprozesse zerfällt. Das H_2O, das auf beiden Seiten der Gleichung auftaucht, ist nicht identisch. Der freigesetzte Sauerstoff stammt nicht aus dem CO_2, sondern ausschließlich aus der Spaltung von Wasser am PS II. Man müsste den Satz korrigieren zu: Pflanzen nehmen CO_2 auf und geben Sauerstoff ab.

Richtige Antwort zu Frage 279: Zu erwarten wäre eine gesteigerte Produktivität und ein schnelleres Wachstum, bedingt durch eine höhere Carboxylierungseffizienz. Durch Wegfall von Oxygenasefunktion und CO_2-Verlust im Glykolatweg könnte bei gleicher Menge Rubisco mehr CO_2 assimiliert werden. Dieser Vorteil würde jedoch wahrscheinlich durch eine verminderte Stressresistenz teuer erkauft. Bei Starklicht (Lichtstress) und/oder einer infolge Trocken- oder Salzstress limitierten CO_2-Versorgung im Blatt könnten überschüssige Elektronen nicht mehr über die Photorespiration verbraucht werden. Die Gefahr einer photooxidativen Schädigung der Thylakoidmembran und ihrer Komponenten wäre wahrscheinlich, da das „Ventil" Photorespiration fehlt.

Richtige Antwort zu Frage 280: Nein. Der Kohlenstoffgewinn durch die Fixierung eines CO_2 würde durch den Kohlenstoffverlust bei der gleichzeitigen Fixierung von zwei O_2 und Weiterverarbeitung der Produkte über den Glykolatweg egalisiert.

Richtige Antwort zu Frage 281: C_3-Pflanzen fixieren CO_2 ausschließlich über die Rubisco, die ^{13}C diskriminiert. Daher weisen sie den niedrigsten ^{13}C-Gehalt auf. Bei C_4-Pflanzen erfolgt grundsätzlich eine Vorfixierung durch die nicht diskriminierende PEP-Carboxylase. Ihr ^{13}C-Gehalt ist daher am höchsten. Da die CAM-Pflanzen nachts CO_2 bzw. HCO_3^- über die PEP-Carboxylase, bei günstigen Bedingungen aber auch am Anfang und Ende der Lichtphase CO_2 direkt über die Rubisco fixieren, liegt ihr ^{13}C-Gehalt zwischen dem der C_3- und C_4-Pflanzen. Da Zuckerrohr (*Saccharum officinarum*) eine C_4-Pflanze, die Zuckerrübe (*Beta vulgaris*) eine C_3-Pflanze ist, sollte Rohrzucker einen höheren ^{13}C-Gehalt aufweisen.

Richtige Antwort zu Frage 282: Es liegt keine abweichende Regulation vor. Die Steuerung erfolgt über den CO_2-Partialdruck im Blatt. Da bei einsetzendem Tageslicht die Decarboxylierung der in der Nacht gespeicherten Äpfelsäure beginnt, steigt der CO_2-Partialdruck im Mesophyll und auch in den Interzellularen stark an. Dies wird vom CO_2-Sensor (chemonastischer Regelkreis) registriert und führt zu einer Schließung der Stomata. Im Tagesverlauf stehen die CO_2-Fixierung über die Rubisco in den Chloroplasten und die Verschiebung von Äpfelsäure aus der Vakuole und ihre Decarboxylierung im Fließgleichgewicht. Ist der Äpfelsäure-Pool am Nachmittag erschöpft, wird mehr CO_2 fixiert als freigesetzt. Der CO_2-Partialdruck im Blatt sinkt. Wird ein Schwellenwert unterschritten, findet eine chemonastische Öffnung statt.

Richtige Antwort zu Frage 283: Durch hohe Temperaturen wird neben der CO_2-Assimilation vor allem die Atmung gesteigert. Die CO_2-Assimilation wird aber durch das geringe Strahlungsangebot im Winter (kürzere Tage, niedriger Sonnenstand, oft bedeckter Himmel) limitiert. Folglich verschiebt sich der Lichtkompensationspunkt zu höheren Lichtintensitäten (Photonenflussdichten). In geschlossenen Räumen steht im Winter eine solche Lichtintensität nicht zur Verfügung, und die Pflanze kann keinen Nettokohlenstoffgewinn erzielen. Ist es nicht möglich, die Pflanze bei niedrigeren Temperaturen unterzubringen, müsste die Lichtintensität durch zusätzliche Beleuchtung z. B. mit einer Pflanzenlampe erhöht werden.

Richtige Antwort zu Frage 284: Lichtreaktionen der Photosynthese in den Thylakoiden, Dunkelreaktionen im Stroma, ebenso die Bildung von Stärkekörnern.

Richtige Antwort zu Frage 285: Bei der anoxygenen Photosynthese existiert nur ein Photosystem, daher müssen die Elektronen zyklisch zum Reaktionszentrum zurückgeführt werden.

Richtige Antwort zu Frage 286: Elektronenbedarf für die Reduktion von Luftstickstoff zu Ammoniak: 8 Elektronen; $6 + 2$ wegen der gleichzeitig ablaufenden Fixierung von Wasserstoff. Reaktionsgleichung und ATP-Bedarf: $N_2 + 8H^+ + 8e^- + 16ATP \rightarrow 2NH_3 + H_2 + 16ADP + 16P_i$.

Richtige Antwort zu Frage 287: Das Endprodukt der Nitratassimilation ist NH_3. Es wird in Kohlenstoffgerüste eingebaut (GS-GOGAT-Zyklus) und in Glutamat überführt. Durch Transaminierung entsteht aus Glutamat und Oxalacetat Aspartat und α-Ketoglutarat. Glutamat und Aspartat sind Ausgangsverbindungen für die Synthese einer Vielzahl von Aminosäuren. Aus Aspartat wird Asparagin, Threonin, Isoleucin, Methionin und Cystein, aus Glutamat Glutamin, Arginin, Prolin und Lysin synthetisiert. Vom Glutamat geht außerdem die Porphobilinogensynthese über 5-Aminolävulinat aus.

Richtige Antwort zu Frage 288: Vergleicht man die beiden Reaktionsgleichungen, so ergibt sich für die Nitrogenasereaktion ein höherer Energiebedarf. Addiert man den Verbrauch von 1 ATP je NH_3 bei der Glutamin-Synthetase-Reaktion dazu, so steht einem Verbrauch von 9 ATP pro N bei der Reduktion von N_2 ein Verbrauch von nur 1 ATP pro N bei der assimilatorischen NO_3^--Reduktion gegenüber. Nitrogenasereaktion: $\frac{1}{2}N_2 + 4H^+ + 4e^- + 8ATP \rightarrow NH_3 + \frac{1}{2}H_2 + 8ADP + 8P_i$. Nitrat-/Nitrit-Reduktase: $NO_3^- + 8e^- + 8H^+ \rightarrow NH_3 + 2H_2O + OH^-$.

Richtige Antwort zu Frage 289: Die Nitratassimilation beinhaltet die Reduktion von Nitrat und seine Überführung in Glutamat. Dabei werden zwei Teilschritte unterschieden. Nitrat-Reduktase: $NO_3^- + 2e^- + 2H^+ \rightarrow NO_2^- + H_2O$. Nitrit-Reduktase: $NO_2^- + 6e^- + 6H^+ \rightarrow NH_3 + H_2O + OH^-$; Gesamtgleichung: $NO_3^- + 8e^- + 8H^+ \rightarrow NH_3 + 2H_2O + OH^-$.

Richtige Antwort zu Frage 290: Die Sulfatassimilation entspricht im Wesentlichen den Schritten bei der Nitratassimilation: $SO_4^{2-} + 8e^- + 8H^+ \rightarrow S^{2-} + 4H_2O$.

Richtige Antwort zu Frage 291: Sie werden in vier Gruppen eingeteilt: phenolische und isoprenoide Verbindungen, Pseudoalkaloide und „echte" Alkaloide.

Richtige Antwort zu Frage 292: Der Shikimat- und der Polyketidweg. Der Shikimatweg geht von Erythrose-4-phosphat und Phosphoenolpyruvat zur Shikimisäure. Von hier aus erfolgt die Synthese der Aminosäuren Tryptophan, Phenylalanin und Tyrosin. Man findet ihn vorwiegend in höheren Pflanzen. Beim Polyketidweg kondensieren 3 Malonylbausteine zu einem Phenolderivat. Er findet sich vor allem in Pilzen und Flechten und ist Bestandteil von komplexeren Synthesewegen (z. B. Chalcon-Synthese).

Richtige Antwort zu Frage 293: Lignine entstehen durch Polymerisation von Monolignolen. Monolignole sind Alkohole, die sich von Zimtsäuren ableiten. Für diese Reaktion wird die Zimtsäure zunächst mit CoASH aktiviert (benötigt 1 ATP) und unter Verbrauch von 2 NADPH die Carboxylgruppe reduziert.

Richtige Antwort zu Frage 294: Anthocyane bestehen aus Anthocyanidinen, die über OH-Gruppen mit Hexosen verknüpft sind. Ihr Grundgerüst leitet sich vom Flavanon ab. Die Farbe ist pH-abhängig. Ein im Neutralen violetter Farbstoff verändert sich im Sauren nach rot, im Basischen nach blau. So ist zum Beispiel der Boden-pH bei der Anzucht von Hortensien ausschlaggebend für die Färbung der Hochblätter.

Richtige Antwort zu Frage 295: Der Grundbaustein ist das Isopren; in der aktivierten Form ist es das Isopentenylpyrophosphat (IPP), das mit Dimethylallylpyrophosphat im Gleichgewicht ist. Die Synthese geht von 3 Acetyl-CoA aus, die unter Verbrauch von 3 ATP und 2 NADPH über Mevalonat zu IPP umgewandelt werden.

Richtige Antwort zu Frage 296: Hemiterpene (C5: Isopren), Monoterpene (C_{10}: Menthol), Sesquiterpene (C_{15}: Farnesol; Capsidiol), Diterpene (C_{20}: Abietinsäure (Phytol, Gibberelline)), Triterpene (C_{30}: Betulinsäure, Phytosterole), Tetraterpene (C_{40}: Carotinoide), Polyterpene ($C_n > 5000$: Kautschuk).

Richtige Antwort zu Frage 297: Sekundärstoffe, die basisch reagieren und stickstoffhaltig sind, bezeichnet man als Alkaloide. „Echte" Alkaloide leiten sich in der Regel von Aminosäuren ab, wobei sich die biogenen Alkaloide noch darin unterscheiden, dass der Stickstoff nicht in einer zyklischen Struktur liegt. Die Pseudoalkaloide lassen sich nicht von Aminosäuren ableiten, sondern in den meisten Fällen von isoprenoiden Verbindungen.

Richtige Antwort zu Frage 298: Sporen sind Fortpflanzungszellen, die ohne Sexualvorgang zu neuen Organismen auswachsen können. Mitosporen sind das Ergebnis einer mitotischen Teilung, sie können diploid oder haploid sein und als Endo- oder Exosporen entstehen. Aplanomeiosporen entstehen als Ergebnis einer meiotischen Teilung, sind also in der Regel haploid und unbeweglich. Haplomitozoosporen gehen aus einer mitotischen Teilung hervor, und zwar aus einem haploiden Organismus; sie sind begeißelt. Hypnosporen können sowohl in einer mitotischen wie meiotischen Teilung entstehen, können also haploid oder diploid sein, sind zumindest sekundär unbeweglich und als Überdauerungsorgane mit einer widerstandsfähigen Wand umgeben.

Richtige Antwort zu Frage 299: Meiosporen entstehen immer im Zusammenhang mit sexueller Fortpflanzung und sind Teil des mit Kernphasenwechsel verknüpften Generationswechsels. Mitosporen sind davon unabhängig und dienen der vegetativen Fortpflanzung.

Richtige Antwort zu Frage 300: Aufgrund ihres Teilungsmodus liegen Meiosporen oft als Tetraden vor, während Mitosporen einzeln vorliegen. Beide Typen können begeißelt oder unbegeißelt sein, sich mit schützenden Wänden umgeben oder nackt sein.

Richtige Antwort zu Frage 301: Der Gametophyt dominiert; er entspricht der beblätterten Moospflanze.

Richtige Antwort zu Frage 302: Bei den Nacktsamern gelangt der Pollen direkt auf die Samenanlage. Bei den Bedecktsamern umhüllen die Fruchtblätter die Samenanlage zusätzlich, sodass der Pollen auf steriles Gewebe (die Narbe) gelangt und der Pollenschlauch zur Samenanlage auswachsen muss.

Richtige Antwort zu Frage 303: Embryo: diploid, Endosperm: triploid, Antipoden: haploid.

Richtige Antwort zu Frage 304: Die Blütenhülle ist in Kelch und Krone gegliedert, wobei Kelch- und Kronblätter verschieden gestaltet sind.

Richtige Antwort zu Frage 305: Staubfaden mit verdickter Anthere, zwei Theken mit je zwei Pollensäcken, Konnektiv verbindet die Theken.

Richtige Antwort zu Frage 306: Das Fruchtblatt besteht aus Ovar mit Samenanlagen, Griffel und Narbe.

Richtige Antwort zu Frage 307: Die Fruchtblätter sind während der Entstehung (congenital) verwachsen.

Richtige Antwort zu Frage 308: Samenschale (geht aus den Integumenten hervor).

Richtige Antwort zu Frage 309: Die Blüte zum Zeitpunkt der Samenreife.

Richtige Antwort zu Frage 310: Karyopse.

Richtige Antwort zu Frage 311: Stärke und Eiweiß (Aleuronschicht).

Richtige Antwort zu Frage 312: Gameten sind Keimzellen, die nur nach einem Sexualvorgang entwicklungsfähig sind. Sie können aus einer Meiose (Meiogameten) oder Mitose (Mitogameten) hervorgehen. Die Entwicklung von haploiden und diploiden Eizellen (Parthenogenese) sind Ausnahmen.

Richtige Antwort zu Frage 313: Bei manchen *Chlamydomonas*-Arten existiert eine fakultative Sexualität. Vegetative Zellen, die sich normalerweise durch Schizotonie teilen, werden umdifferenziert und zu Gameten, die gleichgestaltet (Isogamie), ungleich groß (Anisogamie) oder sogar in Oogon und Spermatozoide differenziert sein können (Oogamie). Nach der Bildung der Zygote kommt es zur Meiose, und es werden in der Regel vier Zellen entlassen.

Richtige Antwort zu Frage 314: Bei den Gameten handelt es sich in der Regel um haploide Zellen, d. h. bei ihnen gibt es keine genetische Reserve für durch Mutationen veränderte oder funktionslos gewordene Gene. Diese Zellen sollten also vor äußeren Einflüssen besser geschützt sein, vor allem an Land (z. B. vor UV-Strahlung). Bei frei beweglichen Gameten beiderlei Geschlechts ist die Wahrscheinlichkeit einer glücklichen Paarung geringer, als wenn zumindest ein Partner einen festen Standort hat und „gezielt" befruchtet werden kann. Die Ausbildung von Oogonen ist in der Regel gekoppelt mit einem größeren Nahrungsreservoir für den sich entwickelnden Embryo. Die Anpassung an das Landleben und das Fehlen von Wasser als Medium erforderten Mechanismen zur gezielten Befruchtung.

Richtige Antwort zu Frage 315: Kernphasenwechsel umschreibt nur die Vorgänge der Syngamie mit anschließender Meiose, ohne dafür einen örtlichen oder zeitlichen Rahmen vorzugeben. Die Entstehung einer Generation beginnt mit der mitotischen Teilung eines bestimmten Keimzellentyps und endet mit der Ausbildung eines anderen. Dies ist, wie das Beispiel der Rotalgen mit dreigliedrigem Generationswechsel zeigt, nicht unbedingt mit einem Kernphasenwechsel verbunden. Im Falle der reinen Haplonten und reinen Diplonten ist der Kernphasenwechsel aber auch nicht an die Ausbildung einer Generation geknüpft.

Richtige Antwort zu Frage 316: Die Jochalge *Spirogyra*: Sie ist ein reiner Haplont mit zygotischem Kernphasenwechsel. Zwei Fäden legen sich Zelle an Zelle nebeneinander (Konjugation) und bilden zwischen sich Kopulationsbrücken („Leiterkopulation") aus. Über diese Brücke wandert ein Protoplast (Wandergamet) in die andere Zelle und verschmilzt dort mit dem Protoplasten (Ruhegamet). Es bildet sich eine Zygote, die aus der alten Zellwand entlassen wird. In dieser erfolgt die Meiose. Drei Kerne degenerieren. Eine Zelle überlebt. Sie keimt, d. h. sie verlässt die Zygotenzellwand, und durch mitotische Teilungen bildet sich ein neuer Zellfaden.

Richtige Antwort zu Frage 317: Es sind ein- und mehrzellige photoautotrophe (oxygene) Organismen, die primär an das Leben im Wasser angepasst sind. Sie bilden Gonite (Sporen und Gameten) in primär einzelligen, nicht umhüllten Behältern.

Richtige Antwort zu Frage 318: Die Glaucophyta (z. B. *Cyanophora paradoxa*) und Rhodophyta (z. B. *Chondros crispus*) haben einfache Plastiden mit Phycobilisomen und Chlorophyll *a*. Sie werden auch als Biliphyta zusammengefasst. Die Chlorophyta (z. B. *Ulva lactuca*) und Haptophyta (z. B. *Prymnesium*) haben einfache, durch Chlorophyll *a* und *b* bzw. *a* und *c* grün gefärbte Plastiden, die aber bei den Haptophyta von einer ER-Falte umhüllt sind. Alle anderen Gruppen haben komplexe Plastiden mit Chlorophyll *a* und *c* (Cryptophyta, Dinophyta, Heterokontophyta) oder Chlorophyll *a* und *b* (Euglenophyta, Chlorarachniophyta).

Richtige Antwort zu Frage 319: Zu nennen wären unter anderen *Chondros crispus* (Rhodophyta), *Ulva* (Chlorophyta), *Fucus serratus* und *Laminaria saccharina* (beides Phaeophyceen).

Richtige Antwort zu Frage 320: Der Sporophyt dominiert; die Gametopyhtenphase ist nur kurz, d. h. die haploide Phase ist ungünstigen äußeren Einwirkungen kaum ausgesetzt. Es wird eine Cuticula ausgebildet und einfache Spaltöffnungen, d. h. die Wasserabgabe ist reguliert. Es werden Leitbündel ausgebildet, man findet Tracheiden.

Richtige Antwort zu Frage 321: Als Vorläufer der Landpflanzen gelten die Charyophyceae. Sie gehören zu den höchst entwickelten Grünalgen. Sie bilden bei der Zellteilung einen Phragmoplasten aus, erinnern in ihrem äußeren Aufbau an Schachtelhalme und bilden um Antheridienstand und Oogon Schutzhüllen.

Richtige Antwort zu Frage 322: Das Moospflänzchen ist der Gametophyt, d. h. ein haploider Organismus, dessen Stoffwechselaktivität eingeschränkter ist als bei diploiden Organismen, da Transkription nur an einem Gen erfolgen kann. Je komplizierter ein Organismus gebaut ist, desto höher ist seine Anforderung an den Stoffwechselapparat. Die für schnelle Entwicklung vorteilhafte Ausbildung von dominanten und rezessiven Mechanismen ist bei Moosen also auf die Sporogon-Phase beschränkt.

Richtige Antwort zu Frage 323: Telome sind einnervige, gabelig verzweigte Triebe. Durch Übergipfelung bilden sich Haupt- und Nebenachsen aus; durch Einrücken in eine Ebene (Planation) und Verwachsung bilden sich Megaphylle; Verwachsung von dreidimensional angeordneten Telomen führt zur Ausbildung von Achsen mit mehreren Leitbündeln; Einkrümmung von fertilen Trieben führt zur Ausbildung von Sporangien; Reduktion zur Ausbildung von Mikrophyllen.

Richtige Antwort zu Frage 324: Sporophylle, die teilweise in der Größe reduziert sind, treten in Gruppen zusammen. Dies findet man bei den endständigen „Ähren" der Bärlapp- und Schachtelhalmgewächse.

Richtige Antwort zu Frage 325: Bei den Samenpflanzen sind die Gametophyten bis auf wenige Zellen reduziert, der Pflanzenkörper ist höher differenziert: Ausbildung von Sekretionsgewebe, eine chloroplastenfreie Epidermis, Siebröhren, Scheitelmeristeme; Pollenschlauchbefruchtung macht von Feuchtigkeit unabhängig; Ausbreitung durch Samen; der Embryo ist bipolar gebaut.

Richtige Antwort zu Frage 326: Polypodium ist ein isosporer Farn: Die Spore keimt zu einem Prothallium (Gametophyt) aus, der einen vielzelligen, ein- bis wenigschichtigen Thallus darstellt. Auf der Unterseite entstehen Antheridien und Archegonien. Die Antheridien entlassen Spermatozoide, die die Eizelle innerhalb des Archegoniums befruchten. Dabei wird Äpfelsäure als Lockstoff wirksam. Aus der Zygote entwickelt sich der eigentliche Farn, der an seinen Wedeln Sporangien ausbildet, in denen die Meiose erfolgt. Die Sporangien sind in Sori angeordnet und oft von einem Schleier (Indusium) bedeckt. *Selaginella* ist heterospor: Es werden Mega- und Mikrosporen entlassen. Die Mikrosporen entwickeln innerhalb der Mikrosporenwand einen wenigzelligen Mikrogametophyten (bzw. ein Mikroprothallium), der später auch die Spermatozoide enthält. Die Megasporen entwickeln ebenfalls innerhalb der Megasporenwand ein Megaprothallium. Die Wand reißt an etwa drei Stellen auf und genau dort entwickelt sich je ein Archegonium. Ein Embryo entwickelt sich zum Sporophyten, der an den Triebspitzen Mikro- und Megasporophylle entwickelt. In den Megasporangien entwickelt sich unter Meiose nur eine Megasporentetrade, während sich in den Mikrosporangien viele Mikrosporen bilden.

Richtige Antwort zu Frage 327: 1851 entdeckte Wilhelm Hofmeister die versteckte Gametophytengeneration. Bei *Pinus* läuft der Generationswechsel folgendermaßen ab: In den männlichen Zapfen werden in den Mikrosporangien unter Reduktionsteilung primäre Pollenzellen gebildet, die unter mitotischen Teilungen insgesamt vier Zellen bilden. Zwei degenerierende Prothalliumzellen, eine vegetative Zelle und eine Antheridienzelle. So werden die Pollenkörner verbreitet. In den weiblichen Zapfen entwickeln sich an jedem Deckschuppen-Samenschuppen-Komplex zwei Samenanlagen. Im Inneren, im Nucellus, entwickelt sich aus einer Embryosackmutterzelle unter Meiose eine Megaspore, die sich zum Embryosack (Megaprothallium) weiterentwickelt. In diesem bilden sich zwei reduzierte Archegonien, die über Siphonogamie befruchtet werden. Dazu keimt das Pollenkorn aus. Die vegetative Zelle dehnt sich aus, durchbricht die Exine durch eine Apertur und wird zum Pollenschlauch. Nach dem Erreichen der Mikropyle teilt sich die Antheridienzelle in Stielzelle und spermatogene Zelle. Diese wandert in den Pollenschlauch und teilt sich in die beiden unbegeißelten Spermazellen. Nur eine befruchtet. Das Nährgewebe ist ein haploides primäres Endosperm. Aus der Zygote entwickelt sich der Proembryo, aber aus diesem letztendlich nur ein Embryo. Unter Verhärtung der Integumente bildet sich eine Samenschale. Der Same löst sich von der Samenschuppe und wird verbreitet.

Richtige Antwort zu Frage 328: Die zuckerhaltigen Bestäubungströpfchen der weiblichen Blüten, die Ausbildung eines Schauapparates mit den umgebildeten Staubblättern und den umgewandelten Hochblättern.

Richtige Antwort zu Frage 329: Das Nährgewebe (sekundäres Endosperm) bildet sich nur dann, wenn eine erfolgreiche Befruchtung stattgefunden hat.

Richtige Antwort zu Frage 330: Erdbeeren sind Sammelnussfrüchte mit einsamigen Nüsschen, die auf einem fleischig gewordenen Blütenboden sitzen. Apfel und Birne sind Apfelfrüchte, d. h. Sammelfrüchte, bei denen die chorikarpen pergamentartigen Karpelle von der Blütenachse umwachsen sind. Die Aprikose ist eine Steinfrucht, also eine Schließfrucht, bei der das Mesokarp fleischig und das Endokarp sklerenchymatisch ist. Die Himbeere ist eine Sammelsteinfrucht. Die Hagebutte geht aus einem mittelständigen Fruchtknoten hervor. Sie ist eine Sammelnussfrucht, bei der die Samen in den krugförmigen Achsenboden eingesenkt sind.

Antworten zur Zoologie

6

Olaf Werner

Richtige Antwort zu Frage 331: c. Vögel, die nachts ziehen, orientieren sich an einem Fixpunkt am Himmel. Während sich die Lage der Sternbilder durch die Drehung der Erde verändert, gibt es einen Punkt, der sich nicht verschiebt, nämlich der Punkt direkt über der Erdachse. Auf der Nordhemisphäre ist dieser Punkt der Polarstern, auf der Südhemisphäre das Kreuz des Südens.

Richtige Antwort zu Frage 332: a. Die künstlich herbeigeführte Phasenverschiebung der inneren Uhr bewirkt, dass der Vogel das Futter an der Nordseite des Käfigs suchen wird. Die Phasenverschiebung der circadianen Uhr um 6 h führt zu einem 90-Grad-Irrtum bei der Orientierung.

Richtige Antwort zu Frage 333: e. Bei einem Deprivationsexperiment wird ein Tier so aufgezogen, dass ihm jegliche Erfahrung, die für das interessierende Verhalten, hier das Sexualverhalten, relevant ist, vorenthalten bleibt. Aus diesem Grund trifft keine der genannten Ursachen zu. Proximate Ursache bedeutet, es geht um die Frage, was dieses Verhalten auslöst und wie es funktioniert.

Richtige Antwort zu Frage 334: d. Um pilotieren zu können, merkt sich das Tier Strukturen in seinem Lebensraum. Es benötigt also Landmarken. Pilotieren bezeichnet einfach ausgedrückt die Navigation nach Landmarken. Zu a.) der zeitkorrigierte Sonnenkompass spielt bei der Wanderung von Tieren eine Rolle.

Richtige Antwort zu Frage 335: d. Die motorischen Muster zum Netzbau sind weitgehend angeboren, da die Bauweise des Netzes artspezifisch ist. Beim Bau des Netzes führen

O. Werner (✉)
Las Torres de Cotillas, Murcia, Spanien
E-Mail: werner@um.es

O. Werner (Hrsg.), *1000 Fragen aus Zoologie und Botanik,*
DOI 10.1007/978-3-642-54983-0_6, © Springer-Verlag Berlin Heidelberg 2014

die Spinnen stereotype Bewegungsfolgen aus, die dann zu einem arttypisch gebauten Spinnennetz führen.

Richtige Antwort zu Frage 336: b. Ein Auslöser ist eine Form des Schlüsselreizes. Meist handelt es sich um einen Sinnesreiz, der ein festgelegtes Verhaltensmuster auslöst. Dem Tier stehen jedoch noch viele andere Signale zur Verfügung. Der Auslöser wird im Gehirn von einem Reizfilter erkannt. Dieser entscheidet dann, ob der Reiz relevant oder irrelevant ist und setzt gleichzeitig das arteigene angeborene Verhalten in Gang.

Richtige Antwort zu Frage 337: b. Mutationen im *fru*-Gen bringen das männliche Werbeverhalten bei *Drosophila* zum Erliegen. Das *fruitless*-Gen kontrolliert das Werbeverhalten bei Taufliegen.

Richtige Antwort zu Frage 338: e. Die Informationskosten gehören nicht zu den Kosten im Zusammenhang mit der Ausführung eines Verhaltens. Ein bestimmtes Verhalten „kostet" den agierenden Organismus Energie, die eigentlich im Wettbewerb um den höchsten Fortpflanzungserfolg investiert werden könnte. Bei solcherlei Kosten-Nutzen-Analysen geht man von drei kostenverursachenden Faktoren aus: Grundsätzlich entstehen für jedes Verhalten im Vergleich zum Ruhezustand energetische Kosten, es wird die Differenz zwischen der für die Ruhe benötigte Energie und der für die Aktivität aufgewandte Energie betrachtet. Hinzutreten können Risikokosten, die der höheren Wahrscheinlichkeit Rechnung tragen, bei der Ausführung eines Verhaltens zu Schaden zu kommen. Weiterhin fallen Opportunitätskosten an, sollte ein Tier der Verteidigung seiner Reviergrenzen oder der Nahrungssuche einen höheren Stellenwert als der Fortpflanzung beimessen.

Richtige Antwort zu Frage 339: d. Einige motorische Kommunikationsmuster sind offenbar in unserem Nervensystem vorprogrammiert. Verschiedene menschliche Kulturen haben grundlegende Ähnlichkeiten in Mimik und Körpersprache. Auch blind geborene Kinder lächeln und zeigen der Situation angebrachte Gesichtsausdrücke, obwohl sie die Mimik anderer nie beobachten konnten.

Richtige Antwort zu Frage 340: e. Der Ausdruck „Zwitter" und „Hermaphrodit" sind identisch. Streng genommen ist Antwort c oder d damit nicht falsch, sondern nur unvollständig. Die gesuchte Antwort ist e. Zu b: Parthenogenese ist die Jungfernzeugung, also die Entwicklung von Organismen aus unbefruchteten Eiern. Sie kommt z. B. bei bestimmten Insekten wie den Rüsselkäfern vor.

Richtige Antwort zu Frage 341: e. Ist eigentlich logisch. Das neue Leben ist während der kritischen Frühentwicklung gut geschützt. Antwort a scheint auf den ersten Blick ebenfalls logisch, die innere Befruchtung allein stellt aber keinesfalls die Vaterschaft sicher (Stichwort Spermienkonkurrenz, mehrere Sexualpartner).

Richtige Antwort zu Frage 342: d. Die sexuelle Reaktion des Mannes umfasst eine Refraktärzeit direkt nach dem Orgasmus. Somit ist Antwort d richtig. Während dieser Zeitspanne kann der Mann keine volle Erektion zustande bringen, unabhängig davon, wie stark die sexuelle Stimulation ist. Verantwortlich dafür ist wahrscheinlich die Ausschüttung des Hormons Prolactin.

Richtige Antwort zu Frage 343: a. Chromatophore sind pigmenthaltige Zellen in der Haut, die Färbung und Musterung des Tieres verändern können. Sie können zur Tarnung oder zur Abwehr eingesetzt werden, aber auch zur Partnerwerbung. Bei einigen Mollusken, Fischen und Reptilien dient die Farbveränderung als optisches Signal für potenzielle Geschlechtspartner.

Richtige Antwort zu Frage 344: a. Bei der Geburt sind alle Oocyten angelegt. Das Eierstockgewebe kann während des Lebens keine neuen mehr produzieren. Die vorhandenen 700.000 bis 2 Mio., die zum Zeitpunkt der Geburt vorhanden sind, sollten aber reichen. Ein Großteil davon stirbt in der Zeit bis zur Pubertät ab. Etwa 40.000 lebensfähige Oocyten bleiben vorhanden. Damit scheiden auch die Antworten c und d aus.

Richtige Antwort zu Frage 345: d. Bei der Spermatogenese werden viele Spermien mit wenig Energiereserven produziert. In der Oogenese werden wenige wertvolle Eizellen gebildet. Antwort d ist die richtige Lösung.

Richtige Antwort zu Frage 346: d. Sperma enthält neben den Spermien auch das Samenplasma, das eine ganze Reihe von Bestandteilen umfasst, darunter Fructose, Proteine und Hormone.

Richtige Antwort zu Frage 347: d. Bei vielen Arten einschließlich des Menschen wird die zweite meiotische Teilung erst dann abgeschlossen, wenn die Eizelle von einem Spermium befruchtet wird.

Richtige Antwort zu Frage 348: a. Schnelle Muskelfasern sind für kurzzeitige Spitzenleistungen ausgelegt. Man findet sie z. B. bei Sprintern (Lösung a) und bei Gewichthebern. Beides Disziplinen, die kurzzeitige Höchstleistungen erfordern. Die Fasern in diesen Muskeln können rasch Maximalspannung entwickeln, ermüden aber auch schnell. Lösung c scheidet damit aus. Aufgrund ihrer im Vergleich zum roten Muskel wenigen Mitochondrien, werden die schnellen Muskelfasern auch als weiße Muskeln bezeichnet.

Richtige Antwort zu Frage 349: b. Die Bindung von Ca^{2+} an Troponin legt die Actin-Myosin-Bindungsstellen auf dem Actinfilament frei. Die Myosinköpfe können dann an Actin binden.

Richtige Antwort zu Frage 350: b. Die Energiereserven für den langen Flug werden in Form von Fett gespeichert. Antwort b ist richtig.

Richtige Antwort zu Frage 351: c. Als Hauptenergiequelle dient hier der oxidative Stoffwechsel. Er wird für eine anhaltende ATP-Produktion genutzt. Aufgrund seiner Fähigkeit, Kohlenhydrate und Fette vollständig zu metabolisieren, wird er bei starker und länger dauernder Belastung genutzt (Lösung c). Das glykolytische System kann sehr rasch zur Verfügung gestellt werden, hat aber keine allzu große Kapazität. Bei länger dauernden Belastungen lässt die Effizienz schnell nach.

Richtige Antwort zu Frage 352: b. Nicht richtig ist Aussage b. Die Wirkung von ATP besteht darin, die Actin-Myosin-Bindungen zu lösen. Damit die Myosinköpfe in ihre ursprüngliche Konformation zurückkehren können, ist ATP erforderlich.

Richtige Antwort zu Frage 353: d. Bei der Kontraktion eines Muskels verkürzt sich das Sarkomer. Die H-Zone und die I-Bande werden schmäler und die Z-Scheiben bewegen sich auf die A-Banden zu.

Richtige Antwort zu Frage 354: e. Die Röhrenknochen bestehen aus einem feinen Geflecht von Knochenbälkchen, die in ihrer Gesamtheit die Knochenschwammsubstanz bilden. Zusätzlich haben die Röhrenknochen ein Gerüst aus Stützelementen.

Richtige Antwort zu Frage 355: a. Skelette können auch vorwiegend aus Knorpel bestehen. Haie und Rochen werden als Knorpelfische bezeichnet, weil ihr Skelett vollständig aus Knorpel besteht. Knorpel ist flexibler als Knochen. Ein Exoskelett oder Außenskelett ist eine harte äußere Körperhülle, an der Muskeln ansetzen. Viele Gliederfüßler wie Insekten oder Krebstiere haben ein Exoskelett.

Richtige Antwort zu Frage 356: a. Phagocyten töten schädliche Bakterien durch Endocytose. Durch Phagocytose wird das Bakterium aufgenommen, dann verschmelzen Lysosomen mit dem Phagosom und die enthaltenen lysosomalen Enzyme bewirken, dass die Krankheitserreger abgebaut werden. Zu d.) Die T-Zellen spielen eine wichtige Rolle bei der zellulären Immunantwort.

Richtige Antwort zu Frage 357: a. Antigene sind fremde Moleküle, die eine Reaktion des Immunsystems auslösen. Oft befinden sie sich auf der Oberfläche eindringender Mikroorganismen. Die Erkennung erfolgt durch die Antikörper, die von den B-Zellen des Immunsystems produziert werden und mit spezifischen Antigenbindungsstellen ausgestattet sind.

Richtige Antwort zu Frage 358: b. Immunglobuline sind aus zwei leichten und zwei schweren Polypeptidketten aufgebaut. Beide Ketten bestehen jeweils aus einer konstanten Region und einer variablen Region. Die variable Region bildet die Antigenbindungsstelle. Dort werden Epitope erkannt und gebunden.

Richtige Antwort zu Frage 359: a. Aussage a ist hier falsch. Ein Epitop, auch Antigendeterminante genannt, ist ein spezifischer Bereich eines großen Moleküls, das in verschiedenen Proteinen vorkommen kann. Eine spezifische chemische Gruppe ist es allerdings nicht.

Richtige Antwort zu Frage 360: e. T-Zell-Rezeptoren sind membrangebundene Glykoproteine (keine Kohlenhydrate, b ist also falsch). Sie sind wichtig bei der Bekämpfung von Virusinfektionen, da sie an ein Fragment eines Antigens auf der Oberfläche einer antigenpräsentierenden Zelle binden. Nach diesem Kontakt proliferiert die T-Zelle und bildet Klone. Darunter auch die cytotoxischen T-Zellen (T-Killerzellen), die virusinfizierte Zellen erkennen und durch Induktion einer Lyse töten. Zu a.) T-Zellen sind zwar auch bei der humoralen Immunantwort beteiligt, T-Zell-Rezeptoren sind aber nicht die primären Rezeptoren der humoralen Immunantwort.

Richtige Antwort zu Frage 361: c. Die klonale Selektion ist verantwortlich für die Schnelligkeit, Spezifität und auch die Vielfalt der Immunantwort. Jeder Mensch enthält eine große Vielfalt an unterschiedlichen B- und T-Zellen. Grund für diese Vielfalt sind DNA-Veränderungen, die unmittelbar nach der Bildung der Zellen im Knochenmark stattfinden. Jede B-Zelle kann nur eine einzige Art von Antikörper hervorbringen, daher sind so viele Typen von B-Zellen erforderlich.

Richtige Antwort zu Frage 362: a. Die immunologische Selbsttoleranz beruht auf dem Kontakt mit Antigenen. Dabei spielen zwei Mechanismen eine Rolle: die klonale Deletion und die klonale Anergie. Bei der klonalen Deletion werden im Laufe der Differenzierung potenziell gegen den eigenen Körper gerichtete Strukturen zerstört. Unter klonaler Anergie versteht man die Unterdrückung der Immunreaktion auf körpereigene Antigene. Zu e.) Das unpräzise DNA-Spleißen spielt eine wichtige Rolle bei der Erhöhung der Antikörpervielfalt.

Richtige Antwort zu Frage 363: d. Nicht in die Reihe der Faktoren, die bei der Antikörperantwort eine Rolle spielen, gehört die Reverse Transkriptase. Sie spielt jedoch eine wichtige Rolle bei der Immunschwächekrankheit AIDS. Dort ist sie maßgeblich an der Erstellung einer cDNA-Kopie des viralen RNA-Genoms beteiligt.

Richtige Antwort zu Frage 364: a. Die Proteine des Haupthistokompatibilitätskomplexes (MHC) ragen aus den Oberflächen der meisten Zellen heraus. Sie sind wichtige körpereigene Erkennungszeichen und spielen eine Rolle bei der Koordinierung der Wechselwirkungen zwischen Lymphocyten und Makrophagen.

Richtige Antwort zu Frage 365: d. Jede B-Zelle produziert eine bestimmte Sorte von Antikörpern. T-Zellen dagegen erkennen Antigene, die auf der Oberfläche anderer Körperzellen, wie Makrophagen, virusinfizierten Zellen oder antikörperproduzierenden B-Zellen, sitzen. Die Erkennung erfolgt über die Haupthistokompatibilitätskomplexe und führt zur Aktivierung der T-Zelle.

Richtige Antwort zu Frage 366: a. Rekombinante Antikörper enthalten Bereiche zur Erkennung bestimmter Strukturen wie die Oberflächenmoleküle bestimmter Pathogene. Gleichzeitig können sie am anderen Ende verschiedene Toxine, Cytokine oder Enzyme enthalten, die dann an den spezifisch erkannten Strukturen ihre Wirkung entfalten.

Richtige Antwort zu Frage 367: e. Viele Impfstoffe beinhalten das infektiöse Agens, das zuvor abgetötet wurde, aber immer noch das entsprechende Antigen trägt. In attenuierten Impfstoffen ist das Pathogen zwar noch intakt, ihm wurden jedoch die Gene, die die Krankheit auslösen, entfernt. Auch durch verwandte nicht pathogene Stämme kann eine Immunität gegen einen Erreger erreicht werden. Spaltimpfstoffe beinhalten nur eine Komponente des Erregers, die als Antigen fungiert.

Richtige Antwort zu Frage 368: c. Bei der *in vivo* induzierten Antigentechnologie (IVIAT) wird eine Probe des Krankheitserregers mit dem Serum einer mit diesem Pathogen infizierten Person gemischt. In der Probe sind nur Antigene enthalten, die vor dem Eindringen in den Wirt exprimiert werden. Diese binden die entsprechenden Antikörper im Serum. Übrig bleiben die Antikörper gegen die nach dem Eindringen exprimierten Antigene. Diese potenziellen Impfstoffkandidaten können über eine Expressionsbibliothek identifiziert werden.

Richtige Antwort zu Frage 369: e. Welche Art von Aminosäuren essenziell sind, ist von Art zu Art unterschiedlich, damit scheidet Antwortmöglichkeit d aus. Menschen brauchen acht Aminosäuren, die sie selbst nicht produzieren können. Diese können mit der Nahrung aufgenommen werden, speziell durch den Konsum von Milch, Eiern und Fleisch. Richtig ist Antwort e. Aber auch Vegetarier können durch eine Kombination von Getreide und Hülsenfrüchten alle 8 essenziellen Aminosäuren zu sich nehmen, a ist also falsch.

Richtige Antwort zu Frage 370: a. Der saure Chymus (Brei aus Magensaft und teilweise verdauter Nahrung) wird im Dünndarm mit Bicarbonat neutralisiert, damit die Verdauungsenzyme optimal funktionieren können. Durch die Neutralisation wird ein Milieu geschaffen, das für die Wirkung der Pankreasenzyme förderlich ist.

Richtige Antwort zu Frage 371: b. Fette werden von Lipasen abgebaut und überwiegend in Form von Monogylceriden und Fettsäuren resorbiert.

Richtige Antwort zu Frage 372: d. Chylomikronen sind kleine proteinummantelte Lipidpartikel, die in den Darmschleimhautzellen aus Lipiden in der Nahrung gebildet und an die lymphatischen Gefäße der Submucosa abgegeben werden.

Richtige Antwort zu Frage 373: a. Die Mikroorganismen im Pansen und Netzmagen einer Kuh bauen die Cellulose und andere Nährstoffe zu einfachen Fettsäuren ab, die der Wirt nutzen kann. Zu c.) der Nahrungsbrei wird aus dem Pansen periodisch ins Maul gewürgt. Zu d.) Methan ist ein Nebenprodukt der Gärung. Es wird von der Kuh in großen Mengen in die Atmosphäre abgegeben. Aufgrund dieser Tatsache stehen Rinder immer wieder in der Kritik im Zusammenhang mit dem Klimawandel.

Richtige Antwort zu Frage 374: d. Die Resorptionsphase ist die Zeit, in der nach einer Mahlzeit Nährstoffe resorbiert werden. In dieser Zeit wird der Energiestoffwechsel von Insulin kontrolliert. Insulin fördert bei den meisten Körperzellen die Aufnahme und Nutzung von Glucose. Glucose stellt deswegen den Hauptbetriebsstoff dar.

Richtige Antwort zu Frage 375: d. Der Insulinmangel in der Postresorptionsphase führt zu einer Blockade bei der Aufnahme und Nutzung von Glucose. In der Postresorptionsphase deckt die Leber ihren Energiebedarf nahezu vollständig durch die Fettsäureoxidation. Durch den sinkenden Blutzuckerspiegel wird Glucagon sezerniert, wodurch die Leber angeregt wird, Glykogen abzubauen und Glucose ins Blut freizusetzen.

Richtige Antwort zu Frage 376: c. Der Begriff „negative Rückkopplung" beschreibt einen Regelkreis, bei dem die Veränderung einer Variablen eine Wirkung verursacht, welche die ursprüngliche Veränderung hemmt oder ihr entgegenwirkt. Negative Rückkopplung führt im Allgemeinen zur Stabilisierung einer Größe in Regelkreisen und verkleinert das Fehlersignal in einem Regelsystem.

Richtige Antwort zu Frage 377: b. Die Produktion von Sexualhormonen wird von den Gonadotropinen (LH und FSH) kontrolliert. Die Produktion der Gonadotropine steht unter der Kontrolle des hypothalamischen Gonadotropin-Releasing-Hormons (GnRH). Vor der Pubertät produziert der Hypothalamus nur sehr geringe Mengen an GnRH. Antwort b ist hier die gesuchte Lösung. Die verringerte Empfindlichkeit der hypothalamischen GnRH-produzierenden Zellen auf das negative Feedback von Sexualhormonen und von Gonadotropin leitet die Pubertät ein. Dadurch nimmt die GnRH-Freisetzung zu, was zu einer erhöhten Produktion von Gonadotropinen und damit von Sexualhormon führt.

Richtige Antwort zu Frage 378: a. Neben der Erhöhung der Herzschlagfrequenz führt Adrenalin auch zu einem erhöhten Blutzuckerspiegel. Cortisol hat ein sehr breites Wirkungsspektrum und übt im Stoffwechsel vor allem Effekte auf den Kohlenhydrathaushalt aus. Es stimuliert die Gluconeogenese in der Leber.

Richtige Antwort zu Frage 379: b. Somatotropin stimuliert die Proteinsynthese und das Wachstum. Einer der wichtigsten Effekte besteht darin, Zellen zur Aufnahme von Aminosäuren anzuregen. Zu c.) Es ist die Adenohypophyse nicht der Hypothalamus. Zu e.) Somatotropin ist ein Protein, kein Steroid.

Richtige Antwort zu Frage 380: e. Gemeinsames Merkmal der Steroidhormone ist, dass sie lipidlöslich sind (damit scheidet Antwort c aus) und somit problemlos die Plasmamembran durchqueren können und ins Innere der Zelle gelangen. Nach Bindung an einen Rezeptor geht die Reise weiter in den Zellkern, wo sie Einfluss auf die Genexpression nehmen. Antwort e ist richtig. Zu a.) Auch, aber nicht nur. Das Steroidhormon Östrogen wird z. B. vom Eierstock gebildet.

Richtige Antwort zu Frage 381: b. Ecdyson ist das Häutungshormon der Insekten. Es diffundiert nach seiner Ausschüttung an der Prothoraxdrüse zu den Zielgeweben und löst die Häutung aus.

Richtige Antwort zu Frage 382: d. Achtung! Hier nicht auf Antwort a hereinfallen. Die Neurohypophyse setzt zwei Hormone frei, nämlich Adiuretin und Oxytocin. Die Hormone werden hier aber nur freigesetzt und nicht produziert. Die Neurohypophyse ist ein sogenanntes Neurohämalorgan zur Speicherung und Dosierung von Neurohormonen.

Richtige Antwort zu Frage 383: d. Die Halbwertszeit eines Hormons hängt von verschiedenen Faktoren ab wie z. B. Abbau- und Ausscheidungsprozesse. Ist ein Hormon an ein Transportprotein gebunden, ist seine Fähigkeit begrenzt, aus dem Blut zu diffundieren, um die Zielzelle zu erreichen oder in der Leber abgebaut zu werden. Daraus resultiert eine längere Halbwertszeit.

Richtige Antwort zu Frage 384: c. Zur Entstehung eines Kropfes kann es bei Jodmangel kommen, aber auch bei Autoimmunerkrankungen der Schilddrüse (Basedow'sche Krankheit). Ist im Körper zu wenig funktionelles Thyroxin vorhanden kommt es zu einem Gewebewachstum der Schilddrüse.

Richtige Antwort zu Frage 385: c. Ein und dasselbe Hormon kann ganz unterschiedliche Reaktionen hervorrufen, abhängig von seiner Zielstruktur. Ein Hormon kann mehr als eine Zielzelle haben. Insulin zum Beispiel wirkt an Muskelzellen, Leberzellen und Fettgewebe und führt dort zu ganz unterschiedlichen Reaktionen. Hormone können nicht nur von Drüsen, sondern auch von Nervenzellen gebildet werden (Stichwort „Neurohormone"). Antwort a ist somit falsch. Zu e.) Klingt logisch, trifft aber nicht zu.

Richtige Antwort zu Frage 386: d. Oxytocin. Das Hormon Oxytocin leitet die Geburt ein, indem es Uteruskontraktionen auslöst. Außerdem ruft es den Milcheinschuss in den Brüsten hervor.

Richtige Antwort zu Frage 387: a. Die jährliche Versagerquote einer Verhütungsmethode in Prozent wird durch den Pearl-Index angegeben. Der Pearl-Index der Antibabypille liegt zwischen 0,2 und 2. Ein Pearl-Index von 2 heißt, im Verlauf eines Jahres sind von 100 sexuell aktiven Frauen 2 schwanger geworden. Die Zeitwahlmethode und die Temperaturmethode weisen mit einem Pearl-Index von 15–38 die höchste Versagerquote auf.

Richtige Antwort zu Frage 388: d. Im menschlichen Gehirn gibt es mehr Gliazellen als Nervenzellen. Gliazellen haben eine Vielzahl von Funktionen und können verschiedene Formen haben. Zu ihren Aufgaben gehört das mechanische Stützen der Nervenzellen. Außerdem helfen sie den Nervenzellen während der Embryonalentwicklung, die richtigen Kontakte zu knüpfen.

Richtige Antwort zu Frage 389: a. Die Information wird von den Dendriten empfangen und über das Soma, den Zellkörper, weiter zum Axon geleitet. Alle anderen Reihenfolgen sind falsch.

Richtige Antwort zu Frage 390: d. Die offenen Kaliumkanäle sind hauptverantwortlich für das Ruhepotenzial eines Neurons, damit ist Antwort d korrekt. Positiv geladene Kaliumionen können durch die offenen Kaliumkanäle aus der Zelle diffundieren, wobei unkompensierte negative Ladung zurückbleibt.

Richtige Antwort zu Frage 391: c. Von den Antwortmöglichkeiten ist mit Ausnahme von Antwort c alles zutreffend. Die postsynaptische Membran der motorischen Endplatte weist nur sehr wenige spannungsgesteuerte Natriumkanäle auf. Aus diesem Grund generiert die motorische Endplatte keine Aktionspotenziale.

Richtige Antwort zu Frage 392: c. Aktionspotenziale können weite Strecken ohne Signalabschwächung (Dekremenz) zurücklegen. Antwort b scheidet damit aus. Das Aktionspotenzial folgt dem Alles-oder-Nichts-Prinzip. Die Aktionspotenziale in einem individuellen Neuron haben daher dieselbe Größe.

Richtige Antwort zu Frage 393: e. Gesucht war die Refraktärzeit, also Antwort e. Die Refraktärzeit ist die Zeitspanne, innerhalb derer kein neues Aktionspotenzial ausgelöst werden kann. Der Grund dafür liegt in den unterschiedlichen Reaktionszeiten von Aktivierungstor und Inaktivierungstor an den spannungsgesteuerten Kanälen.

Richtige Antwort zu Frage 394: e. Die Fortleitungsgeschwindigkeit des Aktionspotenzials hängt von einer Reihe von Faktoren ab. Alle hier aufgelisteten sind richtig. Deswegen ist Antwort e die korrekte Lösung.

Richtige Antwort zu Frage 395: c. Von einer inhibitorischen Synapse oder hemmenden Synapse spricht man, wenn das postsynaptische Neuron bei Bindung des Neurotransmitters mit einer Hyperpolarisation reagiert.

Richtige Antwort zu Frage 396: d. Der Rezeptor an der Postsynapse entscheidet darüber, ob eine Synapse erregend (exzitatorisch) oder hemmend (inhibitorisch) ist.

Richtige Antwort zu Frage 397: d. An den Synapsen der Nervenzellen lässt sich manchmal das Phänomen der Langzeitpotenzierung (LPT) beobachten. Dabei handelt es sich um eine langandauernde Verstärkung der synaptischen Übertragung. Die LPT ist eine Form der synaptischen Plastizität. Ein wahrscheinlicher Mechanismus hierfür ist Antwort d. Glutamatrezeptoren wie der NMDA-Rezeptor oder der AMPA-Rezeptor sind bei diesem Prozess maßgeblich beteiligt.

Richtige Antwort zu Frage 398: d. Die gesuchte Falschaussage ist Antwort d. Ein stärkerer Reiz hat keinen Einfluss auf die Größe des Aktionspotenzial, sondern auf die Anzahl der Aktionspotenziale, die das sensorische Neuron abfeuert.

Richtige Antwort zu Frage 399: d. Bombykol ist ein Pheromon, das von einigen Schmetterlingsarten als Sexuallockstoff aus einer Drüse an der Spitze des Abdomens freigesetzt wird. Die Antennen der Männchen reagieren sehr empfindlich auf die Substanz, Antwort b scheidet damit aus.

Richtige Antwort zu Frage 400: a. Hunde haben einen sehr empfindlichen Geruchsinn, sehen dafür aber nicht so gut wie der Mensch. Die Aussage, dass Hunde ungewöhnliche Säugetiere sind, ist jedoch falsch, damit ist Antwort a die gesuchte Falschlösung. Vielmehr sind die Menschen eine Ausnahme unter den Säugern, weil wir viel stärker optisch orientiert sind als olfaktorisch.

Richtige Antwort zu Frage 401: b. Gesucht werden hier die Meissner-Körperchen, die vorwiegend in unbehaarten Hautregionen zu finden sind. Sie sind sehr empfindlich, adaptieren aber schnell. In den tieferen Schichten der Haut unterscheidet man zwischen den rasch adaptierenden Pacini-Körperchen und den langsam adaptierenden Rufini-Körperchen als Mechanorezeptoren.

Richtige Antwort zu Frage 402: e. Die Basilarmembran, weil sich auf der Basilarmembran das Corti-Organ befindet. Das Corti-Organ wandelt die von Druckwellen erzeugten mechanischen Kräfte in Aktionspotenziale um, die dann als Geräusch wahrgenommen werden.

Richtige Antwort zu Frage 403: e. Hammer, Amboss und Steigbügel sind die drei Gehörknöchelchen. Sie übertragen die Schwingungen des Trommelfells auf das ovale Fenster, eine weitere flexible Membran. Alle anderen aufgeführten Aussagen sind korrekt.

Richtige Antwort zu Frage 404: b. Gesucht wird die Fovea, oder genauer Fovea centralis. Dieser auch „gelber Fleck" genannte Bereich ist der Bereich des schärfsten Sehens.

Richtige Antwort zu Frage 405: c. Blinder Fleck, Antwort c. An dieser Stelle stößt der Sehnerv in die Netzhaut. Hier finden sich keinerlei Sehrezeptoren. Das Gehirn gleicht diesen Bereich allerdings aus, indem es aus den umliegenden Farben ergänzt und das Bild des zweiten Auges mit dazu nimmt. Die blinden Flecken beider Augen sind nämlich nicht deckungsgleich.

Richtige Antwort zu Frage 406: c. Die Stäbchen sind lichtempfindlicher als die Zapfen. Somit ist Antwort c die gesuchte Falschaussage. Die übrigen Aussagen zu den Zapfen des menschlichen Auges treffen zu.

Richtige Antwort zu Frage 407: d. Opsine bilden den Proteinanteil des Sehpigments. Die drei Zapfentypen enthalten isomere Formen der Opsinmoleküle, die unterschiedliche Wellenlängen absorbieren. Man unterscheidet zwischen B-Zapfen für Blau, G-Zapfen für Grün und R-Zapfen für Rot.

Richtige Antwort zu Frage 408: c. Der Informationsfluss startet beim Hinterhorn und läuft in der angegebenen Reihenfolge weiter.

Richtige Antwort zu Frage 409: e. Der afferente Teil des peripheren Nervensystems leitet dem Zentralnervensystem (ZNS) Informationen zu, der efferente Teil übermittelt Informationen vom ZNS an Muskeln und Drüsen. Aussage e ist falsch, weil afferente und efferente Axone durchaus im selben Nerv verlaufen können.

Richtige Antwort zu Frage 410: d. Den größten Teil des Gehirns macht das limbische System nicht aus, d ist also falsch. Alles andere trifft aber zu.

Richtige Antwort zu Frage 411: d. Das Areal, das etwas pauschal als „assoziativer Cortex" bezeichnet wird, macht den größten Teil der menschlichen Großhirnrinde aus. Hier findet allgemein ausgedrückt die Informationsverarbeitung höherer Ordnung statt.

Richtige Antwort zu Frage 412: c. Das autonome Nervensystem besteht aus zwei Untereinheiten, dem sympathischen und dem parasympathischen Nervensystem. Die Untereinheiten sind charakterisiert durch ihre Autonomie, ihre Neurotransmitter und ihre Wirkung auf das Zielgewebe. Beide Untereinheiten sind efferente Bahnen und beginnen mit einem cholinergen Neuron, also einem, das Acetycholin als Transmitter benutzt.

Richtige Antwort zu Frage 413: a. Die Zellen der Sehrinde, oder visuellen Cortex, werden durch einen Lichtbalken mit einer bestimmten Orientierung erregt, der auf einen bestimmten Ort auf der Retina fällt. Sie enthalten jedoch keinen Input direkt von einzelnen retinalen Ganglienzellen.

Richtige Antwort zu Frage 414: c. NREM steht für Non-Rapid-Eye-Movement. Wenn man das weiß, fällt man auch nicht auf Antwort d herein. Richtig ist Antwort c. Während der Non-REM-Phasen träumt der Schlafende normalerweise nicht. Körpertemperatur und Blutdruck sinken während dieser Zeit ab.

Richtige Antwort zu Frage 415: a. Split Brain ist eine heute selten eingesetzte Behandlungsmethode bei Epilepsie. Dabei wird der Corpus callosum, der Balken, der die beiden

Hemisphären des Gehirns miteinander verbindet, durchtrennt. Die fehlende Verbindung von linker und rechter Hemisphäre lässt sich experimentell nachweisen: Zeigt man solchen Patienten im linken Gesichtsfeld ein Bild, so können sie es nicht benennen. Der Grund dafür ist, dass sich das Sprachzentrum bei den meisten Menschen in der linken Hemisphäre befindet. Informationen aus dem linken Gesichtsfeld werden jedoch nur an die rechte Hemisphäre geleitet. Lange Rede, kurzer Sinn: a ist richtig.

Richtige Antwort zu Frage 416: a. Spinale Interneurone hemmen das Motoneuron des antagonistischen Muskels. Der Kniesehnenreflex ist ein Spinalreflex d. h. die Informationen werden im Rückenmark ohne Beteiligung des Gehirns umgewandelt.

Richtige Antwort zu Frage 417: d. Endotherme, die in kalten Klimazonen leben, haben spezielle Anpassungen, um ihren Wärmeverlust zu verringern. Neben einer erhöhten Wärmeisolierung haben sie auch ein kleineres Oberfläche-Volumen-Verhältnis. Zu a.) Einen etwa 10-fach höheren Standardstoffwechsel gibt es zwischen endothermen und ektothermen Tieren der gleichen Größe, nicht aber bei Endothermen unterschiedlicher Klimazonen.

Richtige Antwort zu Frage 418: b. Der Hypothalamus ist die höchste Instanz für die Aufrechterhaltung der Homöostase im Körper. Durch die Einnahme von Aspirin bei Fieber sinkt der Temperatursollwert ab.

Richtige Antwort zu Frage 419: b. Während des Winterschlafs wird der Thermostat des Körpers auf ein sehr niedriges Niveau heruntergestellt, um in der kalten und nahrungsarmen Zeit viel Energie zu sparen. Es handelt sich also um eine regulierte Abnahme der Stoffwechselrate, Antwort b ist richtig. Zu Antwort c.) Es gibt nur eine bekannte Vogelart, die einen Winterschlaf hält, nämlich die Winternachtschwalbe. Als Zugvögel können viele Arten den Winter umgehen, indem sie in wärmere Gebiete umsiedeln.

Richtige Antwort zu Frage 420: e. Nochmal kurz zur Definition: Endotherme Tiere können ihre Körpertemperatur durch Verbrauch ihrer eigenen Stoffwechselenergie selbst regulieren. Säugetiere und Vögel sind endotherm. Ektotherme Tiere können ihre Körpertemperatur nicht regulieren. Endotherme haben einen hohen Grundumsatz. Bei einer Körpertemperatur von 37 °C ist die Stoffwechselrate des endothermen Tieres höher als die des ektothermen gleicher Körpergröße.

Richtige Antwort zu Frage 421: a. Durch den Gegenstrom-Austausch im Kreislaufsystem können endotherme Fische das kühle arterielle Blut durch das vom Muskelstoffwechsel erwärmte venöse Blut anwärmen. Die Wärme wird so besser im Körperkern gehalten als bei ektothermen Fischen. Zu den übrigen Antworten: e ist natürlich Quatsch, Antwort d: ein Temperaturanstieg in der Muskulatur erhöht die Muskelleistung und ist somit von Vorteil für große, jagende Fische wie den Thunfisch. Wärme abzuführen, wäre also kontraproduktiv.

Richtige Antwort zu Frage 422: e. Um den Effekten einer Temperaturveränderung entgegenzuwirken, kommt es zu einer Veränderung in der biochemischen Stoffwechselmaschinerie. Dieser saisonale Akklimatisationsprozess wird „metabolische Kompensation" genannt. Damit ist Antwort e die gesuchte Lösung.

Richtige Antwort zu Frage 423: c. Der Q_{10}-Wert beschreibt die Temperaturabhängigkeit einer Reaktion oder eines Prozesses. Die meisten biologischen Q_{10}-Werte liegen zwischen 2 und 3. Bei einem Q_{10} von 2 verdoppelt sich die Reaktionsgeschwindigkeit, wenn die Temperatur um 10 °C ansteigt. Hier ist Antwort c richtig.

Richtige Antwort zu Frage 424: a. Die Haut der Reptilien ist von verhornten Schuppen bedeckt. Das verhindert einen Wasserverlust über die Haut, sorgt aber gleichzeitig auch dafür, dass die Haut als Organ für den Gasaustausch nicht in Frage kommt. Der Gasaustausch erfolgt daher über die Lunge.

Richtige Antwort zu Frage 425: b. Da Tiere in ihrer Gewebeflüssigkeit Solute haben, sind sie gegenüber Süßwasser stets hyperosmotisch. Da Süßwasser aufgrund der Osmose in den Körper eindringt, ist eine Regulation unverzichtbar. Im Süßwasser lebende Wirbellose sind also hyperosmotische Regulierer (Antwort b).

Richtige Antwort zu Frage 426: c. Angiotensin hat mehrere Wirkungen, die dazu beitragen, die glomeruläre Filtrationsrate zu normalisieren. Eine davon ist die Anregung des Durstgefühls. Eine erhöhte Wasseraufnahme als Folge hiervon erhöht das Blutvolumen und den Blutdruck. Zu b.) Angiotensin wird durch Renin aktiviert. Es ist vor der Umwandlung ein im Blutstrom zirkulierendes Protein, das erst in ein aktives Hormon umgewandelt wird.

Richtige Antwort zu Frage 427: e. Zur Ausscheidung des überschüssigen Natriumchlorids besitzen diese Vögel Salzdrüsen. Diese Drüsen sondern durch einen Gang, der in die Nasenhöhle mündet, eine konzentrierte NaCl-Lösung aus.

Richtige Antwort zu Frage 428: d. Charakteristisch für ein offenes Kreislaufsystem sind die fehlenden Kapillaren. In einem offenen Kreislaufsystem existiert eine einheitliche Hämolymphe, die durch Interzellularräume befördert wird. Neben Arthropoden haben die meisten Mollusken ein solches Kreislaufsystem. Zu a): ein Herz kann durchaus vorhanden sein. Gewöhnlich unterstützt ein Herz die Verteilung der Körperflüssigkeit im Körper.

Richtige Antwort zu Frage 429: a. Falsch ist Antwortmöglichkeit a. Fische haben ein zweikammeriges Herz, bestehend aus einem Atrium und einem Ventrikel. Es wird nicht wie beim Menschen zwischen linkem und rechtem Atrium unterschieden. Amphibien haben ein dreikammeriges Herz mit linkem und rechtem Atrium und einem Ventrikel.

Richtige Antwort zu Frage 430: c. Die Herztöne allgemein werden durch das heftige Schließen der Herzklappen hervorgerufen. Der zweite Herzton kommt durch den Schluss der Aortenklappen zustande (Antwort c), der erste durch das Schließen der Atrioventrikularklappen.

Richtige Antwort zu Frage 431: d. Die Autorhythmie des Herzens wird durch bestimmte selbsterregende Herzmuskelzellen ausgelöst. Der primäre Schrittmacher ist der Sinusknoten. Die Schrittmacherzellen sind in der Lage, ohne Beteiligung des Nervensystems Aktionspotenziale zu generieren. Diese sind eine Folge der spontanen Depolarisation der Plasmamembran, Antwort d ist korrekt.

Richtige Antwort zu Frage 432: c. Kapillaren haben dünne, permeable Wände und einen größeren Querschnitt als Arteriolen. Das Blut fließt langsam durch die Kapillaren, was den Austausch von Atemgasen, Nährstoffen und Stoffwechselprodukten erleichtert.

Richtige Antwort zu Frage 433: d. Sowohl Venen als auch Lymphgefäße haben Einwegventile. Venen arbeiten unter geringem Druck, daher haben manche Klappen, um einen Blutrückfluss zu verhindern. Das Lymphgefäßsystem hat ebenfalls Klappen, die sogenannten Lymphklappen.

Richtige Antwort zu Frage 434: b. Das Proteohormon Erythropoietin (EPO) regt die Produktion von roten Blutzellen aus adulten Stammzellen an. Antwort b ist richtig. Erythrocyten werden im roten Knochenmark gebildet. Die Ausschüttung von EPO erfolgt durch Zellen der Niere, als Antwort auf einen Sauerstoffmangel im Gewebe.

Richtige Antwort zu Frage 435: d. Das Hormon Vasopressin oder Adiuretin beeinflusst die Arteriolen. Der Blutfluss durch die Arteriolen wird verringert, wodurch der zentrale Blutdruck erhöht wird. Im Kapillarbett wird der Blutfluss also verringert und nicht erhöht. Die gesuchte Lösung ist Antwort d.

Richtige Antwort zu Frage 436: c. An der Blutgerinnung sind zahlreiche Schritte und viele Gerinnungsfaktoren beteiligt. Die meisten Gerinnungsfaktoren werden in der Leber produziert. Aus diesem Grund können bestimmte Lebererkrankungen wie Hepatitis oder eine Zirrhose starke Blutungen nach sich ziehen. Zu a.) Patienten mit Hämophilie haben zwar eine gestörte Blutgerinnung, der Grund dafür liegt aber im genetisch bedingten Fehlen eines Gerinnungsfaktors, nicht an der Bildung von Blutplättchen.

Richtige Antwort zu Frage 437: e. Die Autoregulation basiert auf der Empfindlichkeit der glatten Muskulatur für ihre lokale chemische Umgebung (Antwort e). Niedrige Sauerstoffkonzentrationen und hohe CO_2-Konzentrationen bewirken eine Entspannung der Muskulatur, dadurch steigt die Durchblutung. Nebenprodukte des Stoffwechsels wie Protonen und Milchsäure können eine solche Reaktion auslösen.

Richtige Antwort zu Frage 438: d. Sekretion und Reabsorption (Rückresorption) finden sich auch beim Wurm. Richtig ist Antwort d. Die Metanephridien verarbeiten Coelomflüssigkeit. Abfallprodukte wie Ammoniak diffundieren direkt aus dem Gewebe ins Coelom, und das Blut wird durch den Blutdruck ultrafiltriert.

Richtige Antwort zu Frage 439: c. Podocyten haben eine wichtige Funktion bei der Filterung. Sie bilden die innere Wand der Bowman-Kapsel. Podocyten sind nur für Moleküle bis zu einer gewissen Größe durchlässig. Erythrocyten und Makromoleküle können nicht in die Nierenkanälchen gelangen.

Richtige Antwort zu Frage 440: d. Die Nierenpyramiden bauen den inneren Kern der Niere auf, auch Medulla genannt. Die gewundenen Tubuli liegen jedoch in der Nierenrinde (Nierencortex) und gehören somit nicht zu den Bauelementen der Nierenpyramide.

Richtige Antwort zu Frage 441: b. Der größte Teil des Glomerulusfiltrats wird im proximalen Tubulus reabsorbiert. Der proximale Tubulus bildet den ersten Abschnitt eines Nierenkanälchens und befindet sich in der Nierenrinde. Hier findet der mengenmäßig größte Teil der Rückgewinnung von Wasser und Soluten aus dem Glomerulusfiltrat statt.

Richtige Antwort zu Frage 442: e. Hierbei ist die Länge der Henle-Schleife entscheidend. Die Fähigkeit zur Harnkonzentration basiert nämlich auf der Henle-Schleife und dem Prinzip der Gegenstrommultiplikation. Zur Osmolarität: Zwei Lösungen sind isoosmotisch, wenn sie die gleiche Osmolarität besitzen. Unterscheidet sich die Osmolarität, ist die konzentriertere Lösung hyperosmotisch und die dünnere hypoosmotisch.

Richtige Antwort zu Frage 443: a. Die Ausscheidung von Ammoniak erfolgt beim Menschen in Form von Harnstoff und Harnsäure. Das wichtigste stickstoffhaltige Abfallprodukt ist der Harnstoff. Harnstoff ist gut wasserlöslich, die Ausscheidung ist jedoch auch mit einem gewissen Wasserverlust verbunden.

Richtige Antwort zu Frage 444: a. Durch ein Absinken des Blutdrucks verringert sich die Gewebedurchblutung, das kann zu einer Ansammlung von Stoffwechselschlacken führen. Diese Veränderung regt ein autoregulatorisches Öffnen der arteriellen Gefäße an, was in der Folge zu einer weiteren Abnahme des Blutdrucks führen würde. Um dieses zu verhindern, gibt es Rückkopplungsmechanismen.

Richtige Antwort zu Frage 445: e. Aktive Transportmechanismen haben Vögel nicht entwickelt. Zum Atemsystem von Vögeln gehören Luftsäcke, sie dienen aber nicht direkt dem Gasaustausch.

Richtige Antwort zu Frage 446: d. Mit Ausnahme von Antwortmöglichkeit d treffen alle Aussagen zu. Der Gasaustausch bei Vögeln erfolgt in den Luftkapillaren, die zwischen den Parabronchien verlaufen.

Richtige Antwort zu Frage 447: a. Der Blutstrom erfolgt im Gegenstromprinzip entgegen dem Atemwasserstrom. Das erhöht die Effizienz des Gasaustausches.

Richtige Antwort zu Frage 448: b. Durch den Atemrhythmus mit einem periodischen Wechsel von Ein- und Ausatmen werden dem PO_2-Gradienten enge Grenzen gesetzt. Da während eines Teils des Atemzyklus keine Frischluft in die Lunge gelangt, ist der mittlere PO_2 des Gasgemisches in der Lunge beträchtlich niedriger als in der Außenluft.

Richtige Antwort zu Frage 449: c. Die Atmung des Menschen wird vom Hirnstamm kontrolliert. Wobei der Atemrhythmus eine autonome Funktion ist, die von Neuronen in der Medulla oblongata generiert und von höheren Hirnzentren moduliert wird. Der wichtigste Feedback-Stimulus für die Atmung ist der Kohlendioxidspiegel im Blut. Damit ist Antwort c falsch.

Richtige Antwort zu Frage 450: b. Fetales Hämoglobin hat eine höhere Sauerstoffaffinität als adultes Hämoglobin. Der Fetus kann so in der Placenta Sauerstoff aus dem mütterlichen Blut aufnehmen.

Richtige Antwort zu Frage 451: c. Das Bestreben von Hämoglobin, Sauerstoff aufzunehmen oder abzugeben, hängt neben seiner Sauerstoffaffinität vom PO_2 in der Umgebung ab. Im aktiven Muskel herrschen niedrige PO_2-Werte, daher wird Sauerstoff bereitwillig abgegeben.

Richtige Antwort zu Frage 452: c. Kohlendioxid wird im Blut prinzipiell in Form von Bicarbonationen transportiert (Antwort c). CO_2 wird über H_2CO_3 in HCO_3^- umgewandelt und in dieser Form in die Lungen transportiert, um dann auf umgekehrtem Weg zurück in CO_2 verwandelt zu werden. Das Kohlensäure/Bicarbonat-System ist gleichzeitig das wichtigste Puffersystem des Blutes.

Richtige Antwort zu Frage 453: a. Myoglobin stellt für die Muskelzellen eine Sauerstoffreserve dar. Sind die PO_2-Werte im Gewebe niedrig und kann Hämoglobin den Bedarf nicht länger decken, gibt Myoglobin das gebundene O_2 ab. Zu c.) Myoglobin besteht aus einer einzigen Polypeptidkette mit einer Häm-Gruppe für die Bindung eines Sauerstoffmoleküls.

Richtige Antwort zu Frage 454: d. Bei steigendem CO_2-Gehalt im Blut nimmt die Respirationsrate zu. Die Atmung reagiert sogar empfindlicher auf einen erhöhten Kohlendioxidgehalt als sie auf einen verminderten Sauerstoffgehalt reagiert.

Richtige Antwort zu Frage 455: d. Ein komplexer Entwicklungszyklus mit Zwischenwirten und verschiedenen Larvenstadien erhöht die Wahrscheinlichkeit der Parasiten, von Organismus zu Organismus übertragen zu werden.

Richtige Antwort zu Frage 456: c. Unter dem Bauplan eines Tieres versteht man sowohl den allgemeinen Bau des Tieres und seiner Organsysteme als auch das koordinierte Funktionieren der einzelnen Teile.

Richtige Antwort zu Frage 457: d. Ein bilateralsymmetrisches Tier kann durch eine einzelne Ebene, die von vorne nach hinten durch die Mittellinie des Körpers läuft, in zwei spiegelbildliche Hälften (eine rechte und eine linke Körperseite) unterteilt werden.

Richtige Antwort zu Frage 458: b. Die ursprüngliche Furchung des befruchteten Eies erfolgt bei den Protostomiern radial. Es findet eine Radiärfurchung statt. In einer großen Protostomierlinie entwickelte sich später jedoch ein Alternativtyp, die Spiralfurchung.

Richtige Antwort zu Frage 459: e. Schwämme sind die einfachsten aller Tiere, sie besitzen keine echten Organe. Der Körperbau besteht aus eine Aggregation von Zellen und einem Wasserkanalsystem. Zu a.) Den Gastralraum, einen blind endenden Sack, in den der Mund führt, findet man bei den Cnidariern (Nesseltiere), nicht jedoch bei den Schwämmen.

Richtige Antwort zu Frage 460: b. Diploblastisch bedeutet aus zwei Zellschichten (Keimblättern) bestehend. Bei diploblastischen Tieren sind embryonal nur Ektoderm und Entoderm vorhanden. Das ist der Fall bei den Nesseltieren (Cnidaria) und den Rippenquallen (Ctenophora).

Richtige Antwort zu Frage 461: d. Cnidarier können auch an Stellen überleben, an denen Beute nur selten vorhanden und Nahrung daher knapp ist. Grund dafür ist ihre geringe Stoffwechselrate. Der Bauplan der Nesseltiere erlaubt es außerdem, relativ große Beutetiere zu fangen und zu verdauen.

Richtige Antwort zu Frage 462: b. Einen Lophophor oder Tentakelkranz besitzen die Tiere des Stammes Phoronida (Hufeisenwürmer), Brachiopoda (Armfüßer) und Bryozoa (Moostierchen). Die Tiere dieser Stämme sind allesamt marin.

Richtige Antwort zu Frage 463: e. Mit Ausnahme des gelenkigen Skeletts kommen alle genannten Bestandteile im Bauplan von Mollusken vor. Der gemeinsame Grundbauplan der Weichtiere umfasst die Bestandteile Fuß, Kopf, Mantel und Eingeweidesack.

Richtige Antwort zu Frage 464: c. Die Klasse der Cephalopoden gehört zu den Mollusken. Sie werden auch Kopffüßer genannt. Die Fortbewegung erfolgt durch das Ausstoßen von Wasser, was ihnen eine Art Raketenantrieb verleiht.

Richtige Antwort zu Frage 465: d. Die Außenhülle der Häutungstiere (Ecdysozoa) kann sowohl sehr dünn sein, wie es beispielsweise bei der Cuticula der Fall ist, sie kann aber auch sehr hart und stabil sein wie etwa bei den Krebstieren.

Richtige Antwort zu Frage 466: c. Das Hydroskelett erfüllt bei verschiedenen Stämmen der marinen Würmer eine wichtige Stützfunktion. Es wirkt als Antagonist zu den umgebenden Muskeln und dient der Kräfteübertragung.

Richtige Antwort zu Frage 467: a. Die Nematoden sind eine der zahlreichsten und am universell verbreitetsten Tiergruppen. Der Grund dafür ist, dass sie sehr anpassungsfähig sind und sich von ganz unterschiedlichen Dingen ernähren können. Sie können zum Beispiel von Algen, Bakterien oder Pilzen leben, können aber ebenso als Parasiten in Pflanzen oder Nieren auftreten. Zu e.) Einen segmentierten Körper haben Fadenwürmer nicht. Der Körper erhält seine Gestalt durch eine dicke, vielschichtige Cuticula, die von der Epidermis abgeschieden wird.

Richtige Antwort zu Frage 468: e. Das Exoskelett besteht aus Chitin, einem Polysaccharid und darin eingelagerten Proteinschichten. Zu d.) Arthropodin ist ein Gemisch aus verschiedenen Strukturproteinen, allerdings kein einzelnes komplexes Protein. Es ist ein Bestandteil der Körperhülle von Gliederfüßlern.

Richtige Antwort zu Frage 469: b. Gesucht sind hier die Stummelfüßer (Onchyophora) und die Bärtierchen (Tardigrada). Ihnen fehlen gegliederte Extremitäten.

Richtige Antwort zu Frage 470: c. Die individuenreichste Gruppe der Crustaceen stellen die Copepoda oder Ruderfußkrebse dar. Am bekanntesten ist jedoch die Gruppe der Malacostraca. Zu diesen „höheren Krebsen" gehören auch Garnelen, Hummer und Krabben.

Richtige Antwort zu Frage 471: d. Die drei grundlegenden Abschnitte des Insektenkörpers sind Kopf, Brust und Hinterleib, richtig ist also Antwort d. Zu b.) Der Cephalothorax, die Verschmelzung von Kopf und Thoraxsegmenten, tritt bei den Crustaceen auf.

Richtige Antwort zu Frage 472: b. Gesucht wird hier Antwort b, die Eichelwürmer und Flügelkiemer. Beide bilden zusammen den Stamm der Hemichordata, die gekennzeichnet sind durch ein dreiteiliges Coelom und eine bilateralsymmetrische, bewimperte Larve. Ihr Bauplan zeigt eine Dreiteilung in Proboscis, Kragen und Rumpf.

Richtige Antwort zu Frage 473: a. Die Seescheiden gehören zur Gruppe der Tunicaten. Die meisten Tunicaten leben als Adulte sessil und filtrieren mit ihrem großen Kiemendarm Plankton aus dem Meerwasser. Zu b.) Als Proboscis bezeichnet man den hohlen, muskulösen Rüssel der Schnurwürmer. Zu c.) Der Lophophor ist ein Tentakelkranz und kommt zum Beispiel bei den Plattwürmern vor.

Richtige Antwort zu Frage 474: c. Die Kiemenspalten dienten ursprünglich der Aufnahme von Sauerstoff und der Abgabe von Kohlendioxid und Atemwasser. Dieser Kiemendarm veränderte sich und evolvierte so, dass er auch zum Nahrungserwerb dienen konnte.

Richtige Antwort zu Frage 475: c. Wie im Namen schon angedeutet, besitzen die Wirbeltiere eine gelenkige, dorsale Wirbelsäule. An dieser Wirbelsäule sitzen zwei Extremitätenpaare an. Zum Grundbauplan der Wirbeltiere zählen außerdem noch ein starres Endoskelett, ein großes Coelom, an dem die inneren Organe aufgehängt sind, und ein Kreislaufsystem.

Richtige Antwort zu Frage 476: b. Den Lungenfischen fehlt das Knorpelskelett. Lungenfische sind eine rezente Unterklasse, die heute noch auf der Südhalbkugel in Sümpfen und stehenden Gewässern vorkommt. Sie besitzen sowohl Kiemen als auch Lungen. Zu den Knorpelfischen zählen Haie, Rochen und Chimären. Nahezu alle Knorpelfische sind Meeresbewohner. Zu e.) Mantas sind ebenfalls Rochen.

Richtige Antwort zu Frage 477: d. Die Schwimmblase, die heute bei den meisten Strahlenflossern als Tarierorgan fungiert, entwickelte sich aus einer lungenähnlichen Aussackung.

Richtige Antwort zu Frage 478: e. Amphibien legen ihre Eier im Wasser ab, weil die Eier ausschließlich in einer feuchten Umgebung überleben. Sie sind lediglich von einer gallertartigen Hülle umgeben. Bei Trockenheit kann diese Hülle einen Verlust von Wasser nicht verhindern.

Richtige Antwort zu Frage 479: e. Epithelgewebe sind Lagen dicht gepackter, eng miteinander verbundener Zellen, die innere und äußere Körperoberflächen bedecken, z. B. die Oberhaut. Ein weiteres Charakteristikum von Epithelzellen ist ihre Polarität, sie haben eine apikale und eine basale Seite.

Richtige Antwort zu Frage 480: e. Mit dem Gasaustausch haben Federn nichts zu tun, die übrigen Aussagen treffen aber alle zu.

Richtige Antwort zu Frage 481: c. Kloakentiere zeichnen sich durch drei Merkmale aus, die sie von anderen Säugetieren unterscheiden: das Fehlen einer Placenta, seitlich am Körper sitzende Beine und das Legen von Eiern. Die Ordnung umfasst nur drei Arten: das Schnabeltier und die Schnabel- oder Ameisenigel.

Richtige Antwort zu Frage 482: e. Alle der hier aufgeführten Faktoren trugen zur evolutionären Diversifikation der Insekten bei. Die Entwicklung von Flügeln und die damit einhergehende Fähigkeit zu fliegen, ist aber sicherlich der ausschlaggebende Grund für den Erfolg der Insektenlinie.

Richtige Antwort zu Frage 483: d. In diesem Fall spricht man von einer unvollständigen Metamorphose oder auch von einer Hemimetabolie. Zu den hemimetabolen Insekten zählen zum Beispiel Libellen und Heuschrecken. Zu e.) Von einer vollständigen Metamorphose spricht man, wenn sich die Larvalform stark von der Adultform unterscheidet.

Bekanntestes Beispiel ist natürlich der Schmetterling, aber auch Käfer, Bienen und Mücken zählen zur Gruppe der holometabolen Insekten.

Richtige Antwort zu Frage 484: d. Durch die Differenzierung entwickelt sich eine Zelle in einen spezialisierten Zustand und kann physiologische Funktionen übernehmen.

Richtige Antwort zu Frage 485: c. Der frühe *Drosophila*-Embryo besteht nicht aus einer Vielzahl von Zellen, sondern bildet ein einziges Syncytium. Dieses besteht aus einer großen Menge von Cytoplasma und zahlreichen Zellkernen.

Richtige Antwort zu Frage 486: c. Die Determination einer Zelle bleibt auch dann bestehen, wenn die Position der Zelle verändert wird. Durch die Determination wird das Schicksal einer Zelle festgelegt, es ist dann unabhängig von der Umgebung besiegelt. Von der Wirkung der extrazellulären Umgebung kann es nicht mehr beeinflusst werden. Zu a.) Auf die Determination folgt die Differenzierung, nicht umgekehrt.

Richtige Antwort zu Frage 487: c. Bei der Furchung von Fröschen und Seeigeln findet in den Blastomeren keine Genexpression statt. Die Furchung wird ausschließlich von Molekülen gesteuert, die schon vor der Befruchtung in der Eizelle präsent waren.

Richtige Antwort zu Frage 488: e. Alle Aussagen treffen hier zu. Die Furchung bei Säugern ist langsamer, während der Kompaktion werden Tight Junctions gebildet und im Gegensatz zum Frosch werden bei den Säugern Gene exprimiert.

Richtige Antwort zu Frage 489: c. Aufgrund der großen Dottermenge im Ei von Vögeln und Reptilien entwickelt sich die Blastula bei diesen Tieren als Zellscheibe. Die Zellen aus dem hinteren Bereich des Epiblasten wandern zum sogenannten Primitivstreifen, der sich später verengt und eine Rinne bildet. Zu a.) Die Gastrulation beim Frosch beginnt am grauen Halbmond, dieser liegt in der Nähe des vegetativen Pols.

Richtige Antwort zu Frage 490: d. Aus den Transplantationsexperimenten von Spemann und Mangold konnte gefolgert werden, dass die dorsale Urmundlippe in der Lage ist, die Bildung eines vollständigen Embryos zu induzieren. Daher spricht man auch vom primären Organisator bzw. vom Spemann-Organisator.

Richtige Antwort zu Frage 491: c. Aus dem Choriongewebe lassen sich Informationen über genetische Defekte gewinnen. Im Rahmen der Pränataldiagnostik kann eine solche Chorionzottenbiopsie durchgeführt werden. Zu a.) Die Organentwicklung findet bereits im ersten Trimester statt, im zweiten Trimester wächst der Fetus stark, die Gliedmaßen verlängern sich und die Gesichtszüge bilden sich aus. Zu b.) Die Gastrulation findet im Uterus statt.

Richtige Antwort zu Frage 492: b. Die Neurulation beginnt mit der Bildung des Neuralrohrs. Dieses entsteht aus dem Ektoderm. Beim Neuralrohr handelt es sich um ein frühes Entwicklungsstadium des Nervensystems.

Richtige Antwort zu Frage 493: d. Der Trophoblast ist die äußerste Zellschicht einer Blastozyste. Die Trophoblastenzellen sondern proteolytische Enzyme ab. Der Trophoblast kann sich so ins Endometrium eingraben und beginnt dort mit der Einnistung. Zu a.) Eineiige Zwillinge entstehen, wenn sich die Zygote im Verlauf der Entwicklung in zwei Embryonalanlagen teilt.

Richtige Antwort zu Frage 494: b. Die äußerste der schützenden Embryonalhüllen wird als Chorion bezeichnet. Gemeinsam mit der Dezidua erzeugt das Chorion die Placenta, das Austauschorgan für Nährstoffe, Atemgase und Schlacken.

Richtige Antwort zu Frage 495: a. Das Phänomen wird als „Heterochronie" bezeichnet. Zwei verschiedene Entwicklungsprozesse können durch die Heterochronie voneinander unabhängig verschoben werden. Zu c.) Adaption im Zusammenhang mit der Entwicklungsbiologie beschreibt die Anpassung an die Umwelt und die damit einhergehenden höheren Überlebens- und Fortpflanzungschancen.

Richtige Antwort zu Frage 496: Die menschliche Haut besteht aus der Oberhaut (Epidermis), der Lederhaut (Corium) und der Unterhaut (Subcutis).

Richtige Antwort zu Frage 497: Haare, Nägel und Drüsen werden als Hautanhangsgebilde bezeichnet. Dabei handelt es sich um Strukturen, die den Hautbereich durchqueren und auf der Oberfläche nach außen münden.

Richtige Antwort zu Frage 498: Ein Röhrenknochen weist einen lang gestreckten Mittelteil auf, den Knochenschaft oder auch Diaphyse genannt. Die Enden des Knochens werden als Epiphyse bezeichnet. Zwischen Dia- und Epiphyse befindet sich auf beiden Seiten des Knochens die Längenwachstumszone, die Metaphyse. Die Epiphysen dienen auf beiden Seiten als Kontaktstellen zu benachbarten Knochen und weisen deshalb auf ihrer Oberfläche eine dünne Schicht Knorpelgewebe auf. Der Rest des Knochens ist von einer sehr schmerzempfindlichen Knochenhaut, dem Periost überzogen. Das Periost enthält Nerven und Blutgefäße, um den Knochen mit Nährstoffen zu ernähren. Zudem setzen am Periost die Bänder und Sehnen über dichte, belastbare Verwachsungen an. Im Bereich der Diaphyse besitzt die Außenschicht (Kortikalis) des Knochens eine sehr dichte Knochenstruktur. Der größte Anteil des Knochens hingegen besteht aus feinen Knochenbälkchen, welche entsprechend der Belastung des Knochens angeordnet sind. Knochen weisen im Innern einen Hohlraum auf, welcher das rote Knochenmark enthält. Dieses fungiert als blutbildendes Organ und wird im Laufe des Alters in Fettmark umgewandelt.

Richtige Antwort zu Frage 499: Für die Bildung, den Erhalt und den Abbau der Knochenmasse sind drei verschiedene Arten von Knochenzellen verantwortlich. Zum Ersten die Osteoblasten, welche die Knochenmatrix, also die Grundsubstanz der Knochen bilden. Zum Zweiten die Osteocyten, welche als verhärtetes Gewebe die Knochenstruktur bilden. Und zum Dritten die Osteoklasten, welche für den Abbau der Knochensubstanz zuständig sind. Für das Gleichgewicht zwischen Knochenauf- und -abbau sind drei Hormone zuständig, welche den Calciumphosphathaushalt regulieren. Das von den Nebenschilddrüsen gebildete Parathyrin (Parathormon) mobilisiert die Abgabe von Calcium aus der kristallinen Struktur in das Blut. Leber und Niere bilden aus Vitamin D_3 das Calcitriol (D-Hormon), welches die Calcium- und Phosphatresorption im Darmepithel und in der Niere fördert. Dies wiederum führt zu einem Aufbau der Knochenmatrix. Das Peptidhormon Calcitonin wird in den C-Zellen der Schilddrüse gebildet und wirkt als Gegenspieler des Parathyrins. Es fördert ebenfalls die Einlagerung von Calcium in die Knochensubstanz.

Richtige Antwort zu Frage 500: Die Wirbelsäule besteht aus fünf Abschnitten mit unterschiedlicher Anzahl an Wirbeln. Die Abschnitte heißen: Halswirbelsäule (HWS), Brustwirbelsäule (BWS), Lendenwirbelsäule (LWS), Kreuzbein (Os sacrum) und Steißbein (Os coccygis).

Richtige Antwort zu Frage 501: Die Hand ist aus drei Knochengruppen aufgebaut, nämlich Handwurzel, Mittelhand und Finger. Die Handwurzel wird aus acht Handwurzelknochen gebildet. Diese sind in zwei Reihen angeordnet und durch Bänder fest miteinander verbunden. In der ersten Reihe finden wir das Kahnbein, das Mondbein, das Dreiecksbein und das Erbsenbein. In der zweiten Reihe sind es das große Vieleckbein, das kleine Vieleckbein, das Kopfbein und das Hakenbein. Die fünf Mittelhandknochen sind röhrenförmig gebaut und über ihre Gelenkflächen verbunden. Der erste, zum Daumen führende Mittelhandknochen ist über ein Sattelgelenk, das Daumenwurzelgelenk, mit dem großen Vieleckbein der Handwurzel verbunden. Die Fingerknochen bestehen, mit Ausnahme des zweigliedrigen Daumens, immer aus drei Gliedern, den Phalangen. Diese drei Glieder werden als Grund-, Mittel- und Endphalanx bezeichnet. Dazwischen liegen die Fingergrundgelenke, Fingermittelgelenke und Fingerendgelenke.

Richtige Antwort zu Frage 502: Glatte Muskulatur, wie wir sie z. B. in vielen inneren Organen, wie dem Magen und dem Darm, finden, weist einen anderen kontraktilen Apparat auf, als gestreifte Skelettmuskulatur. Die Zellen der glatten Muskulatur enthalten einen kontraktilen Apparat aus ebenfalls überlappenden Actin- und Myosinfilamenten. Diese sind allerdings nicht in den für die Skelettmuskulatur typischen Sarkomeren angeordnet. Sie verlaufen vielfach durcheinander und sind spindelförmig angeordnet. Die Myosinfilamente sind mit scheibenförmigen Anheftungsplatten in der Zellmembran verankert. Diese verbinden auch die Zellen untereinander. Glatten Muskelzellen fehlt außerdem das ausgeprägte tubuläre System der Skelettmuskelzellen mit den Ca^{2+}-Speichern.

Richtige Antwort zu Frage 503: Troponin und Tropomyosin sind Teil des kontraktilen Elements der quergestreiften Muskulatur. Dieses Element besteht aus Actin- und Myosinfilamenten, welche die strukturelle Grundlage der Muskelbewegungen bilden. Dabei ist der Proteinstrang Tropomyosin in die Furche der zwei schraubenartig verdrehten F-Actin-Elemente eingebettet. In ca. 6 nm Abständen ist ein weiteres kugelförmiges Protein angelagert, das Troponin. Zusammen bilden diese Elemente das Actinfilament.

Richtige Antwort zu Frage 504: Wir unterscheiden die quergestreifte Muskulatur (Skelettmuskulatur), die Herzmuskulatur und die glatte (Eingeweide-) Muskulatur.

Richtige Antwort zu Frage 505: Mit Eintreten der Pubertät wird das Gonadotropin-Releasing-Hormon (GnRH) vom Hypothalamus ausgeschüttet. Dieses bewirkt im Hypophysenvorderlappen eine Freisetzung von FSH (follikelstimulierendes Hormon) und LH (luteinisierendes Hormon). FSH stimuliert die Spermienreifung über die Sekrete der Sertoli-Zellen und LH stimuliert in den Leydig-Zellen der Hoden die Bildung von Testosteron. Testosteron und Dihydrotestosteron (DHT) und ein inhibierender Faktor wirken hemmend auf den Hypothalamus. Diese hormonellen Regelungen dauern normalerweise das ganze Erwachsenenleben an. Testosteron ist das wichtigste männliche Geschlechtshormon und gehört zu der Gruppe der Androgene. So auch DHT. Die Androgene haben neben dieser Funktion eine Vielzahl weiterer Effekte auf den männlichen Organismus (z. B. Bartwuchs, Muskel- und Knochenwachstum).

Richtige Antwort zu Frage 506: Spermien werden in den Hodenkanälchen aus Vorläuferzellen gebildet. Dieser Vorgang dauert ca. 80 Tage. Aus den Urkeimzellen bilden sich zunächst die Spermatogonien, welche sich ab der Pubertät durch Mitose in die diploiden Spermatocyten erster Ordnung teilen. Im Zuge der ersten Reifeteilung bilden sich aus ihnen die haploiden Spermatocyten zweiter Ordnung, aus denen im Zuge der zweiten Reifeteilung die Spermatiden entstehen. Diese reifen schließlich zu den beweglichen und befruchtungsfähigen Spermien.

Richtige Antwort zu Frage 507: Der Eisprung einer Frau findet in der Mitte ihres Menstruationszyklus statt. Bei einem Zyklus von 28 Tagen fällt der Eisprung also auf den 14. Tag nach dem ersten Tag der Monatsblutung. Große Mengen an LH (Luteinisierendes Hormon), geringere Mengen an FSH (follikelstimulierendes Hormon) bewirken diesen Eisprung.

Richtige Antwort zu Frage 508: Es gibt klassische sexuell übertragbare Krankheiten. Zu ihnen gehören: Gonorrhoe (Tripper), Syphilis, weicher Schanker und die venerische Lymphknotenentzündung. Zudem können auch allgemeine bakterielle und/oder virale Krankheiten übertragen werden, z. B. durch Chlamydien, Mykoplasmen, Parasiten und Viren. Hier sind besonders das Papilloma-Virus, Hepatitis B und C und natürlich HIV zu nennen.

Richtige Antwort zu Frage 509: Die eigentlichen männlichen Geschlechtsdrüsen sind paarig als eiförmige Hoden im Hodensack angelegt. Zusätzlich sind bis zu vier paarige Geschlechtsdrüsen entlang des Samenwegs ausgebildet. Samenleiterampulle, Samenblasendrüse, Bulbourethraldrüse und die Prostata produzieren einen Großteil der Samenflüssigkeit.

Richtige Antwort zu Frage 510: Antikörper (AK; Immunglobuline) sind alle ähnlich aufgebaut. Sie bestehen aus vier Eiweißketten, zwei leichten und zwei schweren. Diese Eiweißketten sind über Disulfidbrücken miteinander verbunden. Das Fc-Fragment, ein Teil dieser Eiweißketten, ist bei allen Antikörperklassen (insgesamt fünf; IgM, IgG, IgA, IgD, IgE) strukturell ähnlich. Das Fab-Fragment, ein zweiter Teil, ist über ein „Scharnier" (*hinge*-Region) mit dem Fc-Fragment verbunden. Dieses Fab-Fragment ist variabel und unterscheidet sich innerhalb der AK. An diesem variablen Teil des AKs befinden sich zwei Antigenbindungsstellen. Am Fc-Fragment, dem konstanten Teil, ist eine sogenannte Fc-Bindungsstelle vorhanden. Mit dieser Stelle binden die AK an phagocytierende Immunzellen. Seitlich am Fc-Fragment befindet sich eine weitere Bindungsstelle, mit der das Komplementsystem aktiviert werden kann. AK werden von aktivierten B-Lymphocyten gebildet. Diese Aktivierung der B-Lymphocyten erfolgt durch die Bindung von Antigenen. Jetzt reifen und proliferieren die B-Lymphocyten. Die Vielfalt der AK entsteht durch variable Gene und eine klonale Selektion der B-Lymphocyten. Im Verlauf der AK-Bildung nach einer Infektion werden zunächst IgM-AK hergestellt, später dann IgG-Moleküle. Somit bilden die IgM-AK die Erstantwort des Immunsystems bei beginnenden Infektionen, und die IgG kommen bei der Sekundärantwort vor.

Richtige Antwort zu Frage 511: T-Helferzellen stimulieren die Proliferation der aktivierten T-Lymphocyten. Diese bilden weitere T-Helferzellen, als auch cytotoxische T-Zellen (T-Killerzellen). Diese cytotoxischen T-Zellen sind in der Lage, infizierte Zielzellen mithilfe spezieller Proteine zu zerstören, indem diese Proteine die Zellmembran permeabel machen und die Apoptose initiieren.

Richtige Antwort zu Frage 512: Die Leber ist mit ca. 1,5 kg die größte Anhangsdrüse des menschlichen Körpers. Sie erfüllt neben vielzähligen zentralen Stoffwechselaufgaben (z. B. Gluconeogenese, Harnstoffzyklus) auch die Speicherung von Vitaminen, Fetten und Kohlenhydraten. Sie entgiftet den Körper von schädlichen Substanzen (z. B. Alkohol) und bildet die Gallenflüssigkeit.

Richtige Antwort zu Frage 513: Der exokrine Teil des Pankreas sezerniert Verdauungsenzyme und Puffer, der endokrine Teil bildet Hormone (Insulin) und reguliert den Zuckerstoffwechsel.

Richtige Antwort zu Frage 514: Man unterscheidet zwischen fettlöslichen Steroid- und meist wasserlöslichen Peptidhormonen, zwischen Aminosäure- und Arachidonsäurederivaten. Sie werden nach ihrer chemischen Struktur, ihrem Bildungsort oder ihrem Wirkmechanismus eingeteilt.

Richtige Antwort zu Frage 515: Man unterscheidet zwischen Hormonrezeptoren in der Zellmembran und denen im Intrazellularbereich. Diese Rezeptoren sind unterschiedlich lokalisiert, da ihre Hormone unterschiedliche chemische Eigenschaften aufweisen. Wasserlösliche Hormone (Peptidhormone, Aminosäurederivate) können nicht in die Zelle eindringen und benötigen deshalb extrazelluläre Rezeptoren in der Zellmembran. Steroidund auch die Schilddrüsenhormone sind lipidlöslich und können demnach die Zellmembran passieren. Ihre Rezeptoren liegen im Cytoplasma, bzw. dem Zellkern.

Richtige Antwort zu Frage 516: Der Sympathicus ist für eine Leistungssteigerung des Organismus' verantwortlich. Er greift bei Angst- oder Fluchtreaktionen. Zielgewebe des Sympathicus sind vor allem die glatte Muskulatur der Blutgefäße und Drüsen. Hier wirkt der Sympathicus durch Vasokonstriktion auf Arterien- und Venenwände. Er steuert unwillkürlich lebenswichtige Vorgänge des Körpers. Eine Aktivierung des Sympathicus erhöht die Herzfrequenz, steigert den Blutdruck, initiiert die Glykolyse in der Leber und die Lipolyse in den Fettzellen. Der Parasympathicus hingegen ist vor allem bei körperlicher Ruhe aktiv und regelt die Erholung der Körperfunktionen. Die parasympathische Wirkung ist antagonistisch zum Sympathicus, d. h. sie erniedrigt z. B. die Herzfrequenz, erhöht aber die Magen-Darm-Motorik. Mit Ausnahme der Genitalorgane sind die Blutgefäße aber nicht parasympathisch innerviert. Der Parasympathikus fördert zudem die Entleerung der Blase und die Tränensekretion am Auge.

Richtige Antwort zu Frage 517: Spinale Reflexe sind unbedingte Reflexe. Sie stellen einen Vorrat elementarer Haltungs- und Bewegungsprogramme dar, wie z. B. Atmung, Laufen, Gehen und die Darmentleerung. Dieser Programme kann sich unser Körper je nach Bedarf bedienen, ohne dass sich die höheren Abschnitte des ZNS im Einzelnen um die Ausführung dieser bemühen müssen.

Richtige Antwort zu Frage 518: Kontinuierliche Erregungsleitung findet an marklosen Nervenfasern statt, wohingegen die saltatorische an markhaltigen – myelinisierten – Axonen stattfindet. Die saltatorische Erregungsleitung verläuft schneller, als die kontinuierliche. Das liegt daran, dass die markhaltigen Axone Ranvier'sche Schnürringe aufweisen, an denen sie nicht myelinisiert sind. Nur hier ist das Axon unisoliert und nur hier kann ein Aktionspotenzial (AP) entstehen. Dieses „springt" von Ring zu Ring und ist demnach schneller, als die kontinuierliche, langsame Weiterleitung eines APs an marklosen Axonen. Marklose Nervenfasern findet man hauptsächlich bei Invertebraten und im vegetativen Nervensystem der Vertebraten. Die Mehrzahl der Vertebratenneurone hingegen ist markhaltig. Diese Nervenzellen zeigen am Axon unterschiedliche Isolierungen auf, die durch die Form der Schwann'schen Zellen bestimmt werden. Diese bilden die sogenannte Myelinscheide, welche sich auch in mehreren Schichten um das Axon legen kann. Dies führt zu einer sehr guten Isolierung. Die Myelinschicht ist nur an den Ranvier'schen Schnürringen unterbrochen. An diesen Stellen weist die axonale Membran verhältnismäßig viele spannungsabhängige Na^+-Kanäle auf.

Richtige Antwort zu Frage 519: Bei den an Land lebenden Wirbeltieren werden die Schallwellen über das Außenohr, an dessen Ende das Trommelfell sitzt, aufgenommen. Da wir über zwei Ohren verfügen, kann bereits über die Trommelfelle die Druckdifferenz des Schalls erfasst und somit die Richtung dessen bestimmt werden. Das Trommelfell schließt das Außenohr komplett vom Mittelohr ab. Die Membran wird durch die Schallwellen in Schwingungen versetzt. Deren Amplitude wird nun durch die drei Gehörknöchelchen (Hammer, Amboss, Steigbügel) des Mittelohrs auf das ovale Fenster des Innenohrs übertragen, und der Schalldruck wird durch die Hebelmechanik der Knöchelchen ca. 80-fach verstärkt. Ein Druckausgleich zwischen Ohr und Umgebung ist durch die Eustachi'sche Röhre möglich, welche das Mittelohr mit dem Rachenraum verbindet. Im Innenohr befindet sich die knöcherne Schnecke (Cochlea), welche drei, durch häutige Schichten umgebene Kanäle enthält. Der Schall wird also vom Steigbügel über das ovale Fenster auf die Perilymphe des oberen Kanals (Scala vestibuli, oberer Kanal) übertragen. Die Schallwellen laufen über das Helicotrema (Verbindungsspitze des oberen und unteren Kanals) und die Scala tympani des unteren Kanals zum runden Fenster. Dieses bewegt sich in Ausgleichsbewegungen zum ovalen Fenster. Bei der Wanderung der Schallwellen wird die Basilarmembran, welche zwischen oberem und unterem Kanal liegt, in Schwingung versetzt. In dieser Basilarmembran liegt das Corti-Organ, das eigentliche Sinnesorgan. Erreichen die Schallwellen ihr Maximum an der Basilarmembran, wird das Corti-Organ erregt. Seine Sinneszellen sind in äußere und innere Haarzellen eingeteilt, welche ein Ruhepotenzial von ca. − 70 mV aufweisen. Durch den Schall werden die Cilien gebogen und ein Rezeptorpotenzial entsteht.

Richtige Antwort zu Frage 520: Man unterscheidet eigentlich vier Geschmacksqualitäten: bitter, süß, sauer und salzig. Der Umami-Geschmack wurde neu als fünfte Qualität eingeführt.

Richtige Antwort zu Frage 521: Als apokrine Sekretion wird die Ausscheidung großer Tropfen bezeichnet. Die Sekretion vieler kleiner wässriger Sekrettropfen wird als ekkrin bezeichnet.

Richtige Antwort zu Frage 522: Mit dem Hämatokrit wird der Volumenanteil der Blutzellen bezeichnet. Er nimmt nur knapp die Hälfte des Gesamtvolumens des Blutes ein. Blut besteht etwa zur Hälfte aus der wässrigen Phase, dem Blutplasma, welches die gelösten Stoffe trägt. Dazu gehören die Blutgase O_2 und CO_2, Elektrolyte, Blutproteine mit daran gebundenen Signal- oder Abwehrstoffen sowie die Blutzellen, welche vertreten sind durch Erythrocyten, Leukocyten und Lymphocyten und den Thrombocyten. Je nach Tierart ist das Blut anders zusammengesetzt.

Richtige Antwort zu Frage 523: Das Blutplasma ist der nicht-zelluläre Bestandteil des Blutes. Es ist eine wässrige Lösung, in welcher die niedermolekularen Ionen (hauptsächlich Na^+, Cl^- und HCO_3^-), die hochmolekularen Plasmaproteine (Albumine, Globuline, etc.) und die Blutgerinnungsfaktoren und Proteine (Prothrombin, Fibrinogen u. a.) enthalten sind. Blutserum enthält im Gegensatz zu Blutplasma keine gerinnungsaktiven Substanzen, wie z. B. Fibrin.

Richtige Antwort zu Frage 524: Rhesusnegative (Rh^-) Menschen besitzen bei Geburt weder Rhesus-Antigene, noch Rhesus-Antikörper. Sie können aber Rh-Antikörper durch Kontakt mit Rh-Antigenen, z. B. bei Bluttransfusionen oder Schwangerschaften ausbilden. Es gibt demnach zwei Gruppen Rh^-negativer Menschen: solche ohne und solche mit Rh-Antikörpern.

Richtige Antwort zu Frage 525: Bei holokrinen Drüsen wird der gesamte Zellinhalt in das Sekret umgewandelt. Die Zelle zerfällt anschließend. Bei merokrinen Drüsen wird das Sekret aus der intakten Zelle ausgeschleust. Die Zelle bleibt erhalten.

Richtige Antwort zu Frage 526: Man unterscheidet zwischen Organismen, welche Ammoniak, Harnsäure oder Harnstoff ausscheiden. Ammoniakausscheidende werden als ammoniotelische, harnsäureausscheidende als urikotelische und harnstoffausscheidende Tiere als ureotelische Organismen bezeichnet.

Richtige Antwort zu Frage 527: Durch den allosterischen Effekt des Hämoglobins weist es eine sigmoidale O_2-Bindungskurve auf. Durch Veränderungen des Blutes, welche z. B. den pH-Wert, die Temperatur, den CO_2-Gehalt und die Konzentration von 2,3-Bisphosphoglycerat (2,3-BPG) betreffen, kann diese verschoben werden. Zum Beispiel hat 2,3-BPG, wenn die Konzentration zunimmt, einen geringen Einfluss auf die Sauerstoffbindung im Häm, aber einen starken Einfluss auf die Abgabe an das periphere Gewebe.

Richtige Antwort zu Frage 528: Der Haldane-Effekt beschreibt die unterschiedliche Affinität von Hämoglobin zu Sauerstoff und CO_2 im Gewebe und in der Lunge. Er besagt, dass die Oxygenierung des Hämoglobins in den Lungenkapillaren die Bindung von Protonen und CO_2 an das Hämoglobin senkt und die Desoxygenierung desselben in den Gewebekapillaren die Bindung von Protonen und CO_2 an Hämoglobin erhöht. Dadurch werden die CO_2-Abgabe in den Lungen und die CO_2-Aufnahme in den Gewebekapillaren durch das Hämoglobin jeweils verstärkt.

Richtige Antwort zu Frage 529: Infektionskrankheiten, welche von Tier zu Mensch und andersherum übertragbar sind, werden als Zoonose bezeichnet.

Richtige Antwort zu Frage 530: Als Mesogloea wird die gallertartige Zwischenschicht zwischen Ekto- und Entoderm bei „Hohltieren" bezeichnet.

Richtige Antwort zu Frage 531: Unter der Refraktärzeit versteht man die Zeit, in der ein Muskel oder eine Membran nicht oder nur eingeschränkt erregbar ist. Die Zeit der absoluten Unerregbarkeit heißt absolute Refraktärphase; die Zeit der verminderten Erregbarkeit relative Refraktärphase. Tetanus beschreibt eine Dauerverkürzung eines Muskels, die durch Überlagerung (Superposition) von mehreren Reizen in gleichem Zeitabstand zustande kommt. Eine Kontraktur ist eine reversible Dauerverkürzung eines Muskels. Sie hat ihre Ursache in einer lokalen Dauerdepolarisation der Membran.

Richtige Antwort zu Frage 532: Durch Spaltung energiereicher Phosphatbindungen wie Kreatin- und Argininphosphat und Übertragung auf ADP; durch Abbau des in den Granula gespeicherten Glykogens (Glykolyse); durch Abbau des in der Glykolyse entstandenen Pyruvats oder Lactats im Citratzyklus und in der Atmungskette.

Richtige Antwort zu Frage 533: Unter Bindung von ATP erfolgt die Auflösung der Querbrücken zwischen Myosin und Actin und damit die Aufhebung der Muskelkontraktion. Ohne diese Auflösung würde der Muskel „erstarren".

Richtige Antwort zu Frage 534: Als „Generationswechsel" bezeichnet man die Abfolge von sexueller und asexueller Vermehrung. Dabei müssen sich die beiden Fortpflanzungsformen nicht unbedingt regelmäßig abwechseln. Es kann eine Reihe der einen oder anderen Fortpflanzungsform durchgeführt werden, bis der Wechsel eintritt.

Richtige Antwort zu Frage 535: Der Wechsel zwischen vegetativer und sexueller Vermehrung ist als Metagenese (Beispiel: *Hydra*) bekannt. Wechseln sich eingeschlechtliche und sexuelle Vermehrung ab, wird dies als „Heterogonie" bezeichnet (Beispiel: häufig bei Blattläusen).

Richtige Antwort zu Frage 536: Bei der eingeschlechtlichen Vermehrung entsteht die neue Generation aus Keimzellen. Dies sind in der Regel unbefruchtete Eier, und man spricht auch von „Parthenogenese" oder „Jungfernzeugung". Die vegetative Vermehrung geht von somatischen Zellen aus.

Richtige Antwort zu Frage 537: Sprossung findet sich bei Nesseltieren (z. B. Hydra). Bei der Regeneration, häufig bei Schwämmen, Seeigeln und Anneliden, kann sich aus einem abgetrennten Körperteil ein neuer Organismus bilden. Bei Polyembryonie entstehen bei der aus einer auf sexuellem Weg gebildeten Zygote durch asexuelle Teilungen in der frühen Embryogenese mehrere Embryonen, die zu adulten, genetisch identischen Tieren heranwachsen. Eineiige Zwillinge beim Menschen können als Beispiel dienen.

Richtige Antwort zu Frage 538: In der Regel entstehen bei sexueller Fortpflanzung in den beiden Geschlechtern zwei morphologisch verschiedene Gameten: Dies wird als Anisogametie bezeichnet. Sind die beiden Gameten stark differenziert – dies ist bei Ei und

Spermium gegeben –, wird dies als Oogametie bezeichnet. Daneben kommt die ursprünglichere Form der Isogametie vor, bei der zwei gleichartige Gameten gebildet werden.

Richtige Antwort zu Frage 539: Die Ansätze zur Erklärung der Evolution der sexuellen Reproduktion und darin insbesondere der Oogametie gehen von zwei konkurrierenden Faktoren aus. Zum Einen sind voluminöse Gameten grundsätzlich vorteilhaft für den sich entwickelnden Embryo, da auf diesem Weg ein großzügiges Nahrungsangebot für die ersten Entwicklungsschritte zur Verfügung steht. Andererseits sichert aber nur eine große Anzahl Gameten eine erfolgreiche Befruchtung. Sind Ressourcen begrenzt, scheint ein Kompromiss die beste Lösung zu sein. In einem Geschlecht wird eine geringe Anzahl großer Gameten (Eier) gebildet. Dem steht eine große Anzahl relativ kleiner Gameten (Spermien) im anderen Geschlecht gegenüber. Bislang dominiert die Ansicht, dass Spermien keine große Investition für Organismen darstellen und deshalb leicht in großer Zahl produziert werden können.

Richtige Antwort zu Frage 540: Unter Polyspermie versteht man die Befruchtung eines Eies durch mehrere Spermien. Verhindert wird dies bei Säugetieren und Fischen durch die Zona pellucida und den Inhalt der Corticalgranula. Bei Fröschen und Seeigeln fehlt eine ausgeprägte extrazelluläre Matrix vor der Befruchtung und die Corticalreaktion liefert den Hauptanteil der mechanischen Barriere gegen Polyspermie (Befruchtungsmembran), die ausgebildet wird, nachdem ein Spermium in Kontakt mit der Plasmamembran des Eies gekommen ist.

Richtige Antwort zu Frage 541: Gonaden, Leitungswege und Begattungsorgane gehören zu den primären Geschlechtsorganen. Darüber hinaus unterscheiden sich Männchen und Weibchen einer Art häufig in Bau und Körpergröße. Dafür ist der Begriff „Geschlechtsdimorphismus" üblich. Bei den sekundären Geschlechtsorganen lassen sich vier Kategorien unterscheiden: A) Klammerorgane der Männchen zum Festhalten an den Weibchen bei der Kopulation. B) Organe für die Brutpflege wie Milchdrüsen. C) Signalstrukturen zum Anlocken und der Stimulation von Paarungspartnern wie das Gefieder mancher Vögel. D) Waffen und Imponierstrukturen in Form von Zähnen, Geweihen und Zangen.

Richtige Antwort zu Frage 542: Trotz der unterschiedlichen Gestalt und Größe der Spermien in verschiedenen Organismen lässt sich ein Grundbauplan bestehend aus Kopf und Schwanz erkennen. Der kernhaltige Kopf wird wiederum in die akrosomale und die postakrosomale Region unterteilt. Im längenmäßig größeren Schwanz sitzt das Flagellum, und dieser Abschnitt wird in Mittel-, Haupt- und Endstück unterteilt. Im Mittelstück sind typischerweise Mitochondrien um das Flagellum herum angeordnet und sorgen für die Anlieferung energiereicher Phosphatverbindungen für die Bewegungen des Spermiums. Im Hauptstück fehlen die Mitochondrien, aber es finden sich neun peripher gelegene dichte Fasern und eine Art Hülle, die für die elastischen Eigenschaften des Spermienschwanzes verantwortlich sind. Im Endstück findet sich nur das Axonem.

Richtige Antwort zu Frage 543: Der erste Schritt einer erfolgreichen Befruchtung liegt in der Erkennung und ersten Verbindung zwischen Spermium und Ei. Bei Säugetieren spielen dabei Zuckerreste an einem filamentösen Protein (ZP3, 83 kDa) der Zona pellucida (Glashaut) eine wichtige Rolle. Das ZP3-Molekül löst im Spermium auch die sogenannte Akrosomenreaktion, die Fusion der Plasmamembran und der Membran des Akrosoms, aus. Auf diese Weise werden unter anderem eine Hyaluronidase und ein trypsinähnliches Enzym, Acrosin genannt, freigesetzt, die es dem Spermium erlauben, die Zona pellucida zu durchdringen. Gefördert wird dies durch Bewegungen des Spermienschwanzes. Dann nimmt das Spermium auf der Höhe seines Zellkerns mit der Plasmamembran Kontakt auf, und die sogenannte Rinden- oder Corticalreaktion, wird induziert. Dabei verschmelzen im Ei die auf der cytoplasmatischen Seite der Plasmamembran liegenden Rindengranula mit der Plasmamembran, entlassen ihren Inhalt und gleichzeitig wird das Spermium in das Cytoplasma des Eies aufgenommen (Plasmogamie). Die entstehende extrazelluläre Hülle um das Ei wird Befruchtungsmembran genannt. Im letzten Schritt bewegen sich der männliche und der weibliche Vorkern aufeinander zu und verschmelzen miteinander (Karyogamie).

Richtige Antwort zu Frage 544: Nein. Bei einem homomorphen Karyotyp liegen zwei weitgehend identische (homologe) Geschlechtschromosomen in einem Geschlecht vor. Dies ist zwar bei weiblichen Säugetieren gegeben, nicht aber bei Vögeln und Schmetterlingen.

Richtige Antwort zu Frage 545: Man unterscheidet die genotypische, d. h. die primär durch chromosomale Faktoren geregelte, und die durch Umweltfaktoren wie Temperatur und Standort gesteuerte Geschlechtsbestimmung. Beide Typen kommen im Tierreich in unterschiedlichster Form vor. Die sogenannte Haplodiploidie ist eine Form der genotypischen Geschlechtsbestimmung, die bei sozialen Insekten, Coccoidea, Zecken und manchen Käfern zu finden ist.

Richtige Antwort zu Frage 546: Angeborene Immunität: muss nicht aktiviert werden, physikochemische Barrieren, phagocytierende Zellen, alternativer Weg der Komplementaktivierung. Frühe induzierte Immunantwort: setzt nach ca. 4 h ein, wird durch Mediatoren der angeborenen Immunität aktiviert, dient der Eingrenzung der Infektion, löst Fieber aus, Rekrutierung von phagocytierenden Zellen, Aktivierung von NK-Zellen. Spezifische Immunantwort: setzt nach ca. 96 h ein, Proliferation von spezifischen Lymphocyten.

Richtige Antwort zu Frage 547: Spezifität, Diversität, Gedächtnis, Selbst-Regulierung, Erkennung von körpereigenen krankhaft veränderten Zellen und körperfremden Erregern (z. B. Bakterien, Viren, Pilzen).

Richtige Antwort zu Frage 548: Antigen: Molekül, an das Antikörper binden können. Immunogen: Antigen, das eine Immunantwort auslösen kann. Hapten: Molekül, an das Antikörper binden können, das aber zu klein ist, um eine Immunantwort auszulösen.

Carrier: Makromolekül, an das ein Hapten gebunden werden kann, um immunogen zu wirken. Epitop: Teil des Antigens, an den Antikörper bindet. Peptid: Antigene werden in Peptide gespalten (durch Proteasom oder im Endosom), die dann von MHC-Molekülen gebunden werden können.

Richtige Antwort zu Frage 549: Das angeborene Immunsystem reagiert kurzfristig auf ein enges Spektrum von bekannten Strukturen.

Richtige Antwort zu Frage 550: Circa 20 hitzelabile Plasmaproteine, die durch sequenzielle proteolytische Spaltung aktiviert werden. Aktivierung entweder auf dem klassischen Weg (durch an Pathogen gebundene Antikörper) oder alternativ (spontan). Wege konvertieren mit der Spaltung von C5 durch die jeweiligen C5-Konvertasen. Effekte: Lyse von Pathogenen durch MAC, Opsonisierung, kleine Spaltprodukte wirken teilweise als Entzündungsmediatoren.

Richtige Antwort zu Frage 551: Als Nährstoffe werden letztlich Kohlenhydrate, Proteine, Fette und in kleineren Mengen Vitamine, Mineralstoffe und Spurenelemente benötigt.

Richtige Antwort zu Frage 552: Skorbut: Vitamin-C-Mangel. Beginnend mit Hautveränderungen führt Skorbut im späteren Verlauf zum Verlust der Zähne, inneren Blutungen und Herzmuskelschwäche. Rachitis: Vitamin-D-Mangel. Es zeigen sich Skelettdeformationen aufgrund der Störung der Calciumresorption im Darm. Hypervitaminosen bei fettlöslichen Vitaminen wie A (z. B. Missbildungen) und D (Störungen von ZNS und Nieren).

Richtige Antwort zu Frage 553: Weil sich die endosymbiontischen Bakterien des Kaninchens im Blinddarm befinden und dieser hinter dem resorbierenden Mitteldarm liegt, wird zunächst ein nährstoffreicher Weichkot ausgeschieden. Dieser wird gefressen (Koprophagie) und erst dann können die bakteriell aufgeschlossenen Nährstoffe und bakteriell synthetisierte Vitamine resorbiert werden. Der nährstoffarme Kot ist hart.

Richtige Antwort zu Frage 554: Hormone wirken in geringen Mengen auf Zielzellen oder -organe: Fernwirkung durch Sekretion in den Blutkreislauf, lokale Wirkung durch Diffusion auf Nachbarzellen. Hormone können auch als Neurotransmitter wirken. Hormone werden manchmal in Form von Prohormonen synthetisiert.

Richtige Antwort zu Frage 555: Peptidhormone sind hydrophil, sie binden an membranständige Rezeptoren. Das Signal wird in die Zelle weitergeleitet (Signaltransduktion). Bei der Weiterleitung wird das Signal über Effektoren in einen oder mehrere *second messenger* umgewandelt. Bei jedem Schritt erfolgt eine Signalverstärkung (Amplifikation). Steroidhormone sind lipidlöslich und binden an intrazelluläre Rezeptoren. Der Hormon-Rezeptor-Komplex dockt an die DNA an, bestimmte Gene werden aktiviert oder inaktiviert.

Richtige Antwort zu Frage 556: Im Normalfall erfolgt die Regelung über einen negativen Rückkopplungsprozess. Rezeptoren messen die Regelgröße (Hormonspiegel), die Information über den Ist-Wert wird an bestimmte Zellen im Hypothalamus weitergegeben. Der Hypothalamus fungiert als Regelglied, in ihm werden Soll- und Ist-Wert des Hormonspiegels verglichen. Liegt eine Abweichung vor, wird über die Stellglieder (untergeordnete Hormondrüsen) korrigierend auf den Regelkreis eingewirkt.

Richtige Antwort zu Frage 557: Die grundlegenden Elemente sind Nervenzellen und Gliazellen. Die Nervenzellen dienen der Erzeugung, Verarbeitung und Weiterleitung von elektrischen Signalen, die Gliazellen sind das Bindegewebe des Nervensystems. Sie dienen der Ernährung, dem Schutz und der Stützung des Nervensystems sowie der elektrischen Isolation von Nervenzellen.

Richtige Antwort zu Frage 558: Eine Nervenzelle oder ein Neuron besteht aus dem Zellkörper (Soma oder Perikaryon), in dem Zellen und Organellen liegen. Dort zweigen verschieden lange und eventuell weiter verzweigte Fortsätze ab. Die kurzen Fortsätze werden Dendriten genannt und dienen der Signalaufnahme. Ein sehr langer Fortsatz, der an einer meist auffälligen Verdickung des Somas, dem Axonhügel, entspringt, ist das Axon, das der Weiterleitung von Signalen dient. Die Verbindungen zwischen zwei Nervenzellen, die meist etwas verdickten Nervenendigungen der Axone entsprechen, heißen Synapsen.

Richtige Antwort zu Frage 559: Unter Membranpotenzial versteht man die elektrische Potenzialdifferenz über der Zellmembran. Alle anderen Begriffe sind spezielle Formen des Membranpotenzials. Unter Ruhepotenzial versteht man die Verteilung von Ionensorten im intra- und extrazellulären Raum bei einer Nervenzelle, die nicht erregt ist (außen hohe Na^+- und Cl^-, innen hohe K^+-Konzentration; aufgrund der hohen Konzentration von negativ geladenen organischen Molekülen ist die Innenseite gegenüber der Außenseite negativer); durch einen Reiz erfolgt in einem bestimmten Membranareal eine Depolarisierung der Membran, d. h. die Potenzialdifferenz über der Membran wird geringer. Wird ein gewisser Schwellenwert bei der Depolarisierung erreicht, öffnen sich spannungsabhängige Na^+-Kanäle in der Membran und Na^+ strömt in die Zelle ein: Ein Aktionspotenzial entsteht. Elektrotonische Potenziale sind lokal begrenzte Änderungen der Potenzialdifferenz, die z. B. durch die passive Ausbreitung des Stromes im Umfeld der Reizstelle auftreten, als postsynaptisches Potenzial oder als Rezeptorpotenzial.

Richtige Antwort zu Frage 560: Myelinisierte Fasern sind durch Gliazellen, z. B. Schwann-Zellen, isoliert. Nur in den Bereichen zwischen den Schwann-Zellen, den Ranvier-Schnürringen, liegt die Nervenzellmembran frei. In den isolierten Bereichen ist die Zahl der Ionenkanäle gering, im Bereich der Schnürringe sehr hoch. Aktionspotenziale können sich also nur an den Ranvier-Schnürringen ausbilden, Ausgleichsströme erfolgen nur hier. Eine Weiterleitung des Aktionspotenzials kann also nur von Schnürring zu Schnürring erfolgen, das Potenzial „springt": eine saltatorische (springende) Weiterleitung.

Richtige Antwort zu Frage 561: Unter „Synapse" versteht man die Verbindungsstelle zwischen zwei Nervenzellen oder einer Nervenzelle und einer Zielzelle. Man unterscheidet elektrische und chemische Synapsen. Bei der elektrischen Synapse wird das elektrische Signal sofort von einer prä- auf eine postsynaptische Zelle übertragen. Deshalb darf der Raum zwischen den Membranen der beiden Zellen nicht zu groß sein, und es muss stromleitende Verbindungen geben: die Gap Junctions. Bei der chemischen Synapse wird der Raum zwischen zwei Zellen, der synaptische Spalt, nicht vom elektrischen Signal selbst überbrückt, sondern von einem chemischen Botenstoff, dem Transmitter.

Richtige Antwort zu Frage 562: Ventrikel, Basalkerne (oder -ganglien), Pallium (oder Cortex) bestehend aus Palaeo-, Archi- und Neopallium.

Richtige Antwort zu Frage 563: Im Querschnitt gliedert sich das Rückenmark farblich in graue (Somata und marklose Fasern) und weiße Substanz (markhaltige Fasern), wobei die graue Substanz eine kreuz- oder schmetterlingsförmige Struktur hat, die die weiße Substanz in vier Stränge unterteilt: dorsal Hinterstrang, ventral Vorderstrang und zwei Seitenstränge. Die Enden der Kreuzstruktur der grauen Substanz werden dorsal als Hinterhörner und ventral als Vorderhörner bezeichnet. Den Hörnern entspringen jeweils Nervenbündel (Hinter- beziehungsweise Vorderhornwurzeln), die sich auf jeder Seite zu den Spinalnerven vereinigen. Verdickte Bereiche vor der Vereinigung werden als Spinalganglien bezeichnet (enthalten Somata der sensorischen Fasern). In der Mitte der grauen Substanz ist der Zentralkanal zu sehen. Die Hinterhornwurzeln gehören zum afferenten System, die Vorderhornwurzeln zum efferenten System.

Richtige Antwort zu Frage 564: Innerviert die inneren Organe über Sympathicus und Parasympathicus.

Richtige Antwort zu Frage 565: Primäre Sinneszellen sind neuronalen Ursprungs und verfügen über ein Axon, über das Aktionspotenziale weitergeleitet werden können. Sekundäre Sinneszellen sind epithelialer, also ektodermaler Herkunft. Sie können nur Reize aufnehmen und transduzieren. Für die Erzeugung und Weiterleitung von Aktionspotenzialen müssen sie über Synapsen mit Neuronen verbunden sein.

Richtige Antwort zu Frage 566: Ein logarithmischer Zusammenhang bietet zwei Vorteile. Im Bereich geringer Reizstärke ist eine feine Intensitätsunterscheidung zwischen zwei Reizen möglich. Im Bereich hoher Reizstärken wäre sehr schnell eine Sättigung erreicht, denn eine Reizantwort ist nicht beliebig steigerbar. Durch den logarithmischen Zusammenhang ist ein weiter Intensitätsbereich „messbar".

Richtige Antwort zu Frage 567: Das Innenohr der Wirbeltiere umfasst drei Strukturen für die Aufnahme von drei verschiedenen Reizmodalitäten: Das Bogengangsystem registriert Drehbeschleunigung, Sacculus und Utriculus dienen als Schweresinnesorgan und die Cochlea nimmt Schall wahr (Hörorgan).

Richtige Antwort zu Frage 568: Der Geruchssinn ist ein Fernsinn. Die Geruchssinneszellen sind primäre Sinneszellen, die Reizmoleküle aufnehmen, die in der Luft oder im Wasser weite Entfernungen zurücklegen. Der Geschmackssinn ist ein Nahsinn. Die Sinneszellen treten in direkten Kontakt mit den Reizmolekülen. Bei Vertebraten sind die Geschmackssinneszellen sekundäre Sinneszellen.

Richtige Antwort zu Frage 569: Ein Ommatidium, Teilauge des Komplexauges, besteht aus einem Zusammenschluss von meist acht ringförmig angeordneten Sinneszellen (Retinulazellen). Zum Inneren des Gebildes hin wird von jeder Zelle ein Mikrovillisaum ausgebildet (Rhabdomer), die zusammen das Rhabdom bilden. Außen werden die Sinneszellen von primären und sekundären Pigmentzellen umschlossen. Allen Zellen gemeinsam ist ein dioptrischer Teil aus cuticulärer Linse (Cornea) und Kristallkegel.

Richtige Antwort zu Frage 570: Sie unterscheiden sich in der Stärke der Motivation als Vorbedingung für den Reaktionsablauf. Bei der Endhandlung ist die Motivation zunächst hoch und die ablaufende Endhandlung erniedrigt sie. Bei der Intentionsbewegung ist die Motivation bereits zu Beginn so schwach, dass eine Endhandlung nur angedeutet wird, aber nicht abläuft.

Richtige Antwort zu Frage 571: Epiphyse bei Vögeln, suprachiasmatischer Nucleus bei Säugern, Medulla bei Insekten.

Richtige Antwort zu Frage 572: Mit dem Schwänzeltanz informiert eine Sammelbiene bei der Rückkehr zum Stock andere Sammlerinnen über Richtung und Entfernung einer Futterquelle. Beim Tanz auf einer horizontalen Fläche (im Sonnenlicht außerhalb des Stocks) wird die Richtung der Futterquelle als Winkel zur Sonne dargestellt; auf der vertikalen Wabe im Stock wird dieser Winkel in einen Winkel zur Schwerkraft transponiert. Die Entfernung der Futterquelle wird in beiden Fällen über die Anzahl der Schwänzeltänze pro Zeiteinheit übermittelt. Je näher die Futterquelle, desto mehr Schwänzeldurchläufe pro Zeit tanzt die Sammlerin.

Richtige Antwort zu Frage 573: Stellung von Sonne, Mond und Sternen, Polarisationsmuster des Himmels.

Richtige Antwort zu Frage 574: Durch eine mehrfach und ständig wiederholte Reizung wird die Synapse zu einer besonderen Eigenschaft stimuliert, der Kurz- oder Langzeitspeicherung von Informationen. Diese posttetanische (Kurzzeitspeicherung) und die Langzeit-Potenzierung (LTP, Langzeitspeicherung) sind an den Vorgängen des Lernens und der Gedächtnisbildung beteiligt. Während bei der Kurzzeitspeicherung nur präsynaptische Mechanismen entscheidend sind, kommen bei der LTP prä- als auch postsynaptische Mechanismen in Form einer Rückkopplung zusammen. Hier spielen Synapsen mit metabotropen Rezeptoren eine wichtige Rolle. Bei normaler synaptischer Übertragung durch Glutamat aktivert dieses den A/K-Rezeptor (non-NMDA-Rezeptor), während der NMDA-Rezeptor noch durch extrazelluläres Mg^{2+} blockiert bleibt. Bei der LTP wird der A/K-Rezeptor wiederholt gereizt. Dadurch erhöht sich die intrazelluläre Ca^{2+}-Konzentration, worauf über Enzyminduktion das gasförmige NO aus der Zelle freigesetzt wird. Es dient als retrograder Botenstoff und wirkt auf die präsynaptische Membran zurück, es erfolgt die Ausschüttung von noch mehr Glutamat. Dadurch wird der Mg^{2+}-Block am NMDA-Rezeptor gelöst. Nun kann dieser als offener Ionenkanal dem Einstrom von Ca^{2+}- Ionen dienen. Dies wiederum bewirkt eine weitere NO-Freisetzung, welche abermals an der präsynaptischen Membran wirkt, usw. Auf diese Weise kommt es zu einem kreisenden Informationsfluss in der Synapse, die ständig erregt bleibt. Die postsynaptische Nervenzelle bleibt so über Stunden und auch Tage erregt. Solche Synapsen findet man hauptsächlich im Gehirn, weshalb ihnen eine bedeutende Rolle in der Gedächtnisbildung zugeschrieben wird.

Richtige Antwort zu Frage 575: Makrosmaten und Mikrosmaten unterscheiden sich in ihrem Geruchsvermögen. Tiere mit starkem Geruchsvermögen (Makrosmaten) sind z. B. Nagetiere, Huftiere und Raubtiere. Der Mensch gehört z. B. zu den Organismen mit geringem Geruchsvermögen (Mikrosmaten).

Richtige Antwort zu Frage 576: Das Sehpigment der Stäbchen, das Rhodopsin, besteht aus Opsin und einer chromophoren Gruppe, dem 11-*cis*-Retinal. Aufgrund ihrer chemischen Eigenschaften kann diese chromophore Gruppe Licht absorbieren und verändert seine Struktur dann zum all-*trans*-Retinal. Dieses all-*trans*-Retinal dissoziiert nun vom Opsin, wodurch die Struktur des Opsins verändert wird. Opsin ist nun enzymatisch aktiv, indem es das GTP-bindende Protein Transducin aktiviert. Transducin wiederum aktiviert eine Phosphodiesterase, welche in der Zelle cGMP abbaut. Bei cGMP handelt es sich um einen intrazellulären Signalstoff, auf dessen Konzentrationsverringerung cGMP-aktivierte Kationenkanäle mit einer Schließung reagieren. Es kommt zu einer Hyperpolarisation der Zelle. Im Vergleich dazu führt die Lichteinwirkung bei Invertebraten zu einem depolarisierenden Rezeptorpotenzial. In den Zapfen laufen ähnliche biochemische und elektrische Vorgänge ab.

Richtige Antwort zu Frage 577: Diese neurovegetativen Beziehungen zeigen sich besonders bei den Transmittern des Sympathicus. Hier vermischt sich die lokalisierte synaptische Wirkung mit der allgemeinen, über das Blutgefäßsystem auf alle Gewebe zielenden hormonellen Wirkung. Adrenalin z. B. wird sowohl als Transmitter in zentralen Synapsen, als auch als Hormon aus dem Mark der Nebenniere ausgeschüttet. In der Nebenniere wird Adrenalin in den chromaffinen Zellen gebildet, welche entwicklungsbiologisch aus modifizierten Vorläuferzellen der Neuralleiste stammen. Somit ist also der sympathische Teil des vegetativen Nervensystems eng mit der Funktion des Nebennierenmarks gekoppelt.

Richtige Antwort zu Frage 578: Von vielen Schädlingen in Land-, Forst- und Vorratswirtschaft sind die Pheromone chemisch identifiziert. Der Einsatz synthetischer Pheromone in der Bekämpfung ist eine umweltfreundliche Alternative zu den ansonsten angewendeten Insektiziden, die die Umwelt (Boden, Wasser) belasten und auch Nutzinsekten vernichten.

Richtige Antwort zu Frage 579: Bezüglich der Körpertemperatur lassen sich unterscheiden: poikilotherme Tiere, deren Körpertemperatur von der Außentemperatur abhängt, und homoiotherme Tiere, die ihre Körpertemperatur (bzw. den Körperkern) auf weitgehend konstantem Niveau halten, auch wenn die Außentemperatur in weiten Grenzen schwankt. Im Gegensatz zu den homoiothermen Tieren können poikilotherme Tiere in der Regel keine Körperwärme durch Stoffwechselerhöhung produzieren, sondern sie beeinflussen ihre Körpertemperatur durch bestimmte Verhaltensweisen: Aufwärmen durch Sonnenbaden, Aufsuchen geschützter Orte.

Richtige Antwort zu Frage 580: Große Fische wie Thunfische sind in der Lage, ihre im Kern liegenden Muskeln etwa 10 °C über der Außentemperatur zu halten. Die Blutversorgung der Muskeln verläuft über ein Arteriennetz (Rete mirabile), welches in dichtem Kontakt zu dem aus den Muskeln kommenden venösen Blut verläuft. Dabei gibt das wärmere venöse Blut im Gegenstrom Wärme an das kühlere arterielle Blut ab. Durch dieses Gegenstromaustauschersystem wird die im Muskel entstehende Wärme dort weitgehend konserviert. Viele Säuger (einige Paarhufer wie Schafe, Ziegen, Gazellen; aber auch Carnivoren) können bei Hitzebelastung ihre Hirntemperatur unter die Temperatur des arteriellen Blutes senken. Die Kühlung des Gehirns erfolgt durch das arterielle Blut, welches vor Erreichen des Gehirns ein Blutnetz, das Rete mirabile epidurale, durchströmt. Dieses Blutnetz liegt wiederum im Sinus cavernosus, der seinerseits von kühlem venösem Blut aus dem Nasenraum durchflossen wird. Warmes arterielles und kühles venöses Blut bilden somit einen internen Wärmeaustauscher.

Richtige Antwort zu Frage 581: Bei Neugeborenen und Winterschläfern gibt es die Möglichkeit zur zitterfreien Wärmebildung durch das braune Fettgewebe. Braunes Fettgewebe ist stark vaskularisiert und enthält viele Mitochondrien, in denen die Atmungskette von der ATP-Synthese entkoppelt werden kann. Die sonst zum Aufbau von ATP genutzte Energie wird dabei direkt in Wärme umgesetzt.

Richtige Antwort zu Frage 582: Gleichwarme (homoiotherme) Tiere haben eine Körpertemperatur, welche in einem gewissen Bereich unabhängig von der Umgebungstemperatur konstant gehalten wird. Im zoologischen System sind dies Vögel und Säugetiere. Alle anderen Tiere sind wechselwarm (poikilotherm). Das heißt, dass ihre Körpertemperatur durch die Umgebungstemperatur so stark beeinflusst wird, dass die beiden sich oft nicht stark unterscheiden. Innerhalb dieser poikilothermen Gruppe gibt es sogenannte Konformatoren. Diese Tiere passen ihre Körpertemperatur im Wesentlichen voll an die Umgebungstemperatur an, wie z. B. Insekten oder Tiefseefische. Es gibt aber auch poikilotherme

Regulatoren. Das sind Tiere, die sich zwar grundsätzlich poikilotherm verhalten, aber ihre Körpertemperatur zeitweise in beschränktem Maß und wenig präzise oder effizient regulieren können. Dazu gehören die ektothermen Regulatoren, welche ihre Körpertemperatur durch Verhaltensanpassung regulieren (suchen z. B. bei Hitze einen schattigen Platz auf). Dazu gehören z. B. Schmetterlinge, aber auch Amphibien und Reptilien. Endotherme Regulatoren können hingegen durch endogene Stoffwechselwärme ihre Körpertemperatur erheblich regulieren, wie z. B. die Bienen oder auch Elasmobranchier.

Richtige Antwort zu Frage 583: Beim Winterschlaf gelangen Tiere in eine scheinbare Starre, in der ausgedehnte Temperatur- und Stoffwechselabsenkungen stattfinden (Nagetiere, Fledermäuse). Wird die Körpertemperatur nur gering abgesenkt, können diese Tiere rasch aufwachen. Man spricht dann auch von Winterruhe (Bär).

Richtige Antwort zu Frage 584: Ein Topor ist ein anderes Wort für scheinbare Starre. Dieser Topor kommt durch ausgedehnte Temperatur- und Stoffwechselabsenkungen zustande und kommt z. B. bei solchen Tieren vor, die Winterschlaf halten (z. B. Nagetiere und Fledermäuse).

Richtige Antwort zu Frage 585: Große Ohrmuscheln verbessern die Hörfähigkeit, sind daher bei nacht- und dämmerungsaktiven Tieren wichtig. Über Körperanhänge kann nur dann Wärme abgegeben werden, wenn die Außentemperatur niedriger als die Körpertemperatur ist.

Richtige Antwort zu Frage 586: Osmokonformer regulieren ihr „inneres" Milieu nicht, ihre Ionenkonzentration hängt von der Konzentration der Ionen im Außenmedium ab (Beispiel: marine wirbellose Tiere). Osmoregulierer (Beispiel: Vertebraten) regulieren aktiv ihr „inneres" Milieu, das sich in Bezug auf Ionenkonzentration und Osmolarität erheblich vom Außenmedium unterscheiden kann.

Richtige Antwort zu Frage 587: Die Extrazellularflüssigkeit von marinen Actinopterygii ist im Vergleich zum Meerwasser hypoton. Um den ständigen Wasserverlust zu kompensieren, trinken diese Tiere Meerwasser. Sie absorbieren im Gastrointestinaltrakt Ionen aus dem verschluckten Wasser. Überschüssige Ionen werden entweder über Chloridzellen im Kiemenepithel aktiv ins Meerwasser abgegeben oder über die Nieren durch Sekretion ausgeschieden. Ihr Harn ist isoton. Süßwasserfische sind im Vergleich zum Süßwasser hyperton, d. h. sie nehmen über die gesamte Körperoberfläche, aber besonders über die Kiemen, viel Wasser auf. Sie trinken kein Wasser und scheiden einen im Vergleich zum Blut hypoosmotischen Harn aus. Ihren Nettoverlust an Salzen gleichen sie durch eine aktive Ionenaufnahme über Chloridzellen in den Kiemen aus.

Richtige Antwort zu Frage 588: Aufgrund der Eigenschaft der Lipiddoppelschicht biologischer Membranen sind diese für viele Stoffe semipermeabel. Kleinere, ungeladene

Moleküle, wie z. B. Wasser, werden allerdings leichter als große und geladene Teilchen durch die Membran gelassen. Diese Eigenschaften der Membranen führen zum Begriff „Osmose". Osmose ist ein grundlegender physikochemischer Vorgang, der zwischen allen biologischen Kompartimenten stattfindet. Die ungleiche Verteilung von gelösten Teilchen in zwei Kompartimenten, die durch eine semipermeable Membran getrennt sind, bewirkt die Verschiebung des Lösungsmittels (Wasser) von einem Kompartiment in das andere. So soll der Konzentrationsunterschied zwischen den Kompartimenten ausgeglichen werden. Es kommt zur Volumenvergrößerung in einem Kompartiment und zum Aufbau eines osmotischen Drucks. Der entstehende osmotische Druck ist größer als der hydrostatische Druck. Osmotische Effekte stellen in unserem Organismus eine starke Kraft dar und werden für bestimmte Transportmechanismen, z. B. die Wasserrückresorption im distalen Tubulus der Niere, genutzt.

Richtige Antwort zu Frage 589: Das 1. Fick'sche Gesetz beschreibt den Zusammenhang zwischen dem Teilchenfluss J_x und dem Konzentrationsgradienten $-\Delta c/\Delta x$ zwischen benachbarten Lösungen, die über die Fläche A in Kontakt stehen. Die Proportionalitätskonstante hierbei ist der Diffusionskoeffizient D. Das 2. Fick'sche Gesetz beschreibt die Orts- und Zeitabhängigkeit der Diffusion von Teilchen in freier Lösung (kein Konzentrationsgradient).

Richtige Antwort zu Frage 590: Ammoniotelische Tiere scheiden den beim Proteinstoffwechsel anfallenden Ammoniak nur oder vorwiegend direkt als Ammonium zusammen mit anderen Ionen aus. Beispiele: einzellige Eukaryoten, Poriferen, Anneliden, Echinodermen, Actinopterygii und Urodelen. Ureotelische Tiere scheiden den anfallenden Stickstoff hauptsächlich in Form von Harnstoff aus. Harnstoff entsteht im (Ornithin-) Harnstoffzyklus in einem energieverbrauchenden Prozess. Beispiele: landlebende Amphibien und Säuger. Die Harnsäure ist das dominierende N-Ausscheidungsprodukt der uricotelischen Tiere. Sie synthetisieren Purine aus überschüssigem Stickstoff und bauen diese zu Harnsäure ab (Harnsäuresynthese). Harnsäure fällt bei allen Tieren durch den Abbau von körpereigenen oder mit der Nahrung aufgenommenen Purinbasen an, aber nur uricotelische Tiere verwenden die Harnsäuresynthese. Beispiele: Schlangen, Insekten, Vögel.

Richtige Antwort zu Frage 591: Hämolymphe ist ein farbloses Flüssigkeitsgemisch, welches aufgrund des offenen Gefäßsystems durch Vermischung von interstitieller Flüssigkeit und Lymphe bei wirbellosen Tieren vorkommt. Die Hämolymphe erfüllt zahlreiche Funktionen; dazu gehören Ernährung, Reinigung, Pufferung, Wärmetransport, Abwehr, Transport- und Skelettfunktion.

Richtige Antwort zu Frage 592: Blut besteht aus azellulären (Blutplasma) und zellulären Bestandteilen (Blutzellen). Das Blutplasma enthält als Hauptbestandteile Wasser, Plasmaproteine, Immunglobuline, Salze, Glucose, Hormone, Spurenelemente und Vitamine. Es gewährleistet die Homöostase des inneren Milieus und versorgt den Organismus mit den genannten Stoffen. Zu den Blutzellen gehören: Amoebocyten (Funktion: Phagocytose und Nährstofftransport), Coelomocyten (Funktion: Ernährung), Erythrocyten (Funktion: Blutgastransport), Leukocyten (Funktion: Immunabwehr) und Thrombocyten (Funktion: Blutgerinnung). Amoebocyten und Coelomocyten kommen bei Evertebraten vor; Erythrocyten, Leukocyten und Thrombocyten bei Vertebraten.

Richtige Antwort zu Frage 593: Das Blutgerinnungssystem beim Menschen umfasst etwa 13 Gerinnungsfaktoren. Verletzte Blutgefäßzellen offerieren an ihrer Oberfläche den TF-Faktor. Dieser bindet in Anwesenheit von Ca^{2+} an den aktivierten Faktor VII. Die daraus entstehende heterodimere Protease aktiviert den Faktor X, der wiederum Faktor V bindet und aktiviert. Die dabei entstehende Prothrombinase wandelt Prothrombin in Thrombin um. Thrombin greift Fibrinogen proteolytisch an, sodass Fibrin und eine Reihe von kleinen Fibrinopeptiden gebildet werden. Gleichzeitig aktiviert Thrombin den Faktor XIII, der die Vernetzung der Fibrinmoleküle über kovalente Bindungen bewirkt. Der TF-VII-Komplex aktiviert ebenfalls den Faktor IX, der seinerseits dann an einen Komplex aus Faktor VIII und dem Von-Willebrand-Faktor (VWF) bindet. VWF schützt Faktor VIII vor dem Abbau. Dieser Gesamtkomplex aktiviert die Freisetzung von Faktor X. Thrombin selbst wirkt stimulierend auf die Freisetzung der Faktoren V, VIII und XI. Faktor XI wiederum wirkt stimulierend auf die Aktivierung von Faktor IX. Das grundlegende Prinzip der Blutgerinnung besteht jedoch darin, dass Prothrombin über Thrombin die Umwandlung von Fibrinogen in Fibrin bewirkt. Die Aktivierung der Gerinnungskaskade wird auf zwei Wegen erreicht. Beim *extrinsic system* ist die Verletzung derartig, dass Blut ins Gewebe eindringt. Dadurch wird der Faktor III freigesetzt. Das *intrinsic system* wird aktiviert, wenn zwar die Gefäßinnenhaut verletzt ist, aber kein Blut in umgebendes Gewebe gelangt. In diesem Fall wird der Faktor XII aktiviert, der wiederum Faktor XI anregt.

Richtige Antwort zu Frage 594: Es gibt zwei Definitionen. 1) Arterien führen sauerstoffreiches Blut, Venen sauerstoffarmes. 2) Arterien führen vom Herzen weg, Venen zum Herzen hin. Für Lungenarterie und Lungenvene kann nur die Definition (2) herangezogen werden, da die vom Herzen wegführende Lungenarterie sauerstoffarmes, die zum Herzen führende Lungenvene sauerstoffreiches Blut führt.

Richtige Antwort zu Frage 595: Hämoglobin ist das Sauerstoff und Kohlendioxid transportierende Protein der Erythrocyten. Es handelt sich hierbei um ein tetramer aufgebautes Protein, das aus vier Polypeptidketten besteht, von denen jeweils zwei identisch sind. Als prosthetische Gruppe findet sich an jeder der vier Polypeptidketten eine Häm-Gruppe, die aus einem Porphyrinringsystem mit einem zentralen Eisenion besteht. Über vier Stickstoffatome wird das Eisenion im Zentrum des Häms gehalten. Die fünfte Koordinationsstelle ist mit einem Stickstoffatom eines Histidinrestes verbunden; die Bindung von Sauerstoff erfolgt an der sechsten Koordinationsstelle. Die Bindung von Sauerstoff an Hämoglobin verläuft positiv kooperativ: Nach Bindung eines Sauerstoffmoleküls an eine der vier Hämoglobinketten ist die Bindung weiterer Sauerstoffmoleküle erleichtert.

Die Affinität von Sauerstoff beziehungsweise Kohlendioxid zu Hämoglobin wird vom pH-Wert und dem Sauerstoffpartialdruck des umgebenden Mediums bestimmt. In Geweben, wo durch erhöhte Stoffwechselaktivität ein verminderter pH-Wert und eine höhere Kohlendioxidkonzentration (geringer Sauerstoffpartialdruck) vorliegen, wird Sauerstoff leicht abgegeben. In der Lunge, wo dagegen ein hoher Sauerstoffpartialdruck herrscht, werden Kohlendioxid und Wasserstoffionen leicht abgegeben (Bohr-Effekt). Ferner erfolgt eine Regulation der Sauerstoffaffinität über 2,3-Bisphosphoglycerat (2,3-BPG). Dieses bindet im Zentrum des Hämoglobintetramers und vermindert die Affinität des Hämoglobins zu Sauerstoff.

Richtige Antwort zu Frage 596: Beim Menschen gibt es genau vier Blutgruppen: A, B, AB und 0. Die Variation der Antigene der Erythrocyten und Antikörper des Plasmas beim Menschen werden im ABO-Blutgruppensystem zusammengefasst. Seine Benennung erfolgt nach den gruppenspezifischen Oberflächenantigenen A und B. Menschen mit der Blutgruppe A tragen auf der Oberfläche all ihrer Erythrocyten das Antigen A. In ihrem Blutplasma hingegen tragen sie den Antikörper B, welcher gegen das bei Blutgruppe A nicht vorhandene Antigen B gerichtet ist. Umgekehrt tragen Menschen mit der Blutgruppe B das Antigen B auf der Oberfläche ihrer Erythrocyten und im Plasma die Antikörper gegen A. Bei der Blutgruppe AB sind beide Antigene auf der Oberfläche des roten Blutkörperchens vorhanden, im Plasma befinden sich keine Antikörper. Die Blutgruppe 0 hingegen weist keine Antigene auf, dafür aber Antikörper A *und* B im Plasma. Die Antigene dieses Blutgruppensystems sind nicht nur auf der Oberfläche der Erythrocyten zu finden, sondern auch auf der der Leukocyten und Körperzellen. Dies spielt im Hinblick auf Transfusionen und Transplantationen eine große Rolle.

Richtige Antwort zu Frage 597: Ein offenes Kreislaufsystem findet man z. B. bei Insekten und Crustacea. Ein geschlossenes Kreislaufsystem ist erstmals bei den Anneliden ausgebildet. Weitere Invertebraten mit geschlossenem System sind die Cephalopoden. Zudem weisen alle Vertebraten ein geschlossenes System auf. Die wesentlichen Unterschiede dieser beiden Kreislaufsysteme sind: Im offenen System findet keine Trennung von Kompartimenten statt, es zirkuliert Hämolymphe. Es handelt sich um ein Niederdrucksystem mit einem großen Volumen (ca. 80 % des Gesamtkörperwassers). Das Gefäßherz muss einen großen Pumpaufwand betreiben. Im geschlossenen System hingegen findet eine Trennung der Kompartimente statt. Blut zirkuliert im Kreislaufsystem, und interstitielle Flüssigkeit füllt den interstitiellen Raum. Das Blut wird vom Herzen mit hohem Druck in das arterielle System gepumpt. Durch die Kompartimentierung ist nur ein kleines Blutvolumen notwendig (bis zu 10 % des Gesamtkörperwassers). Das Herz muss einen vergleichsweise geringen Pumpaufwand betreiben. Diese beiden Systeme unterscheiden sich also in Volumen, Druck und Pumpaufwand.

Richtige Antwort zu Frage 598: Das Nephron ist die funktionelle und anatomische Grundeinheit der Wirbeltiernieren. Es besteht aus einem blind endenden gewundenen

Rohr, das an seinem Ende zur Bowman-Kapsel aufgetrieben ist. Darin liegt ein Kapil-larknäuel, der Glomerulus. Daran schließt sich der Tubulus, ein röhrenförmiger Kanal, an. Der Tubulus wird in den proximalen Tubulus und den distalen Tubulus unterteilt. Bei den Säugetieren und den Vögeln liegt zwischen proximalem und distalem Tubulus die sogenannte Henle-Schleife, eine dünne haarnadelförmig gekrümmte Schleife. Der distale Tubulus geht in das Sammelrohr über.

Richtige Antwort zu Frage 599: Die Harnproduktion erfolgt in drei Schritten: Der erste Schritt ist die glomeruläre Filtration, hierbei entsteht der Primärharn. Den zweiten Schritt bildet die tubuläre Resorption. Hier werden bis zu 90 % des Wassers und die meisten Ionen aus dem Filtrat wieder aufgenommen. Der dritte Schritt besteht aus der tubulären Sekre-tion von Stoffen durch aktiven Transport.

Richtige Antwort zu Frage 600: Eine Harnkonzentrierung ist bei Säugern durch die Anordnung von Henle-Schleife, dem Gefäßbündel Vasa recta und dem Sammelrohr im Gegenstromprinzip möglich. Erzeugt wird die Harnkonzentrierung durch die unter-schiedlichen Permeabilitätseigenschaften der beteiligten Segmente. Eine weitere wichtige Rolle spielt der Harnstoff.

Richtige Antwort zu Frage 601: Bei den Malpighi-Gefäßen der Insekten handelt es sich um ein zusätzliches Exkretionssystem, welches aus blind endenden Schläuchen besteht, welche in den Bereich des Enddarms münden. Ihre Funktion ist an die Resorptionsvor-gänge des Enddarmepithels gekoppelt. Dort resorbierte Ionen und Flüssigkeit werden durch die Malpighi-Gefäße aus dem Interstitium aufgenommen, in deren Lumen sezer-niert und dem Enddarm wieder zugeführt. Somit besteht ein geregelter Kreislauf von Substanzen, die durch mehrfache Passage von Epithelien in ihrer Konzentration und Menge modifiziert werden können.

Richtige Antwort zu Frage 602: Die Lungen der Wirbeltiere entstehen durch Ausstül-pungen der Darmwand, die im Zuge der Weiterentwicklung eine zunehmende Vergrö-ßerung des respiratorischen Epithels erfahren. Beim Olm besteht die Lunge aus einer einfachen sackförmigen Ausstülpung, bei Fröschen sind einfache leistenförmige Erhebun-gen des Epithels vorhanden. Bei den Diapsida kommt es zunehmend zu einer Verästelung und Kammerung mit Endbläschen. Bei Säugern hat sich schließlich ein System von ver-zweigten Bronchien und Alveolen als Endbläschen entwickelt. Einen Sonderfall stellt der Bau der Vogellunge dar. Sie ist relativ klein und enthält keine blind endenden Alveolen, sondern wird von durchgehenden Parabronchi durchzogen. Dazu kommt ein ausgeklügel-tes System von Luftsäcken.

Richtige Antwort zu Frage 603: Die sich im Wasser entwickelnden Larven der Amphi-bien atmen wie die Fische über Kiemen, wobei die Hautatmung während der gesamten Entwicklung eine wichtige zusätzliche Rolle spielt. Die Kaulquappen der Froschlurche besitzen eine Kiemenhöhle, und der Einstrom von sauerstoffreichem Wasser erfolgt wie bei den Fischen über die Mundöffnung und der Ausstrom über ein der Kiemenöffnung vergleichbares Atemloch. Die Larven der Schwanzlurche besitzen dagegen drei Paar frei ins Wasser ragende Kiemenbögen, die allein durch die Bewegung der Tiere ständig mit frischem Wasser versorgt werden. Die vierten Kiemenbögen dienen der Versorgung der sich während der Metamorphose herausbildenden Lungen. Dabei bilden sich die äußeren Kiemen zurück, und die ersten beiden Kiemenbögen nehmen die Versorgung der Kopf- und Körperregion des adulten Tieres wahr. Die dritten Kiemenbögen bilden sich vollständig zurück.

Richtige Antwort zu Frage 604: Parasiten sind Lebewesen, die in oder auf einem artfremden Wirt leben, von ihm Nahrung beziehen und ihn schädigen.

Richtige Antwort zu Frage 605: Protozoen, Helminthen, Arthropoden.

Richtige Antwort zu Frage 606: Bei der Symbiose haben beide Partner einen Nutzen von der Beziehung, beim Parasitismus überwiegt der Nutzen für den Parasiten.

Richtige Antwort zu Frage 607: Temporäre Parasiten: Stechmücken, Bremsen. Stationäre Parasiten: Helminthen, Räude-Milben, Dasselfliegen-Larven.

Richtige Antwort zu Frage 608: Mikroparasiten vermehren sich direkt im Körper ihres Wirtes, sind demnach klein und stehen in enger Wechselwirkung zur Wirtsphysiologie. Beispiele für Mikroparasiten sind viele Bakterien, Viren und Einzeller wie die Erreger der Malaria (*Plasmodium*, Sporozoa) und der Schlafkrankheit (*Trypanosoma*, Flagellata). In all diesen Beispielen werden Wirte nur von einer relativ kleinen Anzahl Parasitenindividuen befallen, die in der Folge innerhalb der Wirte zu hohen Populationsdichten heranwachsen. Häufig leben Mikroparasiten in den Wirtszellen. Bei Makroparasiten werden Ekto- und Endoparasiten unterschieden, je nachdem, ob sie auf oder in dem Wirt leben. Endoparasitische Makroparasiten vermehren sich in der Regel nicht in ihrem Wirt, was sie von den Mikroparasiten unterscheidet. Hohe Populationsdichten von Makroparasiten in einem Wirt entstehen dadurch, dass sich ein Wirt mehrfach mit dem Parasiten infiziert (multiple Infektionen), also z. B. Füchse, die viele Beeren mit Bandwurmlarven gefressen haben. Es werden allerdings infektiöse Stadien produziert (z. B. Sporen, Eier), die freigelassen werden, um neue Wirte zu infizieren. Ektoparasitische Makroparasiten sind Zecken (Ixodidae) und Flöhe (Siphonaptera), während zu den endoparasitischen Makroparasiten viele Spulwürmer (Nematoda) und Bandwürmer (Cestoda) gehören.

Richtige Antwort zu Frage 609: Die sexuelle Phase.

Richtige Antwort zu Frage 610: Ein Parasit mit hoher Wirtsspezifität ist hochspezifisch nur an eine einzige oder an wenige Wirtsarten angepasst.

Richtige Antwort zu Frage 611: Wirte üben einen Selektionsdruck auf die Parasiten aus, indem ihre Abwehrreaktionen die Parasiten zur Ausbildung von Evasionsmechanismen zwingen.

Richtige Antwort zu Frage 612: Sichelzellenanämie, Thalassämie, Mangel an Glukose-6-phosphat-Dehydrogenase, Ovalocytose.

Richtige Antwort zu Frage 613: In epidemiologischen Studien und Tiermodellen wurde beschrieben, dass Infektionen mit manchen parasitischen Würmern zu einer Abschwächung von allergischen Erkrankungen führen.

Richtige Antwort zu Frage 614: Drei: Adultwurm mit Cercarie als Larve, Muttersporocyste mit Miracidium als Larve, Tochtersporocyste.

Richtige Antwort zu Frage 615: Durch den Hirnwurm, eine Metazerkarie ohne Zystenhülle im Unterschlundganglion der Ameise.

Richtige Antwort zu Frage 616: *Entamoeba histolytica* war ursprünglich weltweit verbreitet, kommt heute aber hauptsächlich in den Tropen vor.

Richtige Antwort zu Frage 617: Acanthamöben können Legionellen beherbergen.

Richtige Antwort zu Frage 618: *Trypanosoma brucei* verursacht die Viehseuche Nagana und die Schlafkrankheit des Menschen.

Richtige Antwort zu Frage 619: *Toxoplasma gondii* hat als Endwirt Katzenartige.

Richtige Antwort zu Frage 620: Schwangere sind durch eine *Toxoplasma*-Infektion nicht gefährdet, wenn sie bereits früher infiziert wurden.

Richtige Antwort zu Frage 621: Die Malaria tertiana wird ausgelöst von *Plasmodium vivax* und *P. ovale*; Malaria quartana wird ausgelöst von *P. malariae* und die Malaria tropica wird ausgelöst durch *P. falciparum*.

Richtige Antwort zu Frage 622: In Feuchtbiotopen, d. h. feuchten Wiesen, an Rändern von Abflussgräben (bzw. in der dort lebenden Schnecke *Galba truncatula*).

Richtige Antwort zu Frage 623: *T. saginata* = Rinderfinnenbandwurm, *T.asiatica* = asiatische Tänie, *T.solium* = Schweinefinnenbandwurm.

Richtige Antwort zu Frage 624: Unter die Clitellata, die zusammen mit den Oligochäten eine Gruppe der Annelida bilden.

Richtige Antwort zu Frage 625: Hirudin, ein sehr wirksames blutgerinnendes Sekret (Antikoagulans). Es bindet an Thrombin und blockiert dessen Gerinnungswirkung. Es kann sogar in bereits bestehende Blutgerinnsel eindringen und sie auflösen. Überall dort, wo Blutgerinnung und Blutstau verhindert und wo optimale Sauerstoffversorgung gewährleistet werden muss. In den Speicheldrüsen.

Richtige Antwort zu Frage 626: Langgestreckt, drehrund, vorne und hinten ± spitz zulaufend, zähe Cuticula.

Richtige Antwort zu Frage 627: Die Muskeltrichine, d. h. die L1, die in quergestreifte Muskulatur eindringt.

Richtige Antwort zu Frage 628: Für Menschen (Kinder) in Gemeinschaftseinrichtungen (Kindergärten, Pflegeheime, evtl. auch Schulen), weil strenge Hygienemaßnahmen kaum durchführbar sind.

Richtige Antwort zu Frage 629: Es gibt keinen. Der Mensch infiziert sich immer wieder mit den von ihm ausgeschiedenen Eiern.

Richtige Antwort zu Frage 630: Onchozerkose, durch *O. volvulus* hervorgerufen. Die im menschlichen Gewebe wandernden Mikrofilarien können bis in Auge vordringen und zu Erblindung führen.

Richtige Antwort zu Frage 631: Der Befall des Magens (seltener des Darmes) mit *Anisakis simplex* oder *Pseudoterranova decipiens* durch Verzehr von Fischen (Hering, Anchovis). Mensch ist Fehlwirt. Bei ihm u. U. starke Beschwerden.

Richtige Antwort zu Frage 632: Räude: Haut- und Haarveränderungen bei Tieren durch Befall mit Milben. Krätze: Hautveränderungen des Menschen durch Milbenbefall.

Richtige Antwort zu Frage 633: Ixodidae (Schildzecken), Argasidae (Lederzecken), Nutalliellidae (kein deutscher Name).

Richtige Antwort zu Frage 634: *Ixodes ricinus* (Holzbock). Schildzecken.

Richtige Antwort zu Frage 635: Larve, Nymphe, Adultus. Drei Wirte.

Richtige Antwort zu Frage 636: Überträger der Borreliose und der FSME.

Richtige Antwort zu Frage 637: Sie sind Überträger von Parasiten: Malaria, Trypanosomen, Filarien, oder sie sind selbst Parasiten (Flöhe, Läuse, Dasselfliegenlarven bei Tieren).

Richtige Antwort zu Frage 638: *Pediculus humanus humanus* (Kopflaus), *P. h.corporis* (Kleiderlaus), *Pthirus pubis* (Schamlaus).

Richtige Antwort zu Frage 639: Nur Kleiderlaus.

Richtige Antwort zu Frage 640: Fleckfieber, Erreger *Rickettsia prowazeki*.

Richtige Antwort zu Frage 641: Cimicidae (Plattwanzen), Reduviidae (Raubwanzen).

Richtige Antwort zu Frage 642: *Pulex irritans* (in Mitteleuropa selten geworden), *Ctenocephalides felis* (Katzenfloh), *Tunga penetrans* (Sandfloh).

Richtige Antwort zu Frage 643: Die Pest.

Richtige Antwort zu Frage 644: Malaria (*Plasmodium*), lymphatische Filariosen (*Wuchereria, Brugia*).

Richtige Antwort zu Frage 645: Afrika, im *fly belt*.

Richtige Antwort zu Frage 646: Trypanosomen (Schlafkrankheit, Mensch), Nagana (eine Rinderseuche).

Richtige Antwort zu Frage 647: Calliphoriden, sie brüten in lebendem oder totem Fleisch.

Richtige Antwort zu Frage 648: Dasselfliegen, ihre Larven leben in Tier (oder Mensch).

Richtige Antwort zu Frage 649: Ein Vektor überträgt aktiv oder passiv Krankheitserreger (Parasiten, Bakterien, Viren). Der Begriff ist somit nicht auf die klassischen Parasiten beschränkt. Ein Zwischenwirt ist dadurch gekennzeichnet, dass sich ein Parasit in oder an ihm nicht geschlechtlich fortpflanzt. Der Parasit vermehrt sich hier entweder gar nicht (paratenischer Wirt) oder nur ungeschlechtlich. Ein Zwischenwirt kann auch ein Vektor sein (z. B. Copepoden für *Onchocerca volvulus* oder Ameisen für *Dicrocoelium dentriticum*), was aber nicht zwangsläufig der Fall ist (Schnecken für *Schistosoma* oder *Fasciola*). Auch Endwirte können Vektoren sein (z. B. *Anopheles* für *Plasmodium*).

Richtige Antwort zu Frage 650: Die Wahrscheinlichkeit für Parasiten, in einem Wirt einen Kopulationspartner zu finden, ist, insbesondere bei großen Würmern (z. B. Bandwürmern), gering. Bei vielen Parasiten wird dieser Nachteil durch die Zwittrigkeit wieder wettgemacht. Bandwürmer z. B. sind Zwitter und können entweder mit einem Partner wechselseitig kopulieren oder, für den Fall, dass es keinen Partner gibt, auch mit sich selbst.

Richtige Antwort zu Frage 651: a) Schutz gegen die Immunabwehr des Wirtes, da die Cysten meist nicht für Antikörper durchlässig sind. b) „Einsperren" des Parasiten, damit dieser nicht größeres Unheil anrichten kann. In der Regel die letzte Option, wenn dem Parasiten anders nicht beizukommen ist.

Richtige Antwort zu Frage 652: Der Mensch ist Fehlzwischenwirt. Die Finnen bilden ein stark verzweigtes krebsartiges Gebilde in der Leber. (Dieses kann operativ selten komplett entfernt werden, sodass es immer wieder nachwachsen kann. Fuchsbandwurmerkrankungen enden daher oft tödlich.)

Richtige Antwort zu Frage 653: Bei den Hydrozoen und Scyphozoen kommt es zu einem Generationswechsel (Metagenese).

Richtige Antwort zu Frage 654: Der Urmund (Blastoporus) wird zum After, die eigentliche Mundöffnung entsteht sekundär; das Zentralnervensystem liegt dorsal; im vorderen Bereich des Darmes ist mindestens ein Paar Kiemenspalten vorhanden (Kiemendarm).

Richtige Antwort zu Frage 655: a) Der Körper ist in Segmente (Metamere) gegliedert, die einander weitgehend gleichen (homonome Segmentierung) und den Coelomabschnitten entsprechen. b) Strickleiternervensystem. c) Primär offenbar Protonephridien vorhanden; erst innerhalb der Annelida wurden Metanephridien entwickelt. d) Dorsales Röhrenherz.

Richtige Antwort zu Frage 656: Neunaugen sind kieferlos und haben einen unpaaren Flossensaum; Strahlenflosser haben einen Kiefer und paarige und unpaare Flossen.

Richtige Antwort zu Frage 657: Drei Nesselkapseltypen bei Hydra: Penetranten (Durchschlagskapseln/Stilettkapseln), Volventen (Wickelkapseln) und Glutinanten (Klebkapseln).

Richtige Antwort zu Frage 658: Bei den Amphibien als Ersatzknochen Quadratum und Articulare. Bei den Säugern als Deckknochen Squamosum und Dentale. Bei den Säugern werden Quadratum und Articulare zu den Gehörknöchelchen Incus und Malleus.

Richtige Antwort zu Frage 659: Anders als bei den Craniota (= Vertebrata) fehlen den Acrania unter anderem noch komplex gebaute Augen, eine Schädelkapsel (Chorda reicht bis ins Rostrum), Knochen- und Knorpelgewebe sowie ein komplexes Gehirn.

Richtige Antwort zu Frage 660: Gemeinsamkeiten: Beide besitzen einen Hautmuskelschlauch und eine homonome Segmentierung. Unterschiede: Parapodien und Larven sind nur bei Polychaeta vorhanden. Die Clitellata zeichnen sich durch ein Clitellum (durch zahlreiche Drüsen deutlich erhöhte Epidermisregion/Gürtel) aus.

Richtige Antwort zu Frage 661: Mollusken als Vertreter der Lacunifera (zusammen mit den Kamptozoa) bilden an der Ventralfläche eine Kriechsohle aus. Der Körper besteht aus

Kopf, Eingeweidesack, Fuß und dem Mantel (Pallium). Im Gegensatz dazu haben die Pulvinifera (Sipunculida und Articulata), zu denen die Anneliden und Arthropoden (beides Articulata) gehören, ein (primär ungegliedertes) Coelom, das als hydrostatisches Organ wirkt. Die Anneliden tragen Kapillarborsten aus β-Chitin, α-Chitin nur in wenigen Ausnahmen. Im ursprünglichen Fall entwickelt sich bei den Anneliden über eine Spiralfurchung eine Trochophora-Larve. Die Cuticula der Arthropoden besteht im Wesentlichen aus α-Chitin und wird periodisch gehäutet, die Coelomräume lösen sich auf (Mixocoel, offenes Blutgefäßsystem). Bei den Arthropoden liegt anstatt der Spiralfurchung eine superfizielle Furchung vor; es werden andere Larvenformen als die Trochophora entwickelt.

Richtige Antwort zu Frage 662: Chorda dorsalis, Peribranchialraum, Hypobranchialrinne, metamere Gliederung des Coeloms, Larven mit Ruderschwanz.

Richtige Antwort zu Frage 663: Heterodontes Gebiss, Vergrößerung der Maxillare, synapsider Schädel, sekundäres Kiefergelenk, Dentale verbleibt als einziger Unterkieferknochen, Reduktion von Postfrontale und Orbitale und anderen, Postparietalia zum Interparietale verschmolzen.

Richtige Antwort zu Frage 664: Bei Homodontie sind die Zähne alle gleichgestaltet, bei Heterodontie verschiedenartig. Diese verschiedenen Zahntypen sind auf bestimmte Aufgaben spezialisiert, wodurch die Nahrung letztlich besser aufgeschlossen werden kann. Ein heterodontes Gebiss findet sich bei den Säugetieren.

Richtige Antwort zu Frage 665: Die Ontogenie eines Individuums spiegelt die Phylogenie wider. Allerdings werden während der Ontogenie nur die embryonalen Merkmale rekapituliert (z. B. die Kiemenspalten oder die Anlage des primären Kiefergelenkes bei Säugetieren) und nicht Adultstadien.

Richtige Antwort zu Frage 666: Homologe Merkmale lassen sich auf einen gemeinsamen Vorfahren zurückführen. Analoge Merkmale haben die gleiche Funktion.

Richtige Antwort zu Frage 667: Die sogenannten Mikropylen sind Öffnungen im Chorion der meist mächtigen äußeren Schicht der Eischale, die das Eindringen der Spermien vermitteln. Aeropylen sind Poren im Chorion, die den Gasaustausch des sich entwickelnden Embryos übernehmen. Ein Operculum ist vom Rest der Eischale durch eine präformierte Bruchlinie abgetrennt. Dort öffnet sich die Eischale beim Schlüpfen des Tieres.

Richtige Antwort zu Frage 668: Man hat drei verschiedene Muster erkannt, wie die Temperatur bei der phänotypischen Geschlechtsbestimmung das Geschlechterverhältnis kontrolliert. Werden die Eier von bestimmten Eidechsen und Krokodilen konstant bei tieferen Temperaturen inkubiert, entstehen nur Weibchen. Höhere Inkubationstemperatur führt zu Männchen. Ein umgekehrtes Verhältnis findet sich bei bestimmten Schildkröten, bei denen hohe Inkubationstemperaturen der Eier Weibchen ergeben und tiefere Temperaturen die Entwicklung von Männchen fördern. Bei wieder anderen Eidechsen, Krokodilen und Schildkröten entstehen Weibchen sowohl bei höheren als auch tieferen Inkubationstemperaturen der Eier. Intermediäre Inkubationstemperaturen fördern die Entstehung von Männchen.

Richtige Antwort zu Frage 669: Der Bandwurm lebt in einer Umgebung, in der der Abbau der Nahrung schon weitgehend abgeschlossen ist (Darm des Wirtes wirkt wie ein „externer" eigener Darm). Solange der Bandwurm über Transportmechanismen verfügt, mit deren Hilfe die Bausteine wie Zucker und Aminosäuren direkt über die Außenhaut ins Innere gelangen können, ist ein interner Darm nicht nötig.

Richtige Antwort zu Frage 670: Choanocyten der Schwämme, Schleimfilme und Schleimnetze der Muscheln, Salpen, Ascidien und Acranier gekoppelt mit der Ausbildung von Cilien oder Kiemendarm; Borstenfilter bei Insektenlarven und Krebsen, Barten der Wale, spezielle Schnabelkonstruktionen z. B. bei Flamingo und Ente.

Richtige Antwort zu Frage 671: Ein Paar Mandibeln, zwei Paar Maxillen, von denen ein Paar zum Labium verschmolzen ist.

Richtige Antwort zu Frage 672: Entodermaler verzweigter Verdauungstrakt, z. B. der Medusen, der auf Grund seiner starken Verzweigung neben der Verdauung auch der Verteilung von Nährstoffen im Körper dient.

Richtige Antwort zu Frage 673: Vorder-, Mittel- und Enddarm. Der Vorderdarm kann vielfältig umgestaltet sein (Pharynx, Oesophagus, Kropf, Magen), er dient der Einschleimung, Vorverdauung, Durchmischung und Zerkleinerung der Nahrung. Mitteldarm: Endverdauung und Resorption der Nahrung. Enddarm: Resorption von Wasser und Elektrolyten, Eindickung des Kots, Defäkation über After.

Richtige Antwort zu Frage 674: Das ursprüngliche Blutgefäßsystem der Wirbeltiere zeigt ein ventral gelegenes Herz, von dem die ventrale Aorta abgeht. Von der Aorta gehen im Bereich der Kiemenspalten paarweise die Arterienbögen ab, deren Zahl innerhalb der Wirbeltiere meist 6 beträgt. Durch Verschmelzung der Aortenwurzel im Bereich der Leber entsteht die Aorta descendens, die im Schwanzbereich zur Caudalarterie wird. Im Laufe der Wirbeltierentwicklung erfolgt eine schrittweise Verminderung der Arterienbogenanzahl. Embryonal finden sich meist noch 6 Arterienbögen, die sich zu den Aortenbögen und anderen Gefäßen umwandeln. Während Diapsida noch zwei Aortenbögen aufweisen, zeigen Vögel nur noch einen rechten Aortenbogen, Säuger nur noch einen linken Aortenbogen.

Richtige Antwort zu Frage 675: Allgemein unterscheidet man im Tierreich zwischen offenen und geschlossenen Blutgefäßsystemen. Offene Blutgefäßsysteme, die ausschließlich bei wirbellosen Tieren vorkommen, besitzen Arterien und Venen; verbindende Kapillaren fehlen jedoch. Die Arterien und Venen sind offen; die Blutflüssigkeit, die auch als Hämolymphe bezeichnet wird, zirkuliert frei im Organismus. In der Regel liegt ein offenes Herz vor, das über Öffnungen die Hämolymphe aus dem Körperinneren aufnimmt. Die Ausbildung offener Gefäßsysteme bei den Wirbellosen ist sehr variabel: Venen können fehlen, Blutgefäße fehlen vollständig bei Poriferae, Coelenteratae, Plathelminthes, Gnathostomulidae, Sipunculidae, Nemathelminthes, Acanthocephalae, Bryozoae, Chaetognathae und den Pentastomidae. Charakteristisches Merkmal geschlossener Blutgefäßsysteme ist das Vorhandensein von verbindenden Kapillaren zwischen Arterien und Venen. Der Stoffaustausch zwischen Blut und Gewebe erfolgt über Kapillargefäße; das Herz fungiert als zentrales Pumporgan. Geschlossene Blutgefäßsysteme finden sich bei allen Vertebraten, aber auch bei verschiedenen Evertebraten (Annelidae, Cephalopodae, Phoronidae, Nemertini, Echiuridae, Pogonophorae, verschiedenen Echinodermata und Hemichordata).

Richtige Antwort zu Frage 676: Durch Ausbildung eines vollständigen Septums im Herz der Vögel und Säugetiere erfolgt eine Trennung des Körperkreislaufs vom Lungenkreislauf. Das sauerstoffreiche Blut aus den Lungen erreicht über den linken Vorhof (Atrium) das Herz, von wo es über die linke Kammer (Ventrikel) in die Körperperipherie gepumpt wird. Das sauerstoffarme Blut aus der Körperperipherie fließt in den rechten Vorhof und gelangt über die rechte Kammer in den Lungenkreislauf. Auf diese Weise passiert der Kreislauf das Herz zweimal: einmal durch die linke und einmal durch die rechte Herzhälfte.

Richtige Antwort zu Frage 677: Das hauptsächliche Atemsystem bei Insekten ist das Tracheensystem. Die Cephalopoden atmen über Kiemen innerhalb der Mantelhöhle. Sie bewegen ihren Atemstrom durch Muskelkontraktionen der hinteren Mantelhöhlenwand oder des „Trichters" der Atemhöhle. Echte Kiemen als gut durchblutete Hautausstülpungen finden sich bei vielen Borstenwürmern (Polychaeten). Arten, die in festen Wohnröhren leben, besitzen teilweise Tentakelkronen, die ins freie Wasser ragen und neben der Atmung vor allem dem Nahrungserwerb dienen (z. B. *Sabella*); oder sie pumpen durch peristaltische Bewegungen des Körpers einen ständigen Wasserstrom durch die Wohnröhre (z. B. *Arenicola*). Bei Spinnentieren finden sich sogenannte Fächerlungen. Diese leiten sich ebenfalls von Kiemen an den Hinterbeinen ab und sind dementsprechend paarig ausgebildet (2 bis 4 Paare). Da in diesem Fall aus Kiemenblättchen direkt Lungenblättchen werden, halten feine Chitinborsten den Abstand zwischen den Blättchen, sodass die Luft dazwischen zirkulieren kann. Bei Landschnecken entwickelt sich eine ursprüngliche Kiemenhöhle zur Lunge, über deren gesamtes Epithel der Gasaustausch erfolgt. Die Schnecken besitzen ein verschließbares Atemloch (Pneumostom) und können ihre Lunge durch Muskelkontraktionen ventilieren.

Richtige Antwort zu Frage 678: Die Metamorphose der Frösche läuft schrittweise und ohne geschütztes Ruhestadium ab. Solange die Adultorgane noch nicht funktionsfähig sind, müssen daher die Larvalorgane aktiv sein. Holometabole Insekten dagegen legen zur Metamorphose ein Ruhestadium (Puppenstadium) ein, in dem die Larve relativ gut geschützt ist und die Metamorphose auf einen Schlag vollzogen werden kann

Richtige Antwort zu Frage 679: Dottermenge, Verteilung des Dotters im Ei und festgelegte Zellteilungsmuster.

Richtige Antwort zu Frage 680: Partiell discoidal (Alligator), Spiralfurchung (Regenwurm), radiär und total inäqual (Grasfrosch), radiär und bilateralsymmetrisch (Lanzettfischchen), partiell superficiell (Stubenfliege).

Richtige Antwort zu Frage 681: Keimblätter sind epithelartig angeordnete Zellschichten im frühen Embryo (äußeres Epithel = Ektoderm; inneres Epithel = Entoderm; das dazwischen gelegene Epithel = Mesoderm). Die Keimblätter werden während der Gastrulation gebildet. Aus ihnen gehen die Organe und Gewebe des Embryos hervor.

Richtige Antwort zu Frage 682: Pigmentzellen, Mesenchymzellen von evtl. vorhandenen Flossensäumen, Spinalganglien und Ganglien des peripheren Nervensystems, Schwann-Zellen, Hirnhäute, Knorpel und Knochen des Visceralskelettes (auch deren Abkömmlinge wie z. B. die Gehörknöchelchen), Dentinkeime der Zähne.

Richtige Antwort zu Frage 683: Amnion, Serosa, Allantois und Dottersack. Der embryonale Teil der Plazenta wird vom Chorion (aus der Serosa hervorgegangen) und der Allantois gebildet.

Richtige Antwort zu Frage 684: Der Organisator ist eine Region im Amphibienembryo, die, wenn man sie auf die Ventralseite eines Spenderembryos transplantiert, eine sekundäre Embryonalanlage induziert. Bei Amphibien wird die dorsale Urmundlippe als Organisator betrachtet. Bereiche mit „organisatorähnlichen" Eigenschaften gibt es aber auch beim Zebrafisch, beim Huhn (Hensen'scher Knoten) oder beim Säuger.

Richtige Antwort zu Frage 685: Untersuchungen in der menschlichen Entwicklungsforschung vor ca. 30 Jahren führten zu dem Begriff des „kompetenten Säuglings". Damals lagen die Forschungsschwerpunkte vor allem auf den kognitiven Fähigkeiten des Säuglings (Wachstum, Lernen, Gedächtnis, Denkvermögen). Diese beeindruckenden Fähigkeiten führten in der Fachsprache zu dem Begriff des kompetenten Säuglings.

Richtige Antwort zu Frage 686: Zellen entstehen nur aus Zellen, entweder durch Teilung oder durch Verschmelzung.

Richtige Antwort zu Frage 687: Weil die Zellen phänotypisch oft völlig unterschiedlich sind.

Richtige Antwort zu Frage 688: Differenzierung beruht auf der differenziellen Produktion von zelltypspezifischen Proteinen und somit auf differenzieller Genaktivität. Diese differenzielle Genaktivität wird während der Determination programmiert. Determination erfolgt also stets vor der Differenzierung.

Richtige Antwort zu Frage 689: Die Bildung der Hauptkörperachsen des *Drosophila*-Embryos wird von Maternaleffektgenen gesteuert. Die Orientierung der anterior-posterioren Achse wird durch die Genprodukte von *bicoid* und *nanos* bestimmt. Bicoid bildet einen von anterior nach posterior verlaufenden Gradienten und Nanos einen gegenläufigen von posterior nach anterior verlaufenden Gradienten. Die anterior-posteriore Achse wird dann durch die Aktivität von Lückengenen und schließlich von Paarregelgenen in Segmente unterteilt, deren Identität durch homöotische Gene und deren Polarität durch Segment-polaritätsgene festgelegt werden. Die Ausbildung der dorsoventralen Achse wird ebenfalls von Maternaleffektgenen gesteuert. Deren Genprodukte sorgen für die lokale, nämlich ventrale, Akkumulation des Transkriptionsfaktors Dorsal in den Kernen des Blastodermstadiums. Dorsal stimuliert die Transkription von ventralspezifizierenden und hemmt die Transkription von dorsalspezifizierenden Genen.

Richtige Antwort zu Frage 690: Festlegung der Identität von Segmenten bei Insekten, Achsenbildung bei Vertebraten (z. B. *goosecoid* bei der Bildung der dorsoventralen Achse, Hox-Komplexe bei der Bildung der anterior-posterioren Achse), Musterbildung in der Extremitätenknospe.

Richtige Antwort zu Frage 691: Der Häutungsprozess wird durch das prothorakotrope Hormon gesteuert. Zu Anfang jeder Häutung werden Ecdyson und Juvenilhormon sezerniert. Die Konzentration des Juvenilhormons ist entscheidend: Bei hoher Juvenilhormonkonzentration erfolgt eine Larvalhäutung, ist die Konzentration an Juvenilhormon etwas niedrigerer, folgt die Häutung zum Puppenstadium. Bei fehlendem Juvenilhormon setzt die Metamorphose ein. Das Eclosionshormon ruft Verhalten- und Aktivitätsänderungen hervor, sodass Schlüpfen aus der alten Cuticula möglich wird. Bei der Puppen- und Adulthäutung ist Bursicon beteiligt, es bewirkt die Sklerotisierung.

Richtige Antwort zu Frage 692: Weil alle Keimzellen einzellig sind.

Richtige Antwort zu Frage 693: Individualentwicklung eines Lebewesens (auch eines Organs oder eines Gewebes).

Richtige Antwort zu Frage 694: Mit Differenzierung ist gemeint, dass eine Zelle eine spezialisierte physiologische Funktion übernimmt. Das führt zu permanenten Veränderungen der Genomexpression, die die biochemische Zusammensetzung der Zelle verändern. Entwicklung ist eine Abfolge von koordinierten Veränderungen, die im Verlauf des Lebens einer Zelle oder eines Lebewesens stattfinden.

Richtige Antwort zu Frage 695: An der Aufrechterhaltung der Differenzierung sind Rückkopplungsschleifen beteiligt, die im Fall der Muskelzelle durch den MyoD-Transkriptionsaktivator vermittelt werden. MyoD ist für das Fehlen eines normalen Zellzyklus verantwortlich. Außerdem sorgt er dafür, dass muskelspezifische Proteine synthetisiert werden und die Zelle eine Muskelzelle bleibt.

Olaf Werner

Richtige Antwort zu Frage 696: c. Mit dem Leben in Gruppen geht fast immer ein erhöhtes Risiko für eine Infektion mit Krankheiten und Parasiten einher, da enger Kontakt die Weitergabe eines Schadorganismus in der Regel begünstigt. Jedoch muss man davon ausgehen, dass soziale Verbände nicht entstanden wären, wenn damit keine Vorteile einhergingen. Beispielsweise wirken sich Kommunikation und Zusammenarbeit in der Gruppe fördernd auf den Nahrungserwerb aus: Das Beutespektrum kann deutlich erweitert werden, wenn die Gruppe Tieren nachstellt, die vom einzelnen Individuum niemals überwältigt werden könnte. Darüber hinaus kann eine Gruppe die gemeinsame Beute bei Bedarf deutlich effektiver gegen Konkurrenten verteidigen. Diese Schutzfunktion gilt auch gegenüber Beutegreifern, denn der Schwarmverband senkt das individuelle Risiko, erbeutet zu werden. Hierbei sollte jedoch nicht außer Acht gelassen werden, dass das Leben im Schwarm eine gewisse Konkurrenz um Ressourcen mit sich bringt. Ein einprägsames Beispiel ist die strikte Regulation des Zugangs zu Geschlechtspartnern bei der Mehrzahl der staatenbildenden Insekten.

Richtige Antwort zu Frage 697: d. Antwort d ist für die Hypothese des optimalen Nahrungserwerbs nicht von Bedeutung. Ein effizienter Jäger wird stets die Beute auswählen, die zur Maximierung seiner Energieaufnahme beiträgt. Hierbei sind besonders die energiedichten Beuteobjekte lohnenswert, auch wenn diese nicht zwingend am häufigsten vorkommen. Die Hypothese des optimalen Nahrungserwerbs basiert auf der Annahme, dass sich das Verhalten der Tiere im Laufe der Evolution dahingehend entwickelt hat, dass stets die für das eigene Fortbestehen vorteilhafteste Wahl getroffen wird. Bezüglich der Energieaufnahme gilt damit: Tiere, die ihre Nahrung effizient erwerben, decken ihren Energiebedarf in kürzerer Zeit als ineffiziente Tiere. Dies schafft Freiraum für weiteres Verhalten,

O. Werner (✉)
Las Torres de Cotillas, Murcia, Spanien
E-Mail: werner@um.es

O. Werner (Hrsg.), *1000 Fragen aus Zoologie und Botanik*,
DOI 10.1007/978-3-642-54983-0_7, © Springer-Verlag Berlin Heidelberg 2014

was beispielsweise der Fortpflanzung zuträglich sein kann. Effizienter Nahrungserwerb kann damit zu höheren Nachkommenzahlen führen.

Richtige Antwort zu Frage 698: b. Die grundlegenden Komponenten eines Optimalitätsmodells für ein Verhalten sind das Ziel des Verhaltens und die Entscheidungen, wie dieses am besten zu erreichen ist. Ein Verhalten und die zugrunde liegende Entscheidungskette werden dann als optimal betrachtet, wenn dem Tier bei geringen Kosten ein hoher Nutzen erwächst. Dieser kann anhand der Nachkommenzahl quantifiziert werden.

Richtige Antwort zu Frage 699: a. Pflanzen, die Schwermetalle tolerieren, unterscheiden sich gewöhnlich genetisch von anderen Individuen ihrer Art. Sie vertragen weit höhere Konzentrationen der toxischen Verbindungen, da sie sich den speziellen Umweltbedingungen am natürlichen Standort angepasst haben. Die entsprechenden Böden haben meist hohe Konzentrationen weniger bestimmter Schwermetalle, weswegen die Toleranz meist auf wenige Schwermetalle beschränkt ist. Diese werden aufgenommen und angereichert, ohne dass es zu unmittelbarer Schadwirkung kommt. Die Anpassung an verseuchte Böden kann schnell vorangehen, daher können tolerante Arten Gebiete mit hoher Schwermetallkonzentration relativ schnell besiedeln.

Richtige Antwort zu Frage 700: b. Der Anstieg des Meeresspiegels steht in keinem wesentlichen Zusammenhang mit dem derzeitigen Artensterben. Alle anderen Faktoren können aber Ursache für das Aussterben einer Art sein.

Richtige Antwort zu Frage 701: d. Der Verlust von Lebensräumen gilt als die Hauptursache für die Gefährdung von Arten. Durch den Eingriff des Menschen werden viele Lebensräume zerstört bzw. die verbleibenden Habitate werden kleiner und isolierter.

Richtige Antwort zu Frage 702: e. Alle aufgeführten Faktoren sind Ursachen für die Besorgnis bezüglich des fortschreitenden Aussterbens von Arten.

Richtige Antwort zu Frage 703: e. Bei einer Verkleinerung des Habitatfragments kommt es zu einer ganzen Reihe von Effekten. Speziell die stärkere Auswirkung äußerer Einflüsse, der sogenannte Randeffekt, ist ein kritischer Faktor.

Richtige Antwort zu Frage 704: b. Das aussagekräftigste Kriterium für eine invasive Ausbreitung ist, ob die Art bereits irgendwo anders invasiv in Erscheinung getreten ist. Bestimmte Merkmale, die außerdem eine invasive Ausbreitung fördern, sind: eine kurze Generationszeit, die Bildung kleiner Samen oder ein großes Verbreitungsgebiet.

Richtige Antwort zu Frage 705: a. Die Besorgnis begründet sich in der schnellen Änderung des Klimas und der Befürchtung, dass die Arten ihr Verbreitungsgebiet nicht im gleichen Tempo anpassen können.

Richtige Antwort zu Frage 706: d. Das Auftreten von Feuern lässt sich anhand der Narben in den Jahresringen von Bäumen feststellen. Voraussetzung ist natürlich, dass die Bäume das Feuer überlebt haben, d. h. dass die Intensität der Brände vergleichsweise gering war, wie etwa bei einem Bodenfeuer. Anhand der Jahresringe können Dendrochronologen (Jahresringforscher) dann feststellen, wann Feuer aufgetreten sind und wie schlimm diese waren.

Richtige Antwort zu Frage 707: c. Die Zucht ist dann eine sinnvolle Maßnahme, wenn Aussicht auf eine spätere Ansiedelung im natürlichen Lebensraum gegeben ist. Eine Wiederansiedlung durch Auswilderung kann so zum Erhalt der Art beitragen.

Richtige Antwort zu Frage 708: a. Die Restaurationsökologie befasst sich damit, Maßnahmen zur Wiederherstellung natürlicher Lebensräume zu entwickeln. Da viele Gebiete degradiert sind, kommt ihr eine wichtige Funktion zu.

Richtige Antwort zu Frage 709: c. Die Fachrichtung *Conservation Medicine* widmet sich der Gesunderhaltung von Flora und Fauna. Es wird versucht, die Ursachen für Krankheiten bei Wildtierarten und Wildpflanzenarten zu identifizieren und effiziente Lösungen zu entwickeln.

Richtige Antwort zu Frage 710: d. Marine Auftriebszonen sorgen dafür, dass es zu einer Umwälzung der Wassermassen kommt und so auch Nährstoffe in die oberflächennahen Wasserschichten gelangen. Da das Meerwasser in den Auftriebszonen reich an mineralischen Nährstoffen ist, finden sich in diesen Bereichen große Fischgründe.

Richtige Antwort zu Frage 711: d. Saure Niederschläge in Form von Regen, Hagel oder Schnee haben einen unnatürlich niedrigen pH-Wert infolge der durch den Menschen bedingten Verschmutzung der Atmosphäre. Sie betrifft den Stickstoff- und Schwefelkreislauf. Besonders häufig tritt saurer Regen im Osten von Nordamerika und in Europa auf.

Richtige Antwort zu Frage 712: e. Seen reagieren sehr empfindlich auf eine Versauerung, da sie als Süßgewässer nur eine geringe Pufferkapazität besitzen. Es kann lokal zum Aussterben von Arten kommen, weil viele Fischarten säureempfindlich sind.

Richtige Antwort zu Frage 713: a. Die Gesamtheit der Organismen in einer bestimmten Region wird als Biota bezeichnet. Die Begriffe „Flora" (Pflanzenwelt) und „Fauna" (Tierwelt) beziehen sich jeweils auf die Gesamtheit aller Pflanzen- beziehungsweise aller Tierarten einer Region. Hiervon hebt sich der etwas umfassendere Begriff der Biota ab, der unter besonderer Betonung der ökologischen Zusammenhänge die gesamte Lebewelt zu umschreiben sucht. Unter „Diversität" oder „Biodiversität" versteht man gemeinhin die biologische Vielfalt, die neben der Artenvielfalt auch die Vielfalt der Ökosysteme und die genetische Vielfalt umfasst.

Richtige Antwort zu Frage 714: a. Die Biogeographie dokumentiert die Verbreitungs-muster von Populationen, Arten und Lebensgemeinschaften und versucht sie zu erklären. Als Wissenschaft nahm sie ihren Anfang im 18. Jahrhundert, als Reisende die unterschied-liche Verbreitung der Organismen auf den Kontinenten feststellten.

Richtige Antwort zu Frage 715: c. Eine Nischenvertretung oder Vikarianz tritt auf, wenn eine räumliche Barriere das Verbreitungsgebiet einer Art auftrennt. Damit ist Antwort c die richtige Lösung. Durch ein solches Ereignis entstehen oftmals auch Unterarten inner-halb einer Population.

Richtige Antwort zu Frage 716: d. Die Existenz biogeografischer Regionen kommt durch die abrupte Änderung der Wassertemperatur und des Salzgehalts zustande, die beim Zusammentreffen von Meeresströmungen auftreten. Obwohl die Meere untereinander in Verbindung stehen, gibt es räumliche Unterschiede in diesen Parametern. Speziell in den oberen Wasserschichten ändern sich infolge horizontaler und vertikaler Meeresströmun-gen die Temperatur und der Salzgehalt oft schlagartig.

Richtige Antwort zu Frage 717: c. Bei der Erklärung eines Verbreitungsmusters nach dem Parsimonie-Prinzip (Sparsamkeitsprinzip) wird die kleinste Zahl nicht dokumentier-ter Ausbreitungs- und Vikarianzereignisse zugrunde gelegt.

Richtige Antwort zu Frage 718: d. Die gesuchte biogeografische Region ist Australien. Durch die Isolation konnten sich auch eine Reihe endemischer Arten auf dem Kontinent entwickeln.

Richtige Antwort zu Frage 719: a. Im Modell von MacArthur und Wilson erreicht der Artenreichtum ein Gleichgewicht, wenn die Immigrationsrate neuer Arten der Aussterbe-rate vorhandener Arten entspricht. Das Modell ermöglicht Prognosen über die Artenzahl auf Inseln.

Richtige Antwort zu Frage 720: d. In der Hartlaubvegetation dominieren die immergrü-nen Sträucher. Das Biom wird hin und wieder auch als Macchie oder Chaparral bezeich-net. Das Klima ist typischerweise im Winter kühl und feucht und im Sommer warm und trocken. Die dominierenden Pflanzen sind niedrige Sträucher und Bäume mit derben, immergrünen Blättern. Beispiele dieser Region sind die Küste Kaliforniens, die Mittel-meerregion oder Südwestaustralien.

Richtige Antwort zu Frage 721: e. Falsch ist Aussage e. Die meisten mineralischen Nähr-stoffe in den tropischen Wäldern sind in der Vegetation gebunden, wodurch auch die Landwirtschaft erschwert wird. Zu a.) In immergrünen tropischen Regenwäldern finden sich auf einem Quadratmeter bis zu 500 Baumarten.

Richtige Antwort zu Frage 722: a. In Kältewüsten finden sich aufgrund der Trockenheit meist nur wenige Arten niedrigwüchsiger Sträucher. Die Pflanzen dieser Regionen produzieren meist eine große Zahl von Samen. Kältewüsten finden sich zum Beispiel in Argentinien.

Richtige Antwort zu Frage 723: e. In der Geschichte der Menschheit übten alle der hier aufgeführten Faktoren einen großen Einfluss aus. Die Domestikation bestimmter Säugetierrassen zu Haustieren war dabei ein ebenso entscheidender Faktor, wie die in Eurasien zu findenden, in Ost-West-Richtung ausgerichteten Gebirgsketten, die eine Ausbreitung erleichterten.

Richtige Antwort zu Frage 724: c. Der Unterschied liegt darin, dass die Primärproduktivität eine Rate beschreibt, nämlich die Zuwachsrate an chemischer Energie bzw. pflanzlicher Biomasse pro Flächeneinheit und Zeiteinheit (z. B. Joule/m^2 und Jahr) und die Primärproduktion ein Produkt.

Richtige Antwort zu Frage 725: a. Der Begriff hierfür ist Bruttoprimärproduktion. Er beschreibt die in photosynthetisch aktiven Organismen pro Zeiteinheit angesammelte chemische Energie. Zu b.) Die Nettoprimärproduktion entspricht der Bruttoprimärproduktion, abzüglich der Energiemenge, die die Pflanze für die Zellatmung selbst benötigt.

Richtige Antwort zu Frage 726: b. Diese Energiemenge wird durch die Nettoprimärproduktion und die Effizienz der Energieumwandlung bestimmt. Eine trophische Ebene enthält alle Organismen einer Lebensgemeinschaft, die ihre Energie aus der gleichen Stufe des Nahrungsnetzes beziehen.

Richtige Antwort zu Frage 727: d. Der Unterschied bedingt sich durch die Energiespeicherung der Bäume in Form von Holz. Beim Grasland ist der größte Teil der Biomasse in den grünen Pflanzen enthalten, in Wäldern hingegen ist er im Holz der Bäume enthalten und steht somit den meisten Herbivoren nicht zur Verfügung.

Richtige Antwort zu Frage 728: e. Alle Punkte treffen zu. Schlüsselarten beeinflussen die Struktur ihrer Lebensgemeinschaften stärker, als man aufgrund ihrer Häufigkeit erwarten würde. Das Beispiel des Bibers, der mit ausgeprägtem Gestaltungsdrang ganze Lebensräume verändert, beweist, dass man „Struktur" hier durchaus wörtlich nehmen kann. Generell ist zu beobachten, dass sich Schlüsselarten innerhalb eines Ökosystems meist auf einer höheren Trophieebene befinden, wobei es unerheblich ist, ob es sich um Herbivore oder Carnivore handelt. Der kulinarische Eingriff in das Nahrungsnetz hat enorme Auswirkungen auf die Artzusammensetzung der Lebensgemeinschaften: Frisch geschaffene Freiräume im Konkurrenzgefüge des Ökosystems können auch von konkurrenzschwächeren Organismen besetzt werden, wodurch die Biodiversität steigt. Weiterhin können

Stoffkreisläufe beschleunigt werden: Stickstoff aus Verdauungsprodukten ist beispielsweise schneller wieder im Kreislauf verfügbar, als derjenige aus verrottendem Pflanzenmaterial.

Richtige Antwort zu Frage 729: c. Bei einer mittleren Störungsintensität ist der Artenreichtum am höchsten. Dieses Muster führte zur Hypothese der mittleren Störungsintensität, die den geringen Artenreichtum in Gebieten mit hohen Störungen damit erklärt, dass dort nur Arten mit besonderen Ausbreitungsfähigkeiten und hohen Reproduktionsarten überleben können. In der Ökologie wird eine Störung definiert als ein Ereignis, durch das sich die Überlebensrate von einer oder mehreren Arten einer Biozönose ändert.

Richtige Antwort zu Frage 730: d. Das chemische Ungleichgewicht kommt durch die Lebewesen zustande, die die Erde bewohnen.

Richtige Antwort zu Frage 731: b. Falsch ist die Aussage, dass Stoffe im Bereich der innertropischen Konvergenzzone in die Troposphäre hineingelangen. In der Troposphäre erfolgt der Großteil der globalen Luftzirkulation. Sie enthält außerdem fast den gesamten Wasserdampf der Atmosphäre.

Richtige Antwort zu Frage 732: c. Antrieb für den Wasserkreislauf ist die Verdunstung von Wasser an der Meeresoberfläche, hier erfolgt der größte Austausch im gesamten Kreislauf. Der Wasserkreislauf kann funktionieren, weil mehr Wasser an der Oberfläche der Ozeane verdunstet, als durch Niederschlag direkt zurückkehrt.

Richtige Antwort zu Frage 733: c. Kohlendioxid ist zwar durchlässig für Sonnenlicht, hält jedoch zusammen mit andern Gasen (z. B. Methan und Wasserdampf) einen Großteil der Wärme zurück, die von der Erde in den Weltraum zurückstrahlt.

Richtige Antwort zu Frage 734: c. Das große marine Förderband (*great ocean conveyerbelt*) transportiert im Nordatlantik Wasser in die Tiefsee. Angetrieben wird es durch das Absinken von salzhaltigem kaltem Wasser von hoher Dichte. Durch das marine Förderband gelangen große Mengen CO_2 in die Tiefsee.

Richtige Antwort zu Frage 735: a. Der Phosphorkreislauf hat keine gasförmige Phase. Geringe Mengen an Phosphor gelangen zwar durch Staubpartikel in die Luft, diese können jedoch vernachlässigt werden. Zu d.) Phosphor ist für Lebewesen ein essenzieller Nährstoff und ein wichtiger Bestandteil von ATP und DNA.

Richtige Antwort zu Frage 736: c. Die Auswirkungen des Schwefelkreislaufs auf das Klima werden größtenteils durch den sauren Regen verursacht. Der pH-Wert der Niederschläge ist durch Stoffe wie Salpetersäure oder Schwefelsäure abgesenkt. Diese Stoffe sind meist Produkte aus der Verbrennung fossiler Brennstoffe durch den Menschen.

Richtige Antwort zu Frage 737: c. Herbivorie führt gewöhnlich zu einer gesteigerten Photosyntheseleistung in den verbleibenden Blättern. Nach Blattverlust durch Beweidung profitieren die übriggebliebenen Blätter davon, dass die Nährstoffversorgung aus der Wurzel konstant bleibt und dadurch mehr Nährstoffe für weniger Blätter zur Verfügung stehen. Da der Bedarf an Photosyntheseprodukten in der Wurzel nicht gemindert ist, kann der Export aus den Blättern gesteigert werden. Der Besuch eines Herbivoren schädigt eine Pflanze, löscht diese aber niemals vollständig aus. Für viele Gräser ist die Beweidung sogar förderlich – das Wachstum einer Pflanze wird durch Herbivorie also nicht grundsätzlich gemindert.

Richtige Antwort zu Frage 738: b. Wenn zwei Organismen dieselbe Ressource nutzen und diese nur eingeschränkt verfügbar ist, bezeichnet man die Organismen als Konkurrenten (lat.: *concurrere*, zusammenlaufen). Noch eine Stufe direkter ist die Wechselwirkung im Falle der Prädation: Der Erfolg des Räubers (Prädator) bringt in der Regel den Untergang des Beuteorganismus mit sich. Das lässt sich prinzipiell auch auf parasitische Beziehungen übertragen: Der Parasit gedeiht auf Kosten des Wirtes, der gewissermaßen die Beute darstellt. Im Kontrast dazu bezeichnet der Mutualismus diejenige Wechselwirkung, die auch Symbiose genannt wird: Beide Partner profitieren ausschließlich. Anders ist das bei den ebenfalls zusammenlebenden Kommensalen – hier profitiert ein Partner, ohne den anderen zu beeinflussen – und den Amensalen, bei denen ein Partner im Nachteil ist, wohingegen der andere unbeeinflusst bleibt.

Richtige Antwort zu Frage 739: c. Wenn unter Bäumen wachsende Sträucher von herabfallenden Ästen beschädigt werden, bezeichnet man das als Amensalismus. Der Baum hat keine eindeutigen Vor- oder Nachteile dadurch, dass unter ihm wachsende Pflanzen geschädigt werden. Zwar stehen die beiden Ebenen in Konkurrenz um Licht und Nährstoffe, doch wäre das Abwerfen von Ästen in diesem Fall nicht gerade zweckdienlich (Buchen profitieren beispielsweise von der Abschattung des Unterwuchses durch eine geschlossene Laubkrone). Da kein Beteiligter den anderen zu verspeisen sucht, kann Prädation getrost ausgeschlossen werden. Gleiches gilt für den Kommensalismus (das Profitieren eines Partners ohne Einfluss auf den anderen) und für die Koevolution (Evolution von Merkmalen in Folge einer engen Wechselbeziehung zwischen Organismen).

Richtige Antwort zu Frage 740: b. Die Bezeichnung für die Zahl der Individuen einer Art pro Flächeneinheit lautet „Populationsdichte". Eine Population setzt sich aus Individuen einer Art zusammen, die ein bestimmtes Gebiet besiedeln und sich untereinander erfolgreich fortpflanzen können. Je mehr Individuen auf ein und derselben Fläche leben, desto größer ist die Populationsdichte und damit auch die Biomasse (Trockengewicht aller lebender Organismen oder einer Auswahl davon in einem definierten Lebensraum). Eine weitere wichtige Größe in der Populationsökologie ist die Populationsstruktur – die Altersverteilung und Verteilung der einzelnen Individuen in einem Lebensraum. Eine Population kann beispielsweise je nach räumlichen Gegebenheiten in mehrere Subpopulationen gegliedert sein, zwischen denen der Genfluss eingeschränkt ist.

Richtige Antwort zu Frage 741: c. Die Altersverteilung in einer Population wird durch zwei Faktoren bestimmt: den Zeitpunkt der Geburten und den Zeitpunkt der Todesfälle. Sie sagt viel über die jüngste Geschichte der Geburten und Sterbefälle aus.

Richtige Antwort zu Frage 742: a. Zu den demografischen Prozessen zählen Geburten, Sterbefälle, Zuwanderung (Immigration) und Abwanderung (Emmigration). Die Entwicklung zählt jedoch nicht dazu.

Richtige Antwort zu Frage 743: d. Die gesuchte Bezeichnung lautet Kohorte. Zu a.) Deme bezeichnet eine lokale Population von Individuen derselben Art, die sich untereinander regelmäßig fortpflanzen. Zu e.) Ein Taxon ist eine systematische Gruppe in einem taxonomischen System. Bsp: Gattung oder Familie.

Richtige Antwort zu Frage 744: c. Dies ist unter optimalen Umweltbedingungen der Fall. Unter intrinsischer Wachstumsrate versteht man die maximale Rate, mit der eine Population mit geringer Dichte bei sehr günstigen Bedingungen ohne limitierende Umweltfaktoren anwachsen kann.

Richtige Antwort zu Frage 745: b. In diesem Fall spricht man von einem Rettungseffekt. Beim Rettungseffekt wird das Aussterben einer Art verhindert, weil zwischen den aussterbenden Subpopulationen der Art ein Austausch weniger Individuen stattfindet, die sich dann fortpflanzen.

Richtige Antwort zu Frage 746: d. Die dichteabhängige Regulation ist am stärksten, wenn sich als Reaktion auf die Dichte sowohl die Geburten- als auch die Sterberaten ändern. Dichteabhängige Faktoren sind ökologische Faktoren, die sich auf die Geburten- und Sterberaten innerhalb von Populationen auswirken und deren Einfluss sich direkt oder umgekehrt proportional zur Populationsdichte ändert.

Richtige Antwort zu Frage 747: a. Die Populationsdichte dieser Art lässt sich langfristig gesehen am besten durch die Verringerung der Umweltkapazität reduzieren. Die Umweltkapazität bezeichnet die größtmögliche Anzahl von Individuen einer bestimmten Art, die auf Dauer in einem geeigneten Lebensraum überleben können.

Richtige Antwort zu Frage 748: a. Die Biozönose ist definiert als die Lebensgemeinschaft aller Mikroorganismen, Pflanzen und Tiere, die einen gemeinsamen Lebensraum bewohnen und untereinander in Wechselbeziehung stehen.

Richtige Antwort zu Frage 749: a. Als ökologische Sukzession bezeichnet man Veränderungen von Arten im Laufe der Zeit oder allgemeiner formuliert: Eine Veränderung der Zusammensetzung einer Biozönose infolge einer Störung.

Richtige Antwort zu Frage 750: d. Primärsukzession findet in Gebieten statt, in denen es zuvor noch keine Lebewesen gab. Bsp.: ein erkalteter Lavastrom. Daher ist Antwort d die gesuchte Lösung.

Richtige Antwort zu Frage 751: Endokrine Ökotoxine sind natürlich in Pflanzen vorkommende oder synthetische, durch menschliche Aktivität in die Umwelt gelangte Chemikalien, die im Verdacht stehen, an verschiedenen Stellen im endokrinen System einzugreifen und die Geschlechtsdifferenzierung zu stören. Bei Organismen mit phänotypischer Geschlechtsbestimmung hat sich dieser Verdacht bereits bestätigt. Dagegen ist es offen, ob auch der Mensch gefährdet ist.

Richtige Antwort zu Frage 752: Eingeschleppte Arten haben einen Fitnessvorteil gegenüber einheimischen Arten, wenn sie keine Parasiten in ihr neues Verbreitungsgebiet mitbringen und nicht empfänglich sind für die ansässigen Parasiten (Beispiel: Strandkrabbe in Nordamerika).

Richtige Antwort zu Frage 753: Hauptsächlich auf menschliche Aktivitäten. Durch Emissionen von Industrie, Autoverkehr oder durch großflächiges Roden von Wäldern ändert sich die Zusammensetzung der Atmosphäre. Das wichtigste, zum anthropogenen Treibhauseffekt beitragende Gas ist Kohlendioxid. Auch Methan spielt eine erhebliche Rolle. Es entsteht in Mülldeponien, beim Nassreisanbau oder natürlich in Feuchtgebieten.

Richtige Antwort zu Frage 754: Die Ozonschicht in der Troposphäre absorbiert fast die ganze UV-Strahlung der Sonne. Durch die Ausdünnung gelangt mehr Strahlung auf die Erde. Beim Menschen kann durch UV-B-Strahlung Hautkrebs entstehen. Im Südpolarmeer sinkt während des Ozonlochs über der Antarktis die Biomasse des Phytoplanktons. Da Phytoplankton am Anfang der Nahrungspyramide im Südpolarmeer steht, könnte sich die Reduktion negativ auf den Fischbestand auswirken.

Richtige Antwort zu Frage 755: Schutzmaßnahmen sind dann besonders nachhaltig, wenn neben dem Schutz auch die Nutzung einbezogen wird und somit ein ökonomischer Gewinn Schutz und Nutzung verbindet. Wichtig ist, durch eine besondere Kennzeichnung auf diese Zusammenhänge aufmerksam zu machen (Labelproduktion). Konsumenten erkennen dann den ökologischen Zusammenhang zwischen ihrem Konsum und der Auswirkung auf die Natur, also z. B. der Schutzmaßnahme, und können sich bewusst entscheiden. Auch lassen sich so höhere Preise erzielen. Beispiele für Labelproduktion sind der delfinsichere Thunfischfang, Tropenholzproduktion aus bewirtschafteten Plantagen, die integrierte Produktion in der europäischen Landwirtschaft, welche einen bestimmten

Anteil ökologischer Ausgleichsflächen erfordert, und der Biolandbau, welcher auf Biozide verzichtet.

Richtige Antwort zu Frage 756: Unter „Phytoremediation" versteht man den Einsatz von Pflanzen zur Aufnahme, Speicherung und Entgiftung von anorganischen (Radioisotope, Schwermetalle) oder organischen toxischen Rückständen in Böden, im Wasser oder in der Luft.

Richtige Antwort zu Frage 757: Die Weltkommission für Umwelt und Entwicklung der Vereinten Nationen definierte nachhaltige Entwicklung im „Brundtland-Report" (1987) folgendermaßen: *„Sustainable development meets the needs of the present without compromising the ability of future generations to meet their own needs."* Eine nachhaltige Entwicklung ist daher nicht nur eine Aufgabe für unsere heutige Generation, sondern auch für unsere Kinder und Kindeskinder. Die hier im Wesentlichen vorgestellte nachhaltige Nutzung natürlicher Ressourcen ist nur ein Aspekt einer nachhaltig orientierten Gesellschaft. Eine ökologische Nachhaltigkeit, die sich auf die Umwelt des Menschen auswirkt, ist letztlich nur erreichbar, wenn sich das soziokulturelle Umfeld des Menschen ebenfalls an solchen Werten misst. Entscheidend dürfte aber eine an nachhaltiger Entwicklung orientierte Wirtschaft sein, da diese die Eckpunkte unserer gesellschaftlichen Entwicklung setzt. Die aktuellen Wirtschaftssysteme basieren im Wesentlichen auf Wachstum, benötigen also Steigerungsraten von Umsatz, Verbrauch und Gewinn. Dies kennzeichnet sie als im Prinzip nicht nachhaltig und zeigt die Dimension des Umbaus auf, der von unserer Gesellschaft noch geleistet werden muss. Nachhaltigkeit ist ein anthropozentrischer Begriff, der dort angebracht ist, wo der Mensch im Mittelpunkt steht. Natur als solche ist nicht nachhaltig und kann nicht als Beispiel herangezogen werden. Gerade die großen Stoffkreisläufe zeigen, dass auf lange Sicht beachtliche Verschiebungen über Lebensräume erfolgen: In Tundren ist die Photosyntheserate größer als die Dekomposition, sodass es zur Torfbildung kommt. In früheren Zeiten wurden gewaltige Mengen an Biomasse und Salzen aus der Biosphäre abgelagert, wodurch die bekannten Kohle-, Erdöl- und Salzlager entstanden. Für unsere Gesellschaft zentral sind sicher die Bereiche unserer Versorgung mit Nahrung (Landwirtschaft, Fischfang), Energie und Rohstoffen (Waldwirtschaft, Bergbau). Hiermit eng gekoppelt ist die Art und Weise, wie wir Lebensräume nutzen. Leider gibt es bis heute mehr Beispiele für fehlende Nachhaltigkeit als positive Vorbilder. Global kann die Energiegewinnung nicht als nachhaltig bezeichnet werden. Etwa 90 % der weltweit verbrauchten Energie wird durch Verbrennen von Kohle, Erdöl und Erdgas sowie durch Kernspaltung gewonnen. Dies sind fossile Energieträger, deren Vorräte begrenzt sind und deren Nutzung unsere Umwelt schwer belastet (z. B. durch den Treibhauseffekt). Lediglich 10 % können als nachhaltig eingesetzte Energie bezeichnet werden (Wasserkraft, Biomasseverbrennung und sonstige regenerative Energieformen). Wie die Entwicklung der letzten Jahre beim Ausbau der Windenergie in Europa gezeigt hat, ist das Potenzial nachhaltiger Energienutzung jedoch um ein Vielfaches größer. Es liegt vor allem an machtpolitischen Konstellationen, wenn Nachhaltigkeitskriterien nicht stärker berücksichtigt werden.

Richtige Antwort zu Frage 758: Spricht man in der Umweltpolitik von Diversität, ist meistens die globale Artenvielfalt, also das weltweite Artenspektrum, gemeint. In ökologischen Strukturanalysen unterscheidet man dagegen zwischen der α-Diversität (Artendiversität) und der β-Diversität (Gradientendiversität). Die Artendiversität misst die Artenvielfalt in einer Biozönose und wächst mit der Anzahl der Arten und der Gleichverteilung der Arten (Äquität):

$$H_S = -\sum\nolimits_{i=1}^{S} \left(n_i/N\right) * \ln\left(n_i/N\right).$$

In der Formel steht S für die Artenzahl, N für die Gesamtzahl der Individuen und n_i für die Individuenzahl der Art i. Die Gradientendiversität misst die Vielfalt von Artengemeinschaften entlang eines Umweltgradienten und wächst mit den Unterschieden im Arteninventar benachbarter Zonen.

Richtige Antwort zu Frage 759: Eine Population weist in der Regel eine genetische Struktur auf, die sich von der einer Nachbarpopulation unterscheidet. Unterhalb einer kritischen Populationsgröße ist die genetische Variabilität einer Population stark eingeschränkt. Dies führt zu einer Zunahme der Inzucht und zu einem Verlust an Heterozygotie, also zu einer Zunahme an nachteiligen Eigenschaften und letalen Mutationen (Inzuchtdepression). Die Population wird kleiner und stirbt letztendlich aus. Ein solcher Prozess kann beschleunigt werden, wenn eine Population bei niedriger Dichte langsamer wächst als bei hoher Dichte (inverse Dichteabhängigkeit), etwa weil es schwierig ist, Fortpflanzungspartner zu finden. Vor allem bei sozialen Tieren kann das Sozialverhalten gestört sein, bestimmte Ressourcen werden schlechter gefunden oder Beute ist schwieriger zu überwältigen. Dieses Phänomen wird als Allee-Effekt bezeichnet. Um das Überleben einer Population zu gewährleisten, ist es also wichtig, dass sie eine bestimmte Größe nicht unterschreitet. Hieraus ist das Konzept der Mindestgröße einer überlebensfähigen Population entstanden.

Richtige Antwort zu Frage 760: Manche Arten üben eine zentrale Funktion in einem Lebensraum aus oder ermöglichen durch ihre Existenz erst das Vorhandensein weiterer Arten. Solche Arten bezeichnet man als Schlüssel-, Schlussstein- oder Schirmarten, und sie sind wichtiger als eine durchschnittliche Art, da von ihrem Schutz weitere Arten profitieren. Pflanzen sind beispielsweise oft Schlüsselarten für spezialisierte Herbivoren, und der Einnischungsprozess führt dazu, dass eine Pflanzenart Lebensraum für Dutzende, manchmal Hunderte herbivore Arten darstellt. Stirbt die Pflanze aus, ist den Herbivoren die Lebensgrundlage entzogen, d. h. der Verlust einer Pflanzenart hat den Verlust von weiteren Arten zur Folge.

Richtige Antwort zu Frage 761: Nichts. Klimaähnlichkeit ist nur ein Aspekt. Wichtig wäre, dass die verlorenen Arten spezialisiert waren und entsprechend spezialisierte Funktionen hatten. Fremde Arten werden diese Funktionen kaum erfüllen können, auch wenn sie das Klima vertragen. Der Verlust wird also kaum kompensiert werden können. Wie bei allen fremden Arten ist hingegen zu befürchten, dass sie unerwartete Auswirkungen auf ihre Umwelt zeigen. Im schlimmsten Fall verursachen die neuen Arten weitere Biodiversitätsverluste.

Richtige Antwort zu Frage 762: Unabhängig vom Schutzstatus gibt es eine Reihe von Landschaften, die nur durch die Aufrechterhaltung einer bestimmten Nutzungsform fortbestehen können, also Pflegemaßnahmen benötigen. Heidelandschaften und Trockenrasen benötigen extensive Beweidung, um nicht durch Verbuschung Charakter und Artenreichtum zu verlieren. Kleine Lebensräume können in ihrem Bestand gefährdet sein, wenn bestimmte Eingriffe nahe an ihrem Rand erfolgen. So sind Feuchtgebiete gegenüber Entwässerungsmaßnahmen empfindlich, Magerstandorte gegen Eutrophierung. Ein vollständiges Unterdrücken des Feuers durch den Menschen führt ebenfalls zu einer Veränderung der Vegetation: Offene Standorte verbuschen, und schließlich breitet sich Wald aus. Gleichzeitig steigt die Feuergefährdung. Wenn dann ein Feuer ausbricht, wird eine immense Biomasse auf einer großen Fläche vernichtet, und eine Besiedlung durch die frühen Sukzessionsstadien wird deutlich länger dauern, weil weniger Diasporen dieser Stadien überleben konnten. Feuerangepasste Lebensräume des mediterranen Klimas sollten daher regelmäßig mit kleinräumigen und leichten Feuern gepflegt werden, die natürlichen Ursprungs sein können oder als Naturschutzmaßnahme eingesetzt werden (Goldammer 1993).

Richtige Antwort zu Frage 763: Sie führt zu starkem Wachstum von Algen und anderen Wasserpflanzen. Der biologische Abbau dieser Organismen kann dazu führen, dass der gesamte Sauerstoffgehalt des Gewässers aufgezehrt wird und aerob lebende Organismen wie Fische absterben.

Richtige Antwort zu Frage 764: Sie kann zu einem Verlust der positiven Bodeneigenschaften, der im Boden lebenden Organismen und letztendlich des Bodens führen. Am häufigsten ist die Erosion, eine Abtragung durch Wind oder Wasser. Hauptverursacher für eine Bodendegradation ist die landwirtschaftliche Nutzung.

Richtige Antwort zu Frage 765: Es gibt Konventionen, die den Schutz von Lebensräumen vorsehen bzw. ermöglichen (z. B. Biodiversitätskonvention, Ramsar-Konvention, Bundesnaturschutzgesetz) oder den Handel mit Arten verbieten (Washingtoner Artenschutzübereinkommen).

Richtige Antwort zu Frage 766: Sie gilt weltweit und soll ermöglichen, dass auch zukünftige Generationen heutige Arten nutzen können. Diese Konvention anerkennt das Recht von Nationen auf Arten innerhalb ihrer Grenzen. Das ist besonders für arme Länder der tropischen Regionen wichtig, da hier viele Nutzpflanzen und Medikamente ihren Ursprung haben.

Richtige Antwort zu Frage 767: Nach heutigem Wissenstand führt die Bodenversaue-rung zur Auswaschung von Nährstoffen und verringert die Fähigkeit des Bodens, Pflan-zennährstoffe zu speichern.

Richtige Antwort zu Frage 768: Die Vorteile der Dreifelderwirtschaft bestanden in der straffen agrarsoziologischen Struktur (Flurzwang, Siedlungen) und der intensiven Flächen-nutzung. Typisch war die Kombination von Pflanzenbau und Tierhaltung auf den gleichen Flächen. Als nachteilig erwies sich der hohe Flächenbedarf bei niedrigen Flächenerträgen von 0,7–1,0 t Getreide ha^{-1}. Eine effiziente Düngung kannte man nicht, die Bauern trugen jedoch Laubstreu und Humus aus nahegelegenen Wäldern oder Oberboden aus Moor-gebieten zur Bodenverbesserung ein. Da die Viehhaltung weitgehend ohne Futtermittel-anbau und Ställe erfolgte, gab es auch keinen Stallmist, der in die Felder gebracht werden konnte.

Richtige Antwort zu Frage 769: Durch die Industrialisierung im 19. Jahrhundert nahm die Verstädterung stark zu. Mit dem Wort „Verstädterung" beschreibt man die Vermeh-rung, Ausdehnung und Vergrößerung der Anzahl, Fläche und Einwohner von Städten. Die Urbanisierung hingegen beschreibt die Ausbreitung dieser städtischen Lebensform in einem Land.

Richtige Antwort zu Frage 770: Ausweisung von Schutzgebieten, Landschaftsplanung und die Eingriffsregelung.

Richtige Antwort zu Frage 771: Beide Gebiete haben die gleiche Artenzahl S ($S = 4$). Daher ist die Artenzahl für die Beurteilung der Diversität ungeeignet und wir berech-nen die Diversität entsprechend der Formel von Frage 758. Es zeigt sich, dass Gebiet B eine erheblich niedrigere Diversität als Gebiet A aufweist (Hinweis: Für den Vergleich von Gebieten ist es eigentlich unwichtig, welche Basis man für den Logarithmus verwendet). Eine andere Möglichkeit, die Diversität von Gebieten zu vergleichen, bieten Rang-Abun-danz-Kurven. Man beachte, dass sich bei einer linearen Auftragung aufgrund der unter-schiedlichen Gesamthäufigkeit in beiden Gebieten, die Rang-Abundanz-Beziehungen schwer vergleichen lassen. Bei einer logarithmischen Skalierung der y-Achse zeigt sich, dass die Artengemeinschaft im Gebiet B vor allem durch eine Art (Art 4) dominiert wird und daher die relativen Abundanzen der Arten weniger ausgeglichen sind als in Gebiet A. Die hohe Häufigkeit der Art 4 im Gebiet B ist ein Hinweis darauf, dass diese Art relativ klein ist.

Richtige Antwort zu Frage 772: Die entsprechenden Vorlagen für die Beantwortung die-ser Frage finden Sie in Abb. 7.1, Abb. 7.2 und Abb. 7.3. Grundsätzlich steigt die Arten-zahl mit dem Sammelaufwand an, aber nicht linear. Mit zunehmendem Sammelaufwand werden immer weniger neue Arten aufgefunden. Die Artenzahl steigt ähnlich nicht-linear mit der Fläche. Dabei hängen Arten-Flächen-Beziehung und Arten-Sammelaufwand-Be-

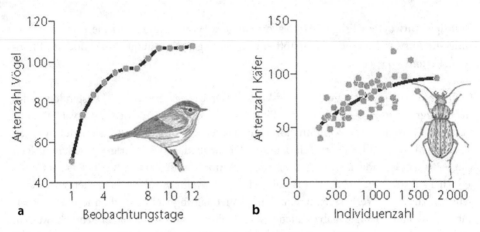

Abb. 7.1 zu Antwort 772. Aus Nentwig, Ökologie kompakt; Springer 2012

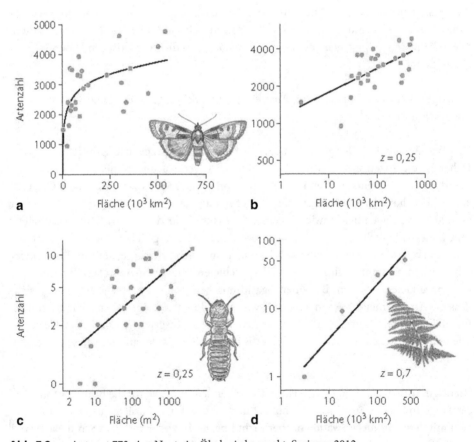

Abb. 7.2 zu Antwort 772. Aus Nentwig, Ökologie kompakt; Springer 2012

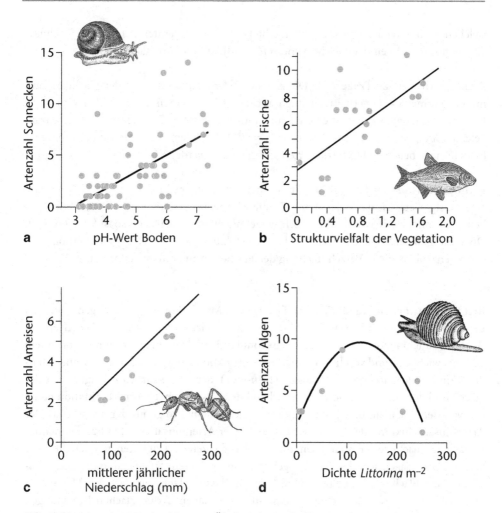

Abb. 7.3 zu Antwort 772. Aus Nentwig, Ökologie kompakt; Springer 2012

ziehung eng zusammen. Bei konstanter Dichte ist die Anzahl von Individuen einer Fläche direkt proportional zur Fläche (Individuenzahl = Dichte × Fläche). Meist steigt die Artenvielfalt linear mit der Strukturvielfalt an. Je mehr Strukturen und damit Habitate in einem Gebiet verfügbar sind, umso größer ist die Zahl an Planstellen, die von den Arten besetzt werden können. In Abb. 7.3 findet sich ein Beispiel, bei der die Artenzahl linear mit der Produktivität der Gebiete ansteigt. Es gibt aber auch Beispiele, bei der die Artenzahl bei mittlerer Produktivität ein Maximum zeigt. Der Grund für solche Widersprüche liegt häufig darin, dass bei einer Untersuchung nicht immer die gesamte Produktivitätsspanne untersucht wird und so nur Teilbereiche dargestellt werden, sodass keine Beziehung, eine positive Beziehung oder gar eine negative Beziehung gefunden werden kann, je nachdem welchen Produktivitätsbereich man betrachtet. Über den gesamten Bereich der Produktivität ergibt sich ein eindeutiges Maximum für mittlere Produktivitätswerte.

Richtige Antwort zu Frage 773: Die Zunahme der Artenzahl S mit der Fläche F kann mit der Formel $S = cF^z$ verhältnismäßig gut beschrieben werden. In der Aufgabe ist nur z bekannt, sodass man zunächst c bestimmen muss. Da für eine Insel Fläche und Artenzahl bekannt sind, kann c berechnet werden ($c = S/F^z$). Nachdem nun c und z bekannt sind, kann für jede beliebige Fläche die Artenzahl geschätzt werden.

Richtige Antwort zu Frage 774: Für Probeflächen unterschiedlicher Größe innerhalb eines Testgebietes ist das z der Arten-Flächen-Beziehung relativ klein ($z \leq 0,1$; Stichprobeneffekt) und damit $S = cA^{0,1}$ für $z = 0,1$. Verzehnfacht man die Fläche, so ist $S_{10} = c(10A)^{0,1}$. Dividiert man beide Gleichungen und kürzt, so folgt: $S_{10}/S = 10^{0,1} = 1,26$. Somit erhöht sich die Artenzahl bei einer Verzehnfachung der Fläche nur um einen Faktor von weniger als 1,3.

Richtige Antwort zu Frage 775: Die Theorie von MacArthur und Wilson geht von zwei Beobachtungen aus: a) Die Artenzahl steigt mit der Fläche der Inseln; b) Die Artenzahl sinkt mit zunehmender Distanz der Inseln vom Festland. Die Theorie geht nun von einem Gleichgewichtszustand von Immigration und Extinktion aus und fordert dabei einen ständigen und stochastischen Artenumsatz (*turn-over*), der wiederum vorhersagbar mit der Fläche und der Distanz variiert. Entsprechend der klassischen Theorie (Extinktion hängt nur von der Fläche ab und Immigration von der Distanz) folgt aus der Theorie: a) Der Artenumsatz sinkt mit der Fläche der Inseln; b) Der Artenumsatz sinkt mit zunehmender Distanz der Inseln vom Festland. Um die Theorie überzeugend zu testen, müssen die diese beiden Vorhersagen aus der Theorie getestet werden. Allein zu zeigen, dass die Artenzahl mit der Fläche steigt, ist noch kein Hinweis, dass die Überlegungen von MacArthur und Wilson für das untersuchte System Gültigkeit haben. Arten-Flächen-Beziehungen ergeben sich auch allein daraus, dass mit zunehmender Fläche einer Insel die Zahl der Individuen, die auf dieser Insel leben, steigt und damit auch zwangsläufig mehr Arten vorkommen. Daher muss für einen überzeugenden Test Folgendes erfüllt sein: (a) In einem engeren Testgebiet müssen Inseln unterschiedlicher Fläche und Distanz zum angenommenen *source-pool* vorhanden sein. Auf diesen Inseln muss nun die Artenzusammensetzung während mehrerer Jahre bestimmt werden. Nur so lassen sich Aussterbe- und Einwanderungsereignisse erkennen. Bei Ihren Untersuchungen müssen Sie auch sicherstellen, dass Aussterbeereignisse nicht durch Umweltveränderungen bedingt sind. Die Theorie von MacArthur und Wilson geht davon aus, dass alle Arten in ihren Eigenschaften gleich sind. Das können Sie nach mehrmaligem Erfassen der Artenzusammensetzung auf den Inseln ebenfalls testen. Die Wahrscheinlichkeit, dass eine Art einwandert bzw. ausstirbt, sollte nicht von ihren biologischen Eigenschaften abhängen (z. B. der Körpergröße).

Richtige Antwort zu Frage 776: Tundra (geringe Temperatur) sowie Sahara (geringe Niederschläge) sind Extremlebensräume (Thienemann'sche „Regel" 2). In einem Regenwald sind die Bedingungen grundsätzlich erheblich günstiger („Regel" 1). Doch bezieht sich die Frage auf krautige Pflanzen. Im Unterwuchs eines Regenwaldes gibt es wenig Licht, sodass man auch hier von extremen Bedingungen sprechen kann. Für alle drei Lebensräume erwartet man daher für krautige Pflanzen nach der Thienemann'schen „Regel" 2 wenig Arten und relativ steile Rang-Abundanz-Beziehungen. Für Bäume dagegen erwartet man in Tundra und Wüsten wiederum wenige Arten. Im Regenwald dagegen findet man eine kaum überschaubare Vielfalt an Baumarten, wobei meist keine der Baumarten dominant ist.

Richtige Antwort zu Frage 777: Mit der Veränderung der Landwirtschaft im 20. Jahrhundert wurde eine chemische Spirale in Gang gesetzt, die die Nebenwirkungen der industriellen Landwirtschaft noch verstärkte. Durch die Erhöhung der Düngergaben war überall Stickstoff im Überschuss vorhanden. Das Unkraut wurde ebenfalls mitgedüngt und erforderte spezielle chemische Mittel zur Beseitigung (Herbizide). Das immense Längenwachstum der Getreidehalme, welches diese anfällig gegenüber Windbelastung machte, wurde durch chemische Halmverkürzer („Antiwachstumshormone") gebremst. Der hohe Stickstoffgehalt machte die Kulturpflanzen attraktiv für herbivore Insekten und pathogene Pilze, sodass Insektizide und Fungizide eingesetzt werden mussten. Die Gesamtheit dieser chemischen Hilfsmittel (Dünger, Wachstumsregulatoren und Biozide) wird als Agrochemikalien bezeichnet.

Richtige Antwort zu Frage 778: Man betrachtet die Projektionen auf die einzelnen Ressourcen-Achsen.

Richtige Antwort zu Frage 779: Die Gestalt der Nahrungspyramide hängt von dem verwendeten Maß für die Stufenbreite ab, infrage kommen Dichte, Biomasse oder Produktion. In vielen Biozönosen haben die Folgekonsumenten eine geringere Dichte, Biomasse und Produktion; das ergibt die typische Pyramidalform. Konsumenten können aber durchaus zahlreicher sein als die vorherige Stufe: z. B. bei Parasit und Wirt. Sie können auch eine größere Biomasse aufweisen als die vorherigen Stufen, z. B. bei planktonfressenden Fischen. Nur die Produktionsdaten berücksichtigen den Zeitfaktor und liefern in jeder Biozönose die typische Pyramidalform, denn bei jedem Schritt durch das Nahrungsnetz fließt ein Teil der aufgenommenen Energie in den Betriebsstoffwechsel (Respiration).

Richtige Antwort zu Frage 780: Energielimitierung: Die ökologische Effizienz bei der Energieübertragung von einer Stufe zur anderen ist zu gering (1–30 %). Stabilität: Die Stabilität sinkt mit der Anzahl der Konsumentenstufen.

Richtige Antwort zu Frage 781: Komplexe Systeme wie der tropische Regenwald weisen eine vergleichsweise Konstanz der biozönotischen Struktur auf, die Arten haben nur geringe Populationsschwankungen und sind empfindlich aufeinander abgestimmt. In den Wäldern der gemäßigten Breiten sind die Arten an natürliche Schwankungen der Umweltfaktoren angepasst und reagieren elastisch auf äußere Störungen.

Richtige Antwort zu Frage 782: Es ist von zentraler Bedeutung, dass eingesetzte Nützlinge hochspezifisch sind, denn nur so kann verhindert werden, dass sie ihrerseits zu Schädlingen werden. In modernen Projekten nimmt daher das Screening auf Wirkungsspezifität eine zentrale Stellung ein. Da es meist nicht möglich ist, einen einmal freigesetzten Gegenspieler zurückzuholen, wurden diese Testverfahren in den letzten Jahrzehnten sehr sorgfältig konzipiert. Die positive Gesamtbilanz der biologischen Unkrautkontrolle bestätigt den Erfolg solcher Vorsichtsmaßnahmen. Die wichtigste Phase eines korrekt durchgeführten Projekts zur biologischen Schädlingskontrolle sind Spezifitätstests. Heute haben sich zentrifugale Tests eingebürgert, bei denen zuerst mit jedem potenziellen Agenten mehrere Populationen des Zielorganismus getestet werden. Hierbei soll die Wirksamkeit des Agenten gezeigt werden. Anschließend werden Tests, bei denen sich keine Wirksamkeit ergeben darf, mit nah verwandten Arten des Schädlings (gleiche Gattung, gleiche Unterfamilie, gleiche Familie), schließlich Tests mit entfernter verwandten Taxa durchgeführt. Danach testet man einige häufige Arten, die unabhängig von einer Verwandtschaft im gleichen Lebensraum wie der Zielorganismus vorkommen. Bei Pflanzen mit auffälligen chemischen Inhaltsstoffen wird empfohlen, auch nichtverwandte Arten mit den gleichen Inhaltsstoffen zu testen. Zuletzt werden die wichtigsten Nutzpflanzen der Zielregion getestet. Neben *no-choice*-Tests, in denen den Agenten nur ein Zielorganismus angeboten wird, sollten zumindest bei kritischen Fällen auch *choice*-Tests eingesetzt werden. In diesen werden neben der Zielart mehrere andere Nichtzielarten angeboten, sodass über diese Auswahl eine wirklichkeitsnähere Testsituation geschaffen wird.

Richtige Antwort zu Frage 783: Die häufigste gentechnische Veränderung bei transgenen Nutzpflanzen betrifft Herbizidresistenz. Die so veränderten Pflanzen enthalten ein Gen, das den Abbau eines bestimmten Herbizids (vor allem Glyphosat und Glufosinat, beides Totalherbizide) induziert, sodass es nicht schädigend auf diese Pflanze wirkt. Solche herbizidresistenten Pflanzen erlauben es, auf dem Feld das entsprechende Herbizid einzusetzen. Der Vorteil liegt auf der Hand, denn mit breit wirkenden Herbiziden können die Felder im Gegensatz zu früher nun unkrautfrei gehalten werden. Zu den Nachteilen gehören die Belastung der Umwelt mit Totalherbiziden, erhöhte Erosionsgefahr, Abnahme der Bodenfruchtbarkeit, Reduktion der Biodiversität in der Kulturlandschaft, Reduktion natürlicher Gegenspieler von Schädlingen an den Kulturpflanzen und hierdurch verstärkter Einsatz von Insektiziden. Nachdem in den 70er- und 80er-Jahren des 20. Jahrhunderts verschiedene Methoden alternativer Unkrautkontrolle (wie mechanische Behandlung oder gezielte Einsaat) praxisreif entwickelt wurden, müssen herbizidresistente Nutzpflanzen als Rückschritt gewertet werden. Zu den umfassendsten Studien, die eine mögliche Einsparung von Agrochemikalien durch den Anbau transgener Nutzpflanzen analysierten, gehört die dreijährige *Farm-Scale-Evaluation*-Studie in England. Die ausführliche Analyse von drei transgenen Nutzpflanzen auf je 60 Feldern zeigte, dass der Anbau herbizidresistenter Sorten zu keiner deutlichen Reduktion des Herbizidaufwandes führte. Ebenfalls sehr erfolgreiche transgene Nutzpflanzen sind solche, die ein Gen aus dem Bodenbakterium *Bacillus thuringiensis* enthalten, welches für Endotoxine codiert. Solche *Bt*-Pflanzen produzieren hierdurch Bakteriengifte, die toxisch auf die Insekten wirken, welche an der Pflanze fressen. *Bacillus thuringiensis* verfügt über mehrere Toxine, die unterschiedlich toxisch gegenüber Käfern, Schmetterlingen und Dipteren sind. Je nach exprimiertem Endotoxin ergibt sich daher eine spezifische Wirkung gegen bestimmte Insektengruppen. Relevant sind die coleopteren- und lepidopterenwirksamen Toxine in transgenen Sorten der häufigsten Kulturpflanzen. Der Hauptschädling im Mais ist der Maiszünsler (*Ostrinia nubilalis*, Pyralidae) und zunehmend der Maiswurzelbohrer (*Diabrotica virgifera*, Chrysomelidae). Kartoffeln werden vor allem durch den Kartoffelkäfer (*Leptinotarsa decemlineata*, Chrysomelidae) geschädigt und an Baumwolle sind mehrere Schmetterlingslarven schädlich (Baumwollkapselwürmer *Pectinophora gossypiella*, Gelechiidae und *Heliothis zea*, Noctuidae). *Bt*- Mais und *Bt*-Baumwolle sind daher die bedeutendsten *Bt*-Pflanzen. Der klassische Anbau dieser Kulturpflanzen ist meist mit hohen Mengen breit wirkender Insektizide gekoppelt, die beträchtliche Nebenwirkungen auf die Umwelt entfalten. Inzwischen konnte gezeigt werden, dass der Anbau von *Bt*-Pflanzen einen deutlichen Rückgang des Insektizidaufwandes bewirkt.

Richtige Antwort zu Frage 784: Der Phänotyp ist als individuelles Erscheinungsbild die Summe der Merkmale eines Organismus. Die Vielfalt seiner Erscheinungsformen wird durch das Erbgut, die individuelle Entwicklung (Ontogenese) und Umweltfaktoren bestimmt. Die Variationsbreite des Phänotyps eines Individuums oder der Individuen einer Population (oder Art) wird also vom Genotyp begrenzt (phänotypische Plastizität). Genetisch fixierte Anpassungen an klimatische oder bodenspezifische (edaphische) Standortbedingungen innerhalb einer Art werden als Ökotyp bezeichnet. Die Individuen eines Standortes können einem Ökotyp entsprechen, und die Individuen aller Standorte verfügen über den gleichen Genotyp.

Richtige Antwort zu Frage 785: Ein solcher Lebensraum weist in Bezug auf den entsprechenden Faktor keine große Variation dieses Faktors auf, das heißt, dieser Faktor ist relativ konstant. Ein stenöker Organismus muss ihm gegenüber daher nicht tolerant sein. Beispiele betreffen den Salzgehalt im Meer oder die Temperatur in einem Bergbach oder Höhlensystem.

Richtige Antwort zu Frage 786: Pflanzen nutzen mit ihren Photosystemen und verschiedenen Farbstoffe wie Chlorophyll *a*, β-Carotin, Phycoerythrin und Phytochromen

P_{660} und P_{730} verschiedene Wellenlängen. Aber auch Tiere, die über Farbsehen verfügen, nutzen durch verschiedene Farbrezeptoren verschiedene Wellenlängenbereiche etwa UV, Blau, Grün und Rot.

Richtige Antwort zu Frage 787: Unterkühlen (*supercooling*) kann Kristallisationskeime vermeiden oder maskieren, sodass eine spontane Eisbildung bis in tiefere Temperaturbereiche unterdrückt wird. Dies wird durch die Einlagerung von Frostschutzsubstanzenunterstützt. Bei lang andauerndem Frost ist die Wasserbilanz beim flüssigen Zustand des Körperwassers jedoch durch Transpirationsverluste viel stärker belastet, weshalb hier Gefriertoleranz wirkungsvoller ist. Gefriertolerante Organismen lassen kontrolliert Eiskristalle in ihrer extrazellulären Körperflüssigkeit wachsen. Hierfür produzieren sie so genannte Nucleatoren, welche die kontrollierte Eisbildung so früh wie möglich induzieren, d. h. den Unterkühlungsbereich minimieren.

Richtige Antwort zu Frage 788: Ein poikilosmotischer Organismus hat im Süßwasser zu viele Ionen in seinen Zellen. Mangels Regulationsmechanismen strömt passiv Wasser in seine Zellen, um den zu hohen Salzgehalt zu verdünnen. Dies geht natürlich nicht, die Zellen platzen durch den hohen Wassereinstrom und der Organismus stirbt. Ein homoiosmotischer Organismus kann in gewissem Rahmen sein inneres Ionenmilieu unabhängig vom äußeren konstant halten, das heißt, dieser Organismus überlebt in Süßwasser.

Richtige Antwort zu Frage 789: Beim C_3-Syntheseweg der normalen Photosynthese wird CO_2 im Calvin-Zyklus als C_3-Säure (Phosphoglycerinsäure) durch das Enzym Ribulose-1,5-bisphosphat-Carboxylase/Oxygenase (Rubisco) gebunden. Rubisco hat eine erstaunlich niedrige Affinität zu CO_2. Die temperaturabhängige Photorespiration benötigt fast ein Drittel des fixierten CO_2, und der Wirkungsgrad der Photosynthese nimmt bei steigender Temperatur ab. Gut die Hälfte der Blattproteine ist an der Photosynthese beteiligt, und für die Synthese dieser Proteine muss ein erheblicher Anteil des fixierten Stickstoffs aufgewendet werden. Dennoch funktionieren rund 95 % aller Pflanzenarten nach diesem Prinzip. Beim C_4-Syntheseweg wird CO_2 in den Mesophyllzellen durch das Enzym Phosphoenolpyruvat-(PEP-)Carboxylase mit PEP zu einer C_4-Säure (Malat oder Aspartat) verbunden. Diese wird in morphologisch differenzierte Bündelscheidenzellen neben den Gefäßbündeln verlagert, in denen der normale C_3-Syntheseweg stattfindet. Räumlich separiert wird hier von der organischen Säure ein CO_2-Molekül abgespalten, das dann auf dem C_3-Weg weiterverarbeitet wird. Der C_4-Syntheseweg ist besonders vorteilhaft, weil PEP-Carboxylase eine höhere Affinität zu CO_2 hat als Rubisco. Daher kann auch bei niedriger CO_2-Konzentration noch Photosynthese erfolgen bzw. vorhandene Gaskonzentrationen können deutlich effizienter genutzt werden. Da pro Zeiteinheit mehr CO_2 fixiert werden kann, ist der Wasserverbrauch pro CO_2 mit durchschnittlich nur einem Drittel deutlich geringer als bei der C_3-Fixierung; die Verluste durch die Lichtatmung sind minimiert, und die ungünstige Temperaturabhängigkeit entfällt. C_4-Pflanzen weisen nur 1/3 bis 1/6 des Rubisco-Gehalts von C_3-Pflanzen auf. Daher ist ihr Stickstoffbedarf entsprechend geringer, und dies macht sie auch deutlich weniger attraktiv für Herbivore, die häufig stickstoffreiche Pflanzen bevorzugen. C_4-Pflanzen benötigen jedoch höhere Temperaturen, sind auf hohe Lichtintensitäten angewiesen und können daher im Schatten nicht die volle Produktionsleistung erbringen. C_4-Pflanzen dominieren in den ariden oder tropischen Gebieten der Welt, C_3-Pflanzen in den Außertropen, kühl-feuchten bzw. montanen Regionen. Zu den C_4-Pflanzen zählen etwa 2 % aller Pflanzenarten, neben vielen Grasartigen (Mais, Zuckerrohr, Hirsen) auch Fuchsschwanzarten (Amaranthaceae) und Gänsefußgewächse (Chenopodiaceae), jedoch keine eigentlichen Bäume, die 85 % der globalen Biomasse stellen. CAM-Pflanzen verfügen mit dem *crassulacean acid metabolism* über eine Kombination der beiden erwähnten Stoffwechselwege, die vor allem zur Einsparung von Wasser geeignet ist. Sie trennen die Malatbildung von der Photosynthese nicht räumlich, sondern zeitlich. Nachts wird durch die weit geöffneten Spaltöffnungen CO_2 aufgenommen und durch die PEP-Carboxylase als Maleinsäure fixiert. Hierdurch sinkt der pH-Wert von durchschnittlich 6 auf 4 deutlich in den sauren Bereich. Tagsüber sind die Spaltöffnungen fest verschlossen, sodass der Wasserverlust minimiert ist, und CO_2 wird wieder aus der Maleinsäure freigesetzt. Dieses wird nun von Rubisco gebunden. Die hohe CO_2-Konzentration im Blattinneren verhindert weitgehend Verluste durch Photorespiration. Etwa 3 % aller Pflanzen sind CAM-Pflanzen und sie verteilen sich auf mindestens 18 verschiedene Pflanzenfamilien. Es sind vor allem Epiphyten feuchttropischer Wälder (z. B. Orchideen, Tillandsien), aber auch Arten, die bevorzugt in ariden Lebensräumen mit großen Temperaturunterschieden vorkommen. Die großen Vakuolen im Mesophyll dieser Pflanzen speichern Wasser- und Kohlenstoff.

Richtige Antwort zu Frage 790: Der typische Aufbau eines Klimadiagramms nach Walter und Lieth (1967) geht aus Abb. 7.4 hervor. x-Achse: Für die Nordhemisphäre werden die Monate von Januar bis Dezember aufgetragen, für die Südhemisphäre von Juli bis Juni, sodass die warme Jahreszeit immer in der Mitte des Diagramms liegt. y-Achse: Die Temperatur (links) wird in°C angegeben, der Niederschlag (rechts) in mm. Ein Teilstrich entspricht 10 °C bzw. 20 mm Niederschlag. Die Ziffern auf den Diagrammen bedeuten: 1. Station, 2. Höhe über dem Meer, 3. Zahl der Beobachtungsjahre (eventuell erste Zahl für Temperatur und zweite für Niederschläge), 4. mittlere Jahrestemperatur, 5. mittlere jährliche Niederschlagsmenge, 6. mittleres tägliches Minimum des kältesten Monats, 7. absolutes Minimum (tiefste gemessene Temperatur), 8. Kurve der mittleren Monatstemperaturen, 9. Kurve der mittleren monatlichen Niederschläge. Befindet sich die Niederschlagskurve unter der Temperaturkurve, liegt für das betreffende Klimagebiet eine relative Dürrezeit vor, die punktiert dargestellt wird. Befindet sich die Niederschlagskurve hingegen über der Temperaturkurve, liegt eine relativ feuchte Zeit vor, die vertikal schraffiert dargestellt wird (10). Übersteigen die mittleren monatlichen Niederschläge 100 mm, so wird der Maßstab auf 1/10 reduziert, und die relativ perhumide Jahreszeit wird schwarz dargestellt. 11. Monate mit mittlerem Tagesminimum unter 0 °C (schwarz) = kalte Jahreszeit, 12. Monate mit absolutem Minimum unter 0 °C (schräg schraffiert), d. h. Spät- oder Frühfröste sind möglich.

Abb. 7.4 Abbildung zu Antwort 790. Aus Nentwig, Ökologie kompakt, Springer 2012

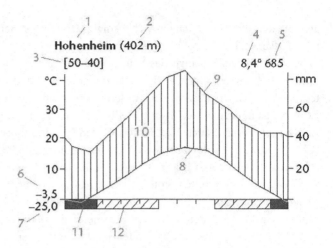

Richtige Antwort zu Frage 791: Pflanzen sind sehr viel direkter abhängig von den vorherrschenden Klimaverhältnissen als Tiere, die sich eher sekundär an die Pflanzenwelt angepasst haben. Außerdem sind Pflanzen viel prägender für die meisten terrestrischen Lebensräume als Tiere, da deren Biomasse die der Tiere bei weitem übersteigt.

Richtige Antwort zu Frage 792: Die Lebensgemeinschaften im Wasser sind primär von dessen physikalischen und chemischen, lebensraumbestimmenden Eigenschaften abhängig. Oft steht ein Faktor im Vordergrund, der von den Lebewesen eine bestimmte Spezialisierung verlangt (z. B. Nährstoffmangel, Sauerstoffmangel, Strömung, Eisbildung, hoher Salzgehalt etc.). Verglichen mit den Landlebensräumen werden die Bedingungen im Wasser wesentlich durch dessen höhere Dichte und Viskosität, in Flüssen außerdem durch die Strömung geprägt. Entsprechend eng sind die Anpassungen, und der Grad an Konvergenz ist sehr hoch. Unabhängig von floristischen und faunistischen Unterschieden sind daher die Lebensformen des freien Wassers wie auch des Gewässergrundes in Größe und Form sehr ähnlich und die entsprechenden Lebensgemeinschaften praktisch auf der ganzen Welt aus gleichen Lebensformen aufgebaut.

Richtige Antwort zu Frage 793: In terrestrischen Großlebensräumen ist es möglich, Klimaparameter mit der Struktur der natürlichen Vegetation, die durch die vorherrschenden Lebensformen bzw. ökofunktionalen Typen definiert wird, zu verbinden. Im Gegensatz dazu ist bei den Gewässern des Festlandes eine strenge Parallelisierung mit den Landlebensräumen, beispielsweise ein für eine bestimmte Pflanzengesellschaft typisches Gewässer oder ein „typisches Savannengewässer", nicht möglich.

Richtige Antwort zu Frage 794: Wie im Süßwasser wird zunächst zwischen Pelagial, dem Lebensraum des freien Wassers, und dem Benthal, dem Lebensraum am Gewässerboden unterschieden. Das Pelagial kann in zwei unterschiedliche Provinzen geteilt werden: jene des Schelfbereichs (neritische Provinz), in der das Licht bis zum Meeresgrund dringt, und jene des offenen Ozeans über dem Kontinentalabhang und den Tiefseeböden (ozeanische Provinz). Beim Benthal sind es die gewaltigen Dimensionen, besonders jene der aphotischen Zone, die es vom Süßwasserbenthal absetzen. Hierzu kommen Wellenschlag und Gezeiten im Küstenbereich. Küstenbereiche können je nach Form, Sedimentbeschaffenheit (Fels-, Sandküste), Nährstoffgehalt und Temperaturschwankungen des Wassers sehr unterschiedlich sein. Einheitlicher ist das Benthal der aphotischen Zone.

Richtige Antwort zu Frage 795: Poikilosmotisch (osmokonform): Ionenkonzentration im Körperinneren folgt der Umwelt-Ionenkonzentration; homoiosmotisch (osmoregulierend): Ionenkonzentration im Körperinneren wird mehr oder minder konstant gehalten; euryhalin: große ökologische Potenz gegenüber dem Salzgehalt; hypertonisch (hyperosmotisch): Ionenkonzentration im Körperinneren ist durch Regulation höher als Umwelt-Ionenkonzentration; hypotonisch (hypoosmotisch): Ionenkonzentration im Körperinneren ist durch Regulation niedriger als Umwelt-Ionenkonzentration.

Richtige Antwort zu Frage 796: Weltweit ereignen sich täglich Zehntausende Gewitter mit Millionen von Blitzen. Hierdurch kann es bei geeignetem Substrat regelmäßig zu natürlichen Bränden kommen. Auch Vulkanausbrüche sind oft mit großflächigen Brandereignissen verbunden. Die Kanarenkiefer (*Pinus canariensis*) entwickelte ihre Regenerationsstrategie zweifellos in Anpassung an den Vulkanismus ihres Lebensraumes. Neben einer dicken Borke vermag die Kiefer durch Austriebe auch aus dicken Stämmen Feuer zu überdauern. In feuergeprägten Lebensräumen stellt sich also eine spezifische und typische Vegetation ein, die genauso wie die Tierwelt über zahlreiche Anpassungen an Feuer verfügt. Durch Feuer verbrennt die oberirdische Biomasse. Wenn sich regelmäßig Feuer ereignen, sammelt sich keine große Biomasse an, sodass die einzelnen Feuer von begrenztem Ausmaß sein werden. Ein Brand nach einer langen feuerfreien Periode führt zu einem besonders schweren Feuer, das dann auch für den Menschen ein katastrophales Ausmaß haben kann. In feuergeprägten Lebensräumen führen regelmäßige Feuer nicht zur Zerstörung der Natur, sondern zur Etablierung einer standorttypischen feuerangepassten Lebensgemeinschaft.

Richtige Antwort zu Frage 797: Stickstoff ist das wichtigste wachstumsbegrenzende Element. Sein Hauptdepot ist die Atmosphäre, die zu 78 % aus N_2 besteht. Da die meisten Organismen Stickstoff in dieser Form jedoch nicht aufnehmen können, muss Stickstoff in eine geeignete Form überführt werden, meist Nitrat oder Ammonium. Dies geschieht in komplexen Stoffkreisläufen, die besonders vielfältig sind, da Stickstoff in Oxidationsstufen von -3 bis $+5$ vorkommt. Viele Mikroorganismen vermögen atmosphärischen Stickstoff zu binden, sodass er für höhere Organismen verfügbar wird. Hierzu zählen freilebende Bakterien wie *Azotobacter* sp. (in gemäßigten Gebieten) oder *Beijerinckia* sp. (in den Tropen) sowie Cyanobakterien. Sie arbeiten unter geringem O_2-Partialdruck besonders effizient, z. B. in überstauten Sumpfreisböden. Symbiontische Stickstofffixierer bilden zudem enge Gemeinschaften mit einzelnen Pflanzenarten bzw. -familien. Heterotrophe nehmen Stickstoff mit der Nahrung auf, beispielsweise als Aminosäuren bzw. Proteine, d. h. als organische Verbindungen.

Richtige Antwort zu Frage 798: Das Verhältnis zwischen Kohlenstoff und Stickstoff in der Streuauflage (C/N-Verhältnis) informiert über die Abbaubarkeit der organischen Substanz. Je mehr Stickstoff anteilig vorhanden ist, umso schneller erfolgt ihre Zersetzung.

Richtige Antwort zu Frage 799: Das Konzept der ökologischen Nische zeigt einen Weg zur formalen Beschreibung der Nische. Man braucht dazu zwei grundsätzlich voneinander unabhängige Kennwerte: die Nischenposition und die Nischenbreite. Die Nischenposition kennzeichnet die Lage der Nische im Nischenraum. Arten mit einer ähnlichen Nischenposition werden gerne zu Gilden zusammengefasst. Die Nischenbreite kennzeichnet, wie groß der von der Art eingenommene Teil des Nischenraumes ist. Generalisten haben eine große, Spezialisten dagegen eine geringe Nischenbreite. Im Freiland ist Fitness schwer erfassbar, daher leitet man aus der Ressourcennutzung einer Art deren Nische ab. Beschreibt man die Ressourcennutzung entlang einer Achse mit einer Glockenkurve, so ist der Mittelwert ein Maß für die Nischenposition, die Standardabweichung gibt Auskunft über die Nischenbreite, und der Überlappungsbereich von zwei Kurven ist ein Maß der Nischenüberlappung. Die Ressourcennutzung ist nicht immer leicht zu messen. Die Morphologie einer Art kann aber Hinweise auf die Nische geben. Bereits die Körpergröße sagt viel über die Nische einer Art aus, korreliert doch bei räuberischen Organismen die Körpergröße und die Größe der Beute meist gut.

Richtige Antwort zu Frage 800: Nischenposition und Nischenbreite sind keine unabänderlichen Größen. Den Teilbereich des Nischenraumes, der grundsätzlich von einer Art eingenommen werden kann, nennt man fundamentale Nische. Dieser maximal nutzbare Teilbereich des n-dimensionalen Nischenraumes wird aufgrund von interspezifischen Interaktionen verändert (realisierte Nische).

Richtige Antwort zu Frage 801: Die Bruttoprimärproduktion umfasst die gesamte photosynthetisch und chemosynthetisch erzeugte Produktion, einschließlich der (unvermeidbaren) Verluste durch die Atmung (Respiration), die meist 30–60 % der BPP betragen. Die Nettoprimärproduktion entspricht der Bruttoprimärproduktion ohne Respirationsverluste. Wenn man die in einem mehrjährigen Ökosystem akkumulierte Biomasse meint, spricht man von der Bestandsbiomasse (*standing crop*), ein Vielfaches der Nettoprimärproduktion. Bei einjährigen Ökosystemen (z. B. Agrarökosystemen) sind beide Größen identisch.

Richtige Antwort zu Frage 802: In Graslandökosystemen fressen Herbivoren etwa 25 % der pflanzlichen Biomasse. In Waldökosystemen mit einem hohen Holzanteil sinkt dieser

Anteil auf 1–5 % aufgrund der durchschnittlich schlechteren Nahrungsqualität. Pflanzenmaterial ist in der Regel schwer verdaulich, sodass die Assimilationseffizienz (der prozentuale Anteil der aufgenommenen Nahrung, der für Produktion und Respiration zur Verfügung steht, während der Rest der aufgenommenen Nahrung als Kot und Urin ausgeschieden wird) von Herbivoren zwischen 15 und 70 % liegt (bei Holz 15 %, Blattnahrung um 50 %, Samen und Früchte bis 70 %). Die Assimilationseffizienz von Detritivoren liegt zwischen 20 und 40 %, Carnivore können Werte um 80 % aufweisen. Die Produktionseffizienz misst, nach Abzug der Verluste für Kot und Urin, den Anteil der aufgenommenen Nahrung, der in neue Biomasse investiert wird. Eine hohe Produktionseffizienz liegt vor, wenn die Atmungsverluste gering sind und hohe Energieanteile in Körperwachstum bzw. Reproduktion eingesetzt werden. Die Produktionseffizienz liegt für Insekten (ohne soziale Arten) zwischen 40 und 60 % (Herbivoren um 40 %, Detritophagen um 50 %, Carnivoren bis 60 %). Unter den sozialen Insekten investieren Bienen einen großen Teil ihrer Energie in die Temperaturregelung ihres Stocks, sodass die Produktionseffizienz mit 10 % sehr niedrig ist. Andere Invertebraten weisen Werte auf, die generell unter denen der Insekten liegen (Herbivoren um 20 %, Carnivoren bis 30 %, Detritophagen bis 40 %). In einzelnen taxonomischen Gruppen kann es beträchtliche Abweichungen von diesen Werten geben. Ektotherme Wirbeltiere weisen eine niedrigere Produktionseffizienz auf (Fische um 10 %), die nur bei endothermen Wirbeltieren noch niedriger ist, da der größte Teil der aufgenommenen Energie zur Erhaltung der Körpertemperatur benötigt wird (Säugetiere 2–3 %). Wenn diese Tiere klein sind, d. h. die Oberfläche im Vergleich zum Körpervolumen groß ist, ergeben sich hohe Abstrahlungsverluste und eine extrem niedrige Produktionseffizienz (kleine Säugetiere 1,5 %, Vögel 1,3 %, Insektivoren 0,9 %). Nicht für das Wachstum genutzte Nahrungsressourcen werden also entweder nicht beachtet bzw. sie können nicht gefressen werden, sie werden als unverdaulich ausgeschieden oder ihre Energie geht als Atmungsverluste (Stoffwechselwärme) verloren.

Richtige Antwort zu Frage 803: Herbivorennahrungsketten beginnen bei grünen Pflanzen (Produzenten) und gehen von Herbivoren zu deren Räubern (Konsumenten). Destruentennahrungsketten führen von Detritus (toter organischer Substanz) zu Mikroorganismen und anderen Destruenten sowie deren Räubern, haben also keine eigenen Produzenten. In vielen Bächen gibt es kaum pflanzliche Primärproduktion und organische Substanz wird über das Einzugsgebiet eingetragen. Zudem wird tote organische Substanz in die Tiefsee verfrachtet, durch Fließgewässer in Höhlen oder durch den Wind in niederschlagsfreie Wüsten, wo sich durch diese allochthone organische Substanz eine Nahrungskette aufbaut.

Richtige Antwort zu Frage 804: Niederschläge und Temperaturen sind weltweit verschieden, sodass unterschiedlich viel Wasser verdunstet. Entscheidend für das Klima ist jedoch weniger die absolute Höhe der Niederschläge, als vielmehr das Verhältnis zwischen Niederschlag und Verdunstung. In einem humiden Klima ist der Jahresniederschlag höher als die jährliche Verdunstung, in einem extrem humiden (perhumiden) Klima sogar dop-

pelt so hoch. Dies trifft auf etwa 3 % der terrestrischen Oberfläche zu, vor allem äqua-
tornahe Bereiche im tropischen Regenwald und einige küstennahe Zonen. Übertrifft die
Verdunstung den Niederschlag, ist das Klima arid, ist die Verdunstung doppelt so hoch
wie der Niederschlag, ist das Klima extrem arid. Dies trifft auf etwa 12 % der terrestrischen
Oberfläche zu, die vor allem im Bereich der Wendekreise und im Regenschatten hoher
Gebirgszüge liegen, d. h. hier befinden sich die großen Wüstengebiete der Erde. Neben der
Höhe des Niederschlags ist auch seine Verteilung wichtig, denn fast überall gibt es mehr
oder weniger ausgeprägte Regen- und Trockenzeiten. Je länger die niederschlagsfreie Zeit
ist, desto stärkere Anpassungen sind bei Pflanzen und Tieren erforderlich.

Richtige Antwort zu Frage 805: Die Atmosphäre enthält 78 % molekularen Stickstoff (N_2),
der für die meisten Organismen nicht direkt nutzbar ist, sondern in Nitrat oder Ammonium umgewandelt werden muss. Zwar oxidieren Blitze und Feuer N_2, der Haupteintrag
erfolgt aber durch Mikroorganismen. Für die Biosphäre sind drei große Stickstoffspeicher
von Bedeutung, die durch Mikroorganismen verbunden sind: Atmosphäre, lebende und
tote Biomasse (inklusive Humus, Sediment und Boden). Für keinen Bioelementkreislauf
sind daher Mikroorganismen so wichtig wie für den Stickstoffkreislauf.

Richtige Antwort zu Frage 806: Phosphor liegt recht einheitlich als Phosphat vor (Stickstoff in verschiedenen Verbindungen). Das Hauptdepot von Phosphor ist die Hydrosphäre
(beim Stickstoff die Atmosphäre). Phosphat wird schnell über die Flüsse ins Meer verfrachtet und durch Sedimentation der Biosphäre entzogen. Somit geht Phosphor in die
Lithosphäre über, aus der es dann erst in geologischen Zeiträumen durch Anhebung des
Meeresbodens wieder auf das Festland verlagert wird. Stickstoff weist verschiedene Wege
auf und geht dem System nicht schnell verloren. Phosphat hat mit Aluminium-, Eisen- und
Calciumkationen sehr niedrige Löslichkeitsprodukte und neigt zur Adsorption an Ton-
mineralien. Im Boden bzw. im Sediment ist dieser Komplex wenig mobil, und Phosphat
verschwindet schnell aus wässrigen Lösungen, sodass der Konzentrationsunterschied zwischen freiem Wasser und Sediment mehr als das 1000-Fache betragen kann. Viele Seen
enthalten daher auch deutlich geringere Phosphor- als Stickstoffkonzentrationen, und
Phosphor wirkt stärker produktionslimitierend als Stickstoff. Auf dem Weg zur Sedimentation gibt es mehrere Möglichkeiten für Phosphor, wieder in die Biosphäre eingeschleust
zu werden. Generell herrscht starke Konkurrenz um freies Phosphat, sodass dieses nach
einer Remineralisation schnell wieder aufgenommen wird und ein Verlust durch Ver-
frachtung verhindert wird. Aus dem Boden wird freies Phosphat durch Feinwurzeln und
Mykorrhiza schnell absorbiert und im Wasser innerhalb von Minuten vom nächsten Organismus wieder aufgenommen (kurzgeschlossener Phosphatkreislauf). Bei Stickstoff spielen spezialisierte Mikroorganismen eine große Rolle.

Richtige Antwort zu Frage 807: Die Dissimilation wird durch hohe Temperaturen stärker beschleunigt als die lichtabhängige Assimilation der Pflanzen, daher werden organische Materialien in tropischen Regionen schnell zersetzt.

Richtige Antwort zu Frage 808: In tieferen Schichten finden sie die höheren Salzgehalte, an die sie angepasst sind, und die Konkurrenz mit anderen Arten ist geringer. Die Körpergröße von Brackwasserpopulationen ist geringer, weil ihr Wachstum jenseits des Optimums eingeschränkt ist.

Richtige Antwort zu Frage 809: Man baut eine schiefe Ebene mit abgestuftem Abstand zum horizontalen Wasserspiegel.

Richtige Antwort zu Frage 810: Der Toleranzbereich gibt denjenigen Wertebereich eines Umweltfaktors wieder, in dem die betreffende Art leben kann.

Richtige Antwort zu Frage 811: Initialphase: r-Strategen, großer Biomasseanstieg, geringe Diversität. Folgephase: mehr K-Strategen, leichter Biomasseanstieg, vergrößerte Diversität. Reifephase (Klimax): K-Strategen, Biomasse-, Diversitäts-Fließgleichgewicht. Zerfallsphase: lokaler Zusammenbruch und Neustart der Sukzession.

Richtige Antwort zu Frage 812: Die abiotischen Faktoren bilden von einem Lebensraum zum nächsten Gradienten aus, sodass sich neue Kombinationen und Abstufungen ergeben. Dadurch sind die Möglichkeiten für eine Besiedlung besonders vielfältig (Randeffekt). Solche Saumbiotope (Ökotone) sind artenreich und produktiv. Beispiele: Küste, Ufer, Waldrand.

Richtige Antwort zu Frage 813: Licht: spektrale Einengung und Intensitätsminderung. Sauerstoffkonzentration: im Oberflächenwasser hoch durch Luftkontakt, darunter gemindert durch Respiration, unterhalb 1000 m wieder günstiger durch absinkendes kaltes Oberflächenwasser. Temperatur: im Oberflächenwasser schwankend, in mittleren Tiefen zeitweise Sprungschichten durch Dichteunterschiede (25–40 m gemäßigte Zonen, 300–400 m Tropen), Tiefenwasser kalt (-1 bis $+4\,°$C). Druck: Steigerung je Tiefenmeter um 10 kPa. Mineralstoffkonzentration: mineralstoffarmes Oberflächenwasser (Photosynthese), mineralstoffreiches Tiefenwasser.

Richtige Antwort zu Frage 814: Hochsee mit Holoplankton: die gesamte Entwicklung im Pelagial. Flachmeer mit Meroplankton: Larvenformen von Organismen des Benthals.

Richtige Antwort zu Frage 815: Wind und Dichteunterschiede bewirken die Durchmischung. Da Süßwasser die größte Dichte bei $4\,°$C erreicht, sinkt Wasser dieser Temperatur an den Gewässergrund. Dimiktischer See. Vollzirkulation im Frühjahr: Steigende Lufttemperaturen lassen das Eis auf der Wasseroberfläche schmelzen, der Wind kann einwirken, auf bis zu $4\,°$C erwärmtes Wasser sinkt ab. Vollzirkulation im Herbst: Sinkende Lufttemperaturen lassen das auf bis zu $4\,°$C abgekühlte Wasser absinken, Herbststürme unterstützen die Durchmischung. Monomiktischer See. Vollzirkulation im Sommer. Nur im polaren Sommer fehlt die Eisdecke, der Wind kann auf die Wasseroberfläche einwirken, auf bis zu $4\,°$C erwärmtes Wasser sinkt ab.

Richtige Antwort zu Frage 816: Flachmoor: entsteht z. B. aus verlandeten Seen; Vegetation überwiegend aus Gräsern; mit Grundwasserkontakt, mineralstoffreich. Hochmoor: kann sich aus einem Flachmoor entwickeln; Vegetation überwiegend aus Torfmoosen, die das Wasser speichern und nach oben weiterwachsen; ohne Grundwasserkontakt, mineralstoffarm, da nur vom Niederschlagswasser gespeist.

Richtige Antwort zu Frage 817: Land: Tropische Regionen. Meer: Flachmeere, besonders in Auftriebszonen.

Richtige Antwort zu Frage 818: Vorfrühling: Waldboden erwärmt, Frühblüher am Waldboden, Tiere werden aktiv. Frühling: allmähliche Laubentfaltung bei den Kräutern, dann bei den Sträuchern und schließlich bei den Bäumen, reproduktive Phase der Tiere. Sommer: Laub vollständig entfaltet, am Boden nur noch Schattenpflanzen, Heranwachsen des Tiernachwuchses. Spätsommer: Laubalterung, Frucht- und Samenbildung. Herbst: Laubfall, Tiere suchen Winterquartiere auf. Winter: Falllaub bildet Isolationsschicht am Boden, Winterstarre, -ruhe, -schlaf der Tiere.

Richtige Antwort zu Frage 819: In Savannen und Steppen sind Feuer häufige Ereignisse, sie verhindern das Aufkommen von Gehölzen. Gräser sind bei Feuer begünstigt, da ihre Erneuerungsknospen unterirdisch wachsen. Daneben gibt es spezialisierte, feuertolerante Gehölzpflanzen (Pyrophyten). Auch im Regengrünen Wald (Saisonwald) sind Feuer in der Trockenzeit nicht selten.

Richtige Antwort zu Frage 820: (a) Gemeinsamkeiten: niedrige Temperaturen, Niederschläge als Schnee, Frostböden. (b) Unterschiede: Anders als im Hochgebirge weisen die Polargebiete einen besonderen Hell-Dunkel-Wechsel auf (Polartag, Polarnacht).

Richtige Antwort zu Frage 821: Gemäßigte Zonen: Kulturland auf ehemaligen Silvaea-, Skleraea-, Steppen-Flächen; Nivellierung durch Be- und Entwässerung; Überdüngung. Tropen: Kulturland auf ehemaligen *Hylaea*-Flächen; Bodenerosion, Verbuschung.

Richtige Antwort zu Frage 822: Nahrungssubstrat Holz für den Bockkäfer, Plankton für Planktonfresser, Muschelbank für Krebse und Polychaeten, Wald für Waldbewohner.

Richtige Antwort zu Frage 823: Beutetiere haben eine bessere Überlebenschance, wenn sie größer sind als potenzielle Räuber. Gut isolierte Tiere können auch bei geringer Körpergröße in der Kälte bestehen.

Richtige Antwort zu Frage 824: Wie sich ein Räuber entscheidet, eine bestimmte Nahrung zu akzeptieren oder abzulehnen, hängt stark von der individuellen Erfahrung (oder genauer: Einschätzung) des Räubers ab, mit welcher Wahrscheinlichkeit er wohl bessere Nahrung in absehbarer Zeit finden würde. Weiterhin bestimmt auch sein Hungerzustand (oder Eiablagedruck bei Tieren, die Wirte für ihre Nachkommen suchen) seine Entscheidung. Ein hungriger Räuber wird eher eine weniger geeignete Beute akzeptieren als ein satter. Das Hierarchie-Schwellenwert-Modell nimmt an, dass ein Räuber (im weitesten Sinn) seine möglichen Beutetypen anhand ihrer Profitabilität hierarchisch in einer Rangliste anordnen kann. Die Profitabilität korreliert im Modell mit der Präferenz; die Tiere wissen also, was gut für sie ist. Nun hat der Räuber einen Schwellenwert, anhand dessen er entscheidet, ob er eine Beute bei einer Begegnung ablehnt oder akzeptiert: Beutetypen, deren Rang über dem Schwellenwert liegt, werden akzeptiert, andere abgelehnt. Während die Rangfolge der Beutetypen gleich bleibt, ändert sich der Schwellenwert mit dem Hungerzustand des Räubers und dessen Einschätzung der Häufigkeit der Beute. Wenn der Räuber z. B. in der letzten Zeit nur Beute von schlechter Qualität (also unter dem Schwellenwert) angetroffen hat, wachsen sowohl sein Hunger als auch seine Einschätzung, dass qualitativ hochwertige Beute wohl eher selten ist. Dies muss nicht unbedingt richtig sein; er kann einfach Pech gehabt haben und nur zufällig in letzter Zeit auf schlechte Beute gestoßen sein. Seine ablehnende Haltung gegenüber qualitativ schlechter Beute wird sinken und damit der Schwellenwert. Jetzt liegen Beutetypen über dem Schwellenwert (und würden bei der nächsten Begegnung akzeptiert werden), die vorher abgelehnt wurden. Wenn der Räuber nach der nächsten Mahlzeit satt ist, steigt der Schwellenwert wieder und der Räuber wird erneut wählerischer.

Richtige Antwort zu Frage 825: Im Sinne einer Signalvereinfachung tendieren verschiedene giftige Arten dazu, die gleichen Warnfarben zu benutzen. Oftmals haben Räuber auch eine angeborene Abneigung gegenüber solchen Warnfarben. Wir bezeichnen dieses auf tatsächlicher Giftigkeit beruhende Phänomen nach seinem Entdecker als Müller'sche Mimikry. Wespen, Bienen, Hornissen und noch einige andere wehrhafte Hautflügler tragen z. B. die gleiche Warntracht. Es liegt nahe, dass eine schützende Warnfärbung auch von Arten übernommen werden kann, die ungiftig sind, also die eine eigene Gefährlichkeit nur vortäuschen. Wenn ungiftige Nachahmer seltener als die giftigen Vorbilder sind, profitieren die Nachahmer gleichwohl von der aposematischen Färbung. Eine solche vorgetäuschte aposematische Färbung wird nach ihrem Beschreiber Bates'sche Mimikry genannt. Bekannte Beispiele hierfür sind Schwebfliegen (Syrphidae), die mit ihrer Schwarz-Gelb-Zeichnung eine Wespenähnlichkeit angenommen haben, aber als Zweiflügler natürlich vollkommen harmlos sind. Wenn ein Räuber ein anlockendes Signal abgibt, um eine potenzielle Beute zu ihrem Nachteil zu täuschen, sprechen wir von aggressiver Mimikry, oder, nach ihrem Beschreiber, auch von Peckham'scher Mimikry. Meeresfische wie der Seeteufel (*Lophius piscatorius*) locken mit Hautlappen, die in Form von Würmern ausgebildet sind, kleine Fische an, die dann verspeist werden. Auch die Anlockung von Tieren, die eine Dienstleistung für die nachahmende Art erbringen sollen, gehört hierher.

Richtige Antwort zu Frage 826: Grundsätzlich gibt es drei Wege, wie Beutearten ihren Räubern entgehen können. Diese setzen an unterschiedlichen Stellen in der Beutesuch- und Fangsequenz des Räubers an. Als Erstes kann die Beute den Kontakt zum Räuber vermeiden. Dies wird als Ausweichen bezeichnet. Die Beute kann sich also in Teilen des Habitats aufhalten, die vom Räuber während der Nahrungssuche nicht aufgesucht werden. Sie kann dem Räuber auch zeitlich ausweichen, indem sie einen anderen Tagesrhythmus als der Räuber annimmt oder zu anderen Jahreszeiten vorkommt. Ein zweiter Weg, wie Beute der Prädation entkommen kann, ist, bei einem Kontakt mit einem Räuber zu verhindern, dass dieser sie als Beute erkennt. Dies wird als Tarnung bezeichnet. Ein getarntes Beutetier gibt vor, etwas anderes aus der Umgebung zu sein, sodass Räuber nicht auf die Idee kommen, es sei etwas Essbares. Häufig handelt es sich hierbei um Krypsis, also eine Form der Tarnung, bei der die Beute praktisch vom Räuber übersehen wird. Der dritte Weg für die Beute, um zu verhindern gefressen zu werden, besteht darin, den Angriff eines Räubers abzuwehren. Dies wird unter dem Begriff „Verteidigung" zusammengefasst. Eine Verteidigungsmaßnahme kann mechanisch funktionieren, z. B. durch einen Panzer (Schildkröten, Krebse). Sie kann aber auch chemisch funktionieren, z. B. durch die Absonderung giftiger oder abschreckender Substanzen, optisch (z. B. Augenmuster auf Schmetterlingsflügeln) oder durch bestimmtes Verhalten der Beute wie z. B. das Leben in Gruppen.

Richtige Antwort zu Frage 827: Wenn die Räuber eine positiv dichteabhängige Prädationsrate zeigen oder die Beute eine negativ dichteabhängige Wachstumsrate haben.

Richtige Antwort zu Frage 828: Diese Fähigkeit zur Kompensation von Herbivorenschaden wird Toleranz genannt und kann in unterschiedlichem Maß ausgeprägt sein. Pflanzen können aber auch im Verlauf der Evolution Mechanismen erworben haben, die die Präferenz oder Performance von Herbivoren herabsetzen. Derartige Mechanismen werden unter „Resistenz" zusammengefasst. Jede Eigenschaft der Pflanze, die ihre Fitness in Anwesenheit von Herbivoren erhöht, verstehen wir als Verteidigung. Zur Verteidigung zählen also sowohl Toleranz von als auch Resistenz gegenüber Herbivoren. Toleranz: Kompensation, Überkompensation: Pflanzen kompensieren den Schaden durch Herbivoren auf unterschiedliche Weise. Der Nettoeffekt von einfachem oder wiederholtem Herbivorenfraß auf das kumulative Wachstum von Pflanzen über das Jahr hinweg kann null, negativ oder sogar positiv sein. Dies hängt von der Pflanzenart, der Verfügbarkeit der verbleibenden photosynthetisch aktiven Blattfläche, der Anzahl Meristeme/Knospen, der Menge gespeicherter Nährstoffe, dem Gehalt verfügbarer Nährstoffe im Boden und der Häufigkeit und Intensität der Herbivorie ab. Resistenz: Abwehr von Herbivoren: Während Toleranz nicht die Intensität von Herbivorenfraß reduziert, sondern nur den entstandenen Schaden mehr oder minder auffängt, sorgen Resistenzmechanismen dafür, dass die Pflanzen weniger befallen werden. Resistenz setzt daher entweder die Präferenz von Herbivoren für die Pflanze herab oder reduziert deren Performance, wenn Herbivoren die Pflanze dennoch befressen. Verteidigungsstrategien: Plastische Pflanzenreaktionen: Herbivorenbefall ist sehr variabel. Für einzelne Pflanzenindividuen ist nicht von vornherein sicher, ob und wann sie von Herbivoren befallen werden. Die meisten Pflanzen können darüber hinaus noch Opfer verschiedener Herbivorenarten werden, die jeweils unterschiedliche Muster in Raum und Zeit aufweisen und auch verschiedene Pflanzenorgane befallen. Da

Verteidigungsmaßnahmen kostspielig sind, ist eine permanente oder konstitutive Verteidigung nicht immer die beste Strategie (d. h. sie kann zu Einbußen in der Fitness gegenüber benachbarten Pflanzenindividuen führen). Da Pflanzen ebenso wie Tiere das Potenzial haben, auf Veränderungen in ihrer Umwelt zu reagieren, können sie auch komplexere und angepasstere Verteidigungsmaßnahmen gegen Herbivoren ergreifen. Pflanzen können z. B. ihre Resistenzmechanismen nur dann anschalten, wenn sie erwarten, dass es sich lohnt (um es einmal anthropomorph auszudrücken), also wenn sie einen äußeren Reiz bekommen, dass ein starker Herbivorenbefall bevorsteht. Ein solcher Mechanismus wird „induzierte Resistenz" genannt. Damit induzierte Resistenz einen Vorteil für die Pflanze gegenüber konstitutiver oder auch gar keiner Resistenz darstellt, muss die Pflanze durch Informationen aus ihrer Umwelt das Risiko von zukünftigem Herbivorenbefall möglichst korrekt abschätzen können.

Richtige Antwort zu Frage 829: Nach dem biologischen Marktmodell bieten Mutualisten Waren oder Dienstleistungen an, um im Austausch für sie wertvolle oder essenzielle Waren oder Dienstleistungen zurückzubekommen. Ein derartiges System lädt dazu ein, von Individuen unterwandert zu werden, die sich das Angebot der Mutualisten aneignen, ohne dafür im Gegenzug ihrerseits einen Beitrag zu leisten. Dieses Verhalten wird „Ausnutzung" genannt (*exploitation*) und ist in vielen Mutualismen beschrieben worden. Mutualismen scheinen fast zwangsläufig zu Ausnutzung zu führen. Der Nettoeffekt einer mutualistischen Interaktion ist für jeden der beiden Beteiligten am größten, wenn es ihm gelingt, jeweils den eigenen Vorteil, der vom Partner bezogen wird, bei möglichst geringem eigenen Einsatz zu maximieren. Weil der Einsatz und damit auch die Kosten des einen Partners aber in der Regel direkt den Vorteil des anderen Partners bestimmen, kommt es zu einem Interessenskonflikt zwischen den Mutualisten. Nektar ist z. B. in vielen Bestäubermutualismen einerseits ein Kostenfaktor für die Pflanze, aber andererseits einer der Vorteile für den Bestäuber. Pflanzen und Bestäuber entwickeln daher einen Interessenskonflikt über die optimale Nektarmenge pro Blüte; die Bestäuber hätten gern viel Nektar, die Pflanzen möglichst wenig. Solche Konflikte können eine Beziehung im ökologischen Sinn destabilisieren. Die Bestäuber könnten z. B. Pflanzen mit geringem Nektarangebot nicht weiter besuchen oder versuchen, in einer Weise an die Nektarien zu gelangen, die ihnen eine bessere Nektarausbeute ermöglicht, indem sie z. B. den Kelch von außen durchnagen (Hummeln). Auf diese Weise gelangen sie zwar an den Nektar, umgehen dabei aber die Antheren und Griffel, sodass die Bestäubung nicht mehr gewährleistet ist. In beiden Fällen sind die Bestäuber keine Mutualisten mehr, sondern verhalten sich antagonistisch. Auch im evolutionären Sinn sollten Mutualismen anfällig für Ausbeutung sein. Die Kosten einer mutualistischen Beziehung für die Beteiligten sind mannigfaltig und können teilweise erhebliche Ausmaße annehmen. Dazu gehören Kosten für Mechanismen, um Partner anzulocken und zu belohnen, sowie Mechanismen, um die eigene Belohnung durch den Partner effizient zu beziehen. Individuen, die die vom Partner angebotenen Vorteile beziehen und gleichzeitig ihre eigenen Investitionen reduzieren können, genießen gegenüber Artgenossen einen Selektionsvorteil. Es ist also billiger und damit vorteilhafter, den

Partner auszunutzen als mit ihm zu kooperieren. In der Regel findet man in mutualistischen Beziehungen diverse Mechanismen, die Ausnutzung verhindern. Häufig wird der nicht kooperierende Partner bestraft, z. B. Mykorrhiza wird von der Pflanze mit weniger Kohlenhydraten versorgt, wenn diese im Gegenzug nicht genug Phosphat erhält, oder Bestäuber wechseln die Blütenart, wenn diese zu wenig Nektar zur Verfügung stellt. Derartige Bestrafungen für Nicht-Kooperieren sorgen für Stabilität in Mutualismen.

Richtige Antwort zu Frage 830: Pheromone dienen der innerartlichen Kommunikation; Allomone, Kairomone und Synomone werden zwischenartlich eingesetzt.

Richtige Antwort zu Frage 831: Pheromone sind Substanzen, die von exokrinen Drüsen abgegeben werden und der innerartlichen Kommunikation dienen. Bei staatenbildenden Insekten (Hymenopteren, Termiten) dienen sie dazu, ein Kastensystem zu etablieren und damit die Hierarchie im Staat zu erhalten, etwa als Entwicklungshemmstoffe für Arbeiterinnen, die die Königin der Honigbiene abgibt. Signalpheromone bewirken kurzfristig Verhaltensänderungen, z. B. als Sexuallockstoffe, Markierungsstoffe für Territorien oder Nahrungsressourcen, Alarm- und Aggregationspheromone. Allomone wirken zum Vorteil des Senders, und es sind meist Substanzen, die zur Verteidigung gegen eine andere Art eingesetzt werden (Wehrsekrete, Toxine, Pflanzeninhaltsstoffe, Antibiotika).

Richtige Antwort zu Frage 832: Vergrößert: Bautätigkeit von z. B. Termiten, Bibern, Ameisen verbessert die Umweltbedingungen für die Art. Verringert: Ausscheidungen verschlechtern die Bedingungen, Führen zu Sterilität, Krankheit oder Vergiftung. Die Ressourcen verknappen.

Richtige Antwort zu Frage 833: Konkurrenz-Ausschluss-Prinzip: Auf Dauer können im gleichen Lebensraum keine zwei Arten leben, die exakt die gleichen Ressourcen nutzen. Koexistenz ist möglich, wenn sich die ökologischen Nischen der Art mindestens in Bezug auf eine Ressource unterscheiden („Einnischung"), wenn der Lebensraum zeitlich oder räumlich heterogen ist, wenn Feinde die Dichte der Konkurrenten reduzieren oder wenn die innerartliche Konkurrenz größer als die zwischenartliche Konkurrenz ist.

Richtige Antwort zu Frage 834: Das Lotka-Volterra-Modell sagt periodische Schwankungen von Feind- und Beutedichte voraus. Bei gleichzeitiger Reduktion von Feind- und Beutedichte erholt sich außerdem die Beuteart vor der Feindart und erreicht unter Umständen höhere Dichten als zuvor. Die meisten Insektizide wirken sowohl auf den Ernteschädling als auch auf seine natürlichen Feinde und haben daher allenfalls kurzzeitig Erfolg.

Richtige Antwort zu Frage 835: Räuber: Umgebungstrachten (Ähnlichkeit mit Umgebung), Locktracht (Ähnlichkeit mit Nahrung oder Sexualpartner der Beuteart), Mimese (Ähnlichkeit mit unbeachteten Dingen). Beute: Umgebungstracht, Mimese, Schrecktracht (plötzlicher Stellungs- oder Farbwechsel), Warntracht (Auffälligkeit wehrhafter oder ungenießbarer Organismen), Mimikry (Ähnlichkeit mit ungenießbaren oder wehrhaften Organismen, Bates-Mimikry: mit wehrhaftem Vorbild, Müller-Mimikry: ohne bekanntes Vorbild).

Richtige Antwort zu Frage 836: Parasit: Ernährt sich vom Wirt, ohne ihn zu töten. Parasitoid: Ernährt sich vom Wirt, ohne ihn sofort zu töten. Räuber: Ernährt sich von Beute, die er tötet.

Richtige Antwort zu Frage 837: In beiden Biosystemen hat eine Art einen Vorteil durch das Zusammenleben. Ob die andere Art unbeeinflusst bleibt (Parabiose) oder ebenfalls einen Vorteil hat (Symbiose), lässt sich ohne genaue Kenntnis der Biologie der Arten oft nicht feststellen.

Richtige Antwort zu Frage 838: Bei der in der Frage behandelten Tierart handelt es sich um eine Art mit diskretem Populationswachstum. Für die Lösung der Frage benutzt man daher die Formel: $N(t) = N(0)^{\lambda t}$ t bezeichnet dabei die Zahl der Generationen. Für das Wachstum berücksichtigen wir nur Weibchen. Die Populationsgröße zu Beginn (Generation 0) beträgt $N(0) = 1$ (ein trächtiges Weibchen). Das Geschlechterverhältnis beträgt 1:1, und somit ist die Populationsgröße zum gesuchten Zeitpunkt t $N(t) = 25$ (mit Männchen 50!). Jedes Weibchen bringt bei vier Jungtieren im Mittel zwei Weibchen zur Welt. Es gibt zwei Möglichkeiten die Aufgabe zu lösen: a) Zum einen kann man das Populationswachstum von Generation zu Generation verfolgen. Nach 4 Generationen beträgt die Populationsgröße $N(4) = 16$, nach 5 Generationen $N(5) = 32$. Damit wird nach der vierten Generation eine Populationsgröße von mehr als 50 Individuen (25 Weibchen!) erreicht. b) Für die direkte Berechnung setzt man die bekannten Größen ein ($N(t) = 25$; $N(0) = 1$; $\lambda = 1$). Dann löst man die Gleichung nach t auf. Beachten Sie: Die Gleichung berücksichtigt nicht, dass Individuen und Generationen nur ganze Zahlen annehmen können. Daher ist das Ergebnis von 4,64 Generationen zunächst befremdlich. Die Beantwortung der Frage formuliert man am besten so: Nach 4 Generationen hat die Populationsgröße den Wert von 50 Individuen überschritten.

Richtige Antwort zu Frage 839: Wir benutzen zur Lösung dieser Frage kontinuierliches, exponentielles Wachstum: $N(t) = N(0)e^{rt}$, $N(0)$ beträgt 25 Individuen, t beträgt 200 Jahre und r beträgt 0,03. Diese Angaben setzt man in die Gleichung ein und erhält gerundet $N(200) = 10.086$.

Richtige Antwort zu Frage 840: Die Wachstumsrate der Population ist bei einer Populationsgröße von $N_{max} = K/2$ maximal. Um dies zu zeigen, sollte man sich zunächst die Gleichung für die Wachstumsrate der Population vergegenwärtigen (kontinuierlicher Fall): $dN/dt = rN(1 - N/K) = rN - rN^2/K$. Hierbei handelt es sich um eine nach unten geöffnete Parabel (Erinnern Sie sich bitte an die allgemeine Form einer Parabel: $y = a + bx + cx^2$; bei $c < 0$ ist die Parabel nach unten geöffnet). Der Extremwert dieser Parabel beschreibt die

Abb. 7.5 Abbildung zu Antwort 841. Aus Nentwig, Ökologie kompakt, Springer 2012

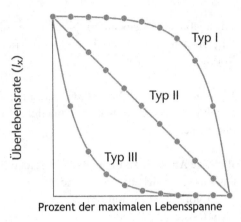

maximal mögliche Wachstumsrate der Population. Um den Extremwert zu bestimmen,
leiten wir die Gleichung für die Wachstumsrate der Population nach N ab und setzen diese
Ableitung 0: $r - 2rN_{max}/K = 0$. Nach Kürzen von r ergibt sich $N_{max} = K/2$. Man beachte, dass
die maximale Wachstumsrate einer Population unabhängig von r ist!

Richtige Antwort zu Frage 841: Die Grundtypen der Überlebenskurven finden sich in
Abb. 7.5. Typ I findet man vor allem bei Fischen und Insekten, Typ III bei Säugetieren (vor
allem beim Menschen).

Richtige Antwort zu Frage 842: Als Beispiel wählen wir das Populationswachstum. Bei
einem stabilen Gleichgewicht führt jede Auslenkung von diesem Gleichgewicht dazu, dass
die Population (Allgemein: Zustandsvariable des betrachteten Systems) zum ursprünglichen Wert zurückkehrt. Die Kapazitätsgrenze beim logistischen Populationswachstum
ist ein solcher stabiler Gleichgewichtspunkt. Ein labiler Gleichgewichtspunkt ist dadurch
gekennzeichnet, dass bei jeglicher, auch noch so kleiner Auslenkung das System einem
anderen Gleichgewichtspunkt zustrebt.

Richtige Antwort zu Frage 843: Die Populationsdichte sowie die individuelle (intrinsi-
sche) Wachstumsrate von Tierarten nehmen mit zunehmender Körpergröße ab. Insekten
haben somit meist eine größere Populationsdichte sowie größere individuelle Wachstumsrate als Vögel oder Säugetiere. Derartige Verallgemeinerungen sind aber nur grobe
Anhaltspunkte, da insbesondere Populationsdichten sehr stark schwanken können.

Richtige Antwort zu Frage 844: Art A lebt in einem instabilen und zeitlich sowie räumlich unvorhersagbaren Habitat. Das Habitat von Art B dagegen ist stabil und zeitlich sowie
räumlich vorhersagbar.

Richtige Antwort zu Frage 845: Limitierung und Regulation bestimmen die Höhe der
Kapazitätsgrenze einer Art. Regulierend wirken dichteabhängige Faktoren.

Abb. 7.6 Abbildung zu Antwort 846. Aus Nentwig, Ökologie kompakt, Springer 2012

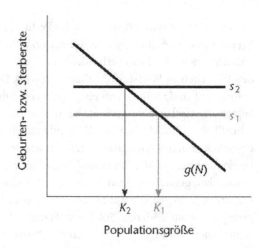

Richtige Antwort zu Frage 846: Die Antwort sehen Sie in Abb. 7.6.

Richtige Antwort zu Frage 847: Die Nischenbreite-Hypothese fordert, dass generalistische Arten (Arten mit einer breiten Nische; z. B. bezüglich des Habitates) häufig sind und zugleich ein großes Areal besitzen. Das Problem besteht nun darin, dass für häufige Arten meist viel mehr Information vorliegt und diese somit einfach aus stochastischen Gründen auch in mehr Habitaten gefunden wird, was eine größere Breite der Habitatnische vortäuscht. Die Schätzung der Nischenbreite ist stark von der Häufigkeit der untersuchten Arten abhängig, was bei jeder Interpretation berücksichtigt werden muss.

Richtige Antwort zu Frage 848: Viele Räuber können während der Handhabung einer Beute keine andere, vielleicht lohnendere Beute suchen. Ein Räuber sollte sich also vor einer Attacke überlegen, ob er nicht in der Zeit, die er mit der Handhabung dieser Beute verbringt, eine lohnendere Beute finden kann („Prinzip der verpassten Chance"). Räuber mit kurzen Handhabungszeiten relativ zu ihren Suchzeiten sollten daher ein breites Spektrum an Beutearten akzeptieren, denn die kurze Zeit, die sie mit der Handhabung bereits gefundener Beute verbringen, hat nur einen geringen Einfluss auf die gesamte Suchzeit. Im Gegensatz dazu sollten Räuber, die mehr oder weniger in ständiger Sichtweite ihrer Beute leben, daher kaum Zeit mit der Beutesuche verbringen. Bei ihnen würde die Theorie eine Spezialisierung auf besonders lohnende Beutetypen voraussagen. Eines der Hauptargumente für eine Spezialisierung ist, dass nicht jede Nahrung physiologisch gleich effizient genutzt werden kann und daher eine Spezialisierung auf Nahrung, die leichter umgesetzt werden kann, vorteilhaft ist, weil sie die Fitness maximiert (physiologische Effizienzhypothese; *physiological efficiency hypothesis*). Viele Insektenlarven können sich, besonders wenn sie noch klein sind, häufig nicht weit fortbewegen. Die Larven wählen daher in der Regel ihre Wirtspflanze nicht selbst aus, sondern sind an die Pflanze gebunden, auf die das Weibchen ihre Eier abgelegt hat. Die Weibchen wählen also die Wirtspflanze für ihre Nachkommen aus. Nach unserer Theorie sollte bei Insekten also die Präferenz der Weibchen für gewisse Wirtspflanzen mit der Performance der Larven korreliert sein (Präferenz-Performance-Hypothese; *preference-performance Hypothesis*). Interaktionen mit anderen Arten können allerdings verhindern, dass eine ansonsten gut geeignete Pflanzenart von den Weibchen als Wirtspflanze akzeptiert wird. Dies können entweder Konkurrenten oder natürliche Feinde sein. Wenn eine konkurrenzüberlegene Art auf einer ansonsten bevorzugten Wirtspflanze vorkommt, kann dies zur Verdrängung der unterlegenen Art und schließlich zur Meidung dieser Wirtspflanze führen, auch wenn die Weibchen die Pflanze eigentlich anderen Wirtsarten vorziehen würden. Doch auch die natürlichen Feinde eines Insekts können dessen Wirtswahl beeinflussen. So variiert bei vielen Insektenarten die Anfälligkeit gegenüber ihren natürlichen Feinden mit der Pflanzenart, auf der ihre Larven fressen. Auf einigen Wirtspflanzenarten ist die Mortalität durch Feinde dementsprechend geringer als auf anderen. Solch ein Schutz vor Feinden (oder allgemeiner: feindfreier Raum, *enemy free space*), der durch die Pflanze vermittelt wird, kann zur Spezialisierung führen, wenn Anpassung an eine Wirtspflanzenart die Fitness auf anderen Pflanzenarten reduziert. Dies wird deutlich am Beispiel der Krypsis: Larven, die auf einer Pflanzenart schwer zu entdecken sind, weil sie z. B. in Form und Farbe einem Zweig dieser Pflanze ähneln, können auf anderen Pflanzenarten, die ein anderes Aussehen haben, leicht entdeckt werden.

Richtige Antwort zu Frage 849: Generell werden anhand der Form der funktionellen Reaktion drei Typen unterschieden. Der Typ 1 ist durch einen linearen Anstieg der Anzahl gefressener Beutetiere N_e gegenüber der Beutedichte N gekennzeichnet. Die funktionelle Reaktion von Typ 1 tritt bei Räubern auf, bei denen das Aufspüren der Beute und deren Handhabung entkoppelt sind. Dies ist der Fall bei Räubern, die passiv Beute fangen, z. B. Filtrierern oder Netzspinnen. Während der Räuber die Beute überwältigt (z. B. im Reusenapparat), verschluckt (Transport zum Mund auf Cilien) und verdaut, kann unvermindert weiter nach Beute gesucht werden (Durchstrom von Wasser). Die durch Hollings Scheibengleichung beschriebene funktionelle Reaktion gehört zum Typ 2 und ist typisch für Räuber, die ihre Nahrungssuche in Suchen und Handhaben von Beute aufteilen, d. h. sie können nicht beides gleichzeitig machen. Sie sagt voraus, dass ein Räuber bei geringen Beutedichten nahezu seine gesamte Zeit mit dem Suchen von Beute verbringt. Die Anzahl gefressener Beutetiere N_e ist bei geringen Beutedichten praktisch proportional zur Angriffsrate a, steigt also anfangs linear. Mit zunehmender Beutedichte spielt jedoch die Handhabung eine immer stärkere Rolle, sodass die Kurve abknickt und sich bei hoher Beutedichte asymptotisch einem Plateau annähert. Bei hoher Beutedichte verbringt der Räuber fast die gesamte Zeit mit der Handhabung von Beute. Die funktionelle Reaktion vom Typ 3 hat eine sigmoide Form, d. h. mit steigender Beutedichte steigt die Anzahl gefressener Beutetiere stärker als linear an, der Räuber wird also mit zunehmender Beutedichteeffektiver. Diese Form der funktionellen Reaktion kann entstehen, wenn der Räuber lernt, effektiver mit der Beute umzugehen. Die sigmoide funktionelle Reaktion entsteht wahrscheinlich häufig durch eine Spezialisierung der Räuber auf das momentan häufige Auftreten dieser Beute.

Richtige Antwort zu Frage 850: Wenn keine Nischenunterscheidung zwischen zwei konkurrierenden Arten möglich ist, wird die konkurrenzschwächere Art von der stärkeren verdrängt. Dieses Ergebnis wurde in vielen Laborexperimenten, in denen in der Regel zwei Arten um eine gemeinsame Ressource konkurrieren mussten, gefunden. Dieser Befund wird das Konkurrenz-Ausschluss-Prinzip genannt. In Laborexperimenten ist häufig durch die räumliche Begrenztheit und Strukturarmut der Untersuchungsarena keine Differenzierung der Realnische möglich. Häufig leben reale Populationen allerdings in Metapopulationen, d. h. unter räumlich heterogenen Bedingungen. In Metapopulationen sterben lokal Arten aus, während anderswo Arten Plätze neu kolonisieren. Wenn zwei Arten aufgrund von Konkurrenzausschluss nicht lokal koexistieren können, können sie in Metapopulationen durch lokale Aussterbe- und Wiederbesiedlungsprozesse unter Umständen zu einer regionalen Koexistenz kommen.

Richtige Antwort zu Frage 851: Eine trophische Kaskade ist eine lineare Nahrungskette über mindestens drei trophische Ebenen (z. B. Pflanzen-Herbivoren-Carnivoren), in der eine trophische Ebene einen indirekten Einfluss auf eine andere ausübt, ohne mit dieser direkt in Verbindung zu treten. Z. B. können Räuber das Pflanzenwachstum fördern, indem sie die Herbivorendichten niedrig halten. Die überzeugendsten Beispiele für trophische Kaskaden kommen aus dem aquatischen Bereich. In Seen, Flüssen und auch im Küstenbereich gibt es häufig natürliche lineare Nahrungsketten, die von wenigen Arten gebildet werden. In der Wassersäule von Seen wird das Phytoplankton, das als Primärproduzent an der Basis steht, von dem etwas größeren Zooplankton gefressen, welches wiederum planktivoren Fischen als Nahrung dient. Durch ihre Fraßaktivität halten die planktivoren Fische das Zooplankton in einer niedrigen Dichte, sodass das Phytoplankton große Populationsdichten erreicht und das Wasser trübt. Durch Besatz mit größeren Fischen, die die kleinen planktivoren Fische fressen, lässt sich die Kaskade umkehren: Der primäre Räuber (planktivore Fische) wird durch den sekundären Räuber in Schach gehalten, sodass das Zooplankton sich vermehren kann und das Phytoplankton auf niedrigem Niveau hält; das Wasser des Sees erscheint wieder klar.

Richtige Antwort zu Frage 852: Monatliche Basaltemperatur des Menschen, Winterschlaf, Fieber.

Richtige Antwort zu Frage 853: Unter einer Population versteht man eine Gruppe von Individuen einer Art, die in einem bestimmten Areal leben und zwischen denen ein genetischer Austausch besteht. Im Gegensatz zu einer Art ist eine Population von den Individuen anderer Populationen derselben Art nicht genetisch isoliert.

Richtige Antwort zu Frage 854: Dichte (Abundanz), Biomasse, Präsenz, Frequenz, Dispersion, Altersstruktur.

Richtige Antwort zu Frage 855: Exponentielles Wachstum: Wachstum ohne Grenzen mit dichteunabhängiger, konstanter Zuwachsrate. Logistisches Wachstum: gedämpftes Wachstum mit dichteabhängiger, linearer Zuwachsrate.

Richtige Antwort zu Frage 856: Die Anfangsphase des Populationswachstums (Log-Phase) wird noch nicht durch Faktoren gehemmt, sie verläuft nach dem Muster eines exponentiellen Wachstums. Dichteabhängige Faktoren (Konkurrenz, Nahrungsmangel, Krankheiten) führen später zu einer Dämpfung des Wachstums auf eine Populationsgröße von K (Umweltkapazität).

Richtige Antwort zu Frage 857: Die Geburten- (b) und Sterberate (m), es gilt: $r = b-m$

Richtige Antwort zu Frage 858: r-Strategen investieren weniger Biomasse in das eigene Wachstum als in die Nachkommenschaft. Sie weisen eine hohe Reproduktionsrate auf, Körpergewicht, Lebensdauer und Konkurrenzfähigkeit sind gering. Sie kommen vor allem in kurzlebigen Lebensräumen vor. K-Strategen investieren weniger Biomasse in die Nachkommenschaft als in das eigene Wachstum. Sie weisen eine geringe Reproduktionsrate (oft mit Brutpflege) auf, Körpergewicht, Lebensdauer und Konkurrenzfähigkeit sind hoch. Sie kommen vor allem in langlebigen Lebensräumen vor. Zwischen beiden Typen gibt es Übergänge.

Richtige Antwort zu Frage 859: Die wechselhaften Umweltbedingungen Mitteleuropas begünstigen Populationen, die mehr in die Nachkommen als in das individuelle Wachstum investieren.

Richtige Antwort zu Frage 860: In einer Idealpopulation bleiben die relativen Genhäufigkeiten unbegrenzt lange erhalten. Das Gesetz gilt nur für Idealpopulationen, also nur bei zufallsgemäßer Paarung, ohne Mutation und ohne Selektion. In realen Populationen ändern sich die relativen Genhäufigkeiten und führen zu evolutiven Veränderungen.

Richtige Antwort zu Frage 861: Individuen der gleichen Art konkurrieren um die vorhandenen Ressourcen, sie verringern gegenseitig ihre Vitalität und damit ihre Chance, eigene Nachkommen zu erzeugen (verringerte Fitness). Die innerartliche Konkurrenz wird durch den Polymorphismus innerhalb einer Population gemindert, also durch leicht voneinander abweichende ökologische Nischen.

Richtige Antwort zu Frage 862: Die Grüne-Welt-Hypothese (*green world hypothesis*, in der Literatur auch häufig HSS genannt, nach den Namen ihrer Beschreiber Hairston, Smith und Slobodkin) argumentiert, dass ein Großteil der Welt grün ist, weil Herbivoren die ihnen zur Verfügung stehende Nahrung (Pflanzen) nicht vollständig ausnutzen, da sie durch ihre Feinde (Räuber und Parasiten) in niedrigen Populationsdichten gehalten werden. Die dazugehörige Argumentationskette geht folgendermaßen: Fossile Brennstoffe reichern sich momentan nicht auf der Erde an, weshalb man schließen kann, dass sämtliche assimilierte Energie durch die Biosphäre fließt. Daraus folgt, dass die Organismen als Ganzes durch die fixierte Energie, also ressourcenlimitiert sind. Dies gilt insbesondere für die Gruppe der Destruenten. Herbivoren kommen selten in so großen Dichten vor, dass sie Kahlfraß verursachen, und limitieren daher die Gruppe der Primärproduzenten (Pflanzen) nicht. Ebenso wenig wird die Klasse der Primärproduzenten durch Katastrophen auf einem niedrigen Niveau gehalten, denn Katastrophen sind vergleichsweise selten. Folglich müssen die Primärproduzenten als Ganzes durch ihre Ressourcen limitiert sein. Weil Herbivoren unter gewissen Umständen durchaus in der Lage sind, einen Kahlfraß zu verursachen, werden sie offensichtlich normalerweise nicht durch ihre Ressource limitiert. Folglich müssen sie durch ihre natürlichen Feinde limitiert sein. Weil die Gruppe der Räuber und Parasiten ihre eigene Nahrungsressource begrenzt, müssen Räuber und Parasiten als Ganzes durch ihre Ressource limitiert sein. Zusammenfassend ergibt sich also folgendes Bild: Destruenten, Pflanzen und Räuber/Parasiten sind durch ihre Ressourcen limitiert, während die Gruppe der Herbivoren als Ganzes durch ihre natürlichen Feinde limitiert ist. Die Struktur von Räuber- und Pflanzengemeinschaften wird daher durch interspezifische Konkurrenz um die Ressourcen bestimmt, die Struktur von Herbivorengemeinschaften dagegen durch ihre natürlichen Feinde.

Richtige Antwort zu Frage 863: Die Thienemann´schen Regeln besagen, dass in günstigen Habitaten, die Abundanzen der Arten ausgeglichen sind (Regel 1), während an Extremstandorten wenige Arten die Artengemeinschaft dominieren. Betrachten wir die in Frage 2 näher diskutierte Beziehung zwischen Artenzahl und Produktivität. Bei geringer Produktivität (z. B. Gebiete mit geringem Niederschlag – aride Gebiete) erwarten wir daher, dass wenige Arten mit ihrer Häufigkeit die Gemeinschaft dominieren, was zu einer steilen Rang-Abundanz-Beziehung führt. Bei mittleren Produktivitätsverhältnissen erwarten wir ausgeglichene Verhältnisse (Rang-Abundanz-Beziehung flach). Bei hoher Produktivität erwarten wir, dass wenige Arten mit den hohen Nährstoffverhältnissen zurechtkommen und die Arten dominieren (Rang-Abundanz-Beziehung steil).

Richtige Antwort zu Frage 864: Ausnahmen von der allgemeinen Regel, dass die Artenzahl mit abnehmendem Breitengrad zunimmt, finden sich vor allem bei der Analyse von Gattungen, Familien bzw. Ordnungen. Während man bei der Analyse aller Vogelarten eine klare Zunahme der Artenzahl hin zu den Tropen findet, ergeben sich für Limikolen, Entenvögel oder auch Pinguine abweichende Trends. Bei Pflanzen zeigen z. B. Weiden (*Salix*) ebenfalls einen abweichenden Trend. Gründe für solche Ausnahmen sind vielfältig und müssen nicht für alle Ausnahmen gleich sein. Bei Limikolen und Entenvögel könnte der Artenreichtum von verfügbaren Habitaten (Gewässer) abhängen, während bei Pinguinen und Weiden die Abnahme sicherlich historische Gründe hat (das Entstehungs- und Evolutionszentrum der Pinguine lag in Gebieten nahe der Antarktis und nur wenige Arten konnten in gemäßigte oder gar subtropische Gebiete vordringen).

Richtige Antwort zu Frage 865: Die Größe eines Organismus hat beachtliche Auswirkungen auf seinen Energiehaushalt. Kleine Tiere benötigen zwar weniger Energie als große, da sie aber pro Volumen eine relativ größere Oberfläche aufweisen, ist ihr relativer Energiebedarf größer. Aus dieser Überlegung heraus können Tiere erst ab einem bestimmten Energieumsatz und einer bestimmten Körpergröße homoiotherm sein. Dies ist bei Säugetieren und Vögeln gegeben, auch bei einigen Fischen mit hoher Stoffwechselintensität (Thunfische) bzw. bei sehr großen Reptilien (Sauriern). Wirbellose können hingegen nur poikilotherm sein. Für Säugetiere und Vögel bedeutet dies, dass ihre minimale Körpergröße aus energetischen Gründen nicht unter die einer Spitzmaus oder eines Zaunkönigs fallen kann. Diese Tiere müssen immer Nahrung suchen, und die kleinsten Säugetiere haben selten Ruheperioden von mehr als zwei Stunden.

Richtige Antwort zu Frage 866: Primärproduzenten sind die grünen Pflanzen, Algen und Cyanobakterien. Sie betreiben oxygene Photosynthese, bilden mithilfe der Sonnenenergie organische Kohlenstoffverbindungen und damit die Biomasse. Konsumenten sind alle chemoheterotrophen Organismen (Tiere, Mensch, viele Mikroorganismen), die sich von der Biomasse der Primärproduzenten ernähren. Die Destruenten, zu denen Bakterien, Pilze und Protozoen gehören, mineralisieren die von den Pflanzen, Tieren und Mikroorganismen gebildete Biomasse zu Kohlendioxid, Wasser und den anorganischen Mineralsalzen.

Richtige Antwort zu Frage 867: Etwa ein Drittel wird von den Primärproduzenten selbst wieder veratmet, der Rest wird zum Aufbau von pflanzlicher Biomasse verwertet und dient den Konsumenten und Destruenten als Kohlenstoff- und Energiequelle.

Richtige Antwort zu Frage 868: Bei der oxygenen Photosynthese wird Sauerstoff aus Wasser freigesetzt, bei der aeroben Atmung wieder zu Wasser reduziert. Damit spielt Sauerstoff bei den mengenmäßig wichtigsten Schritten des Kohlenstoffkreislaufes eine essenzielle Rolle.

Richtige Antwort zu Frage 869: Am Phosphorkreislauf ist anorganisches, größtenteils immobilisiertes Phosphat und organisch gebundenes, ebenfalls größtenteils immobilisiertes Phosphat beteiligt. Phosphor unterliegt keinem Redoxwechsel und liegt in der Redoxstufe $+V$ vor.

Richtige Antwort zu Frage 870: Phototroph (=photoautotroph): Photosynthese incl. Kohlenstoff-Assimilation; osmotroph: Aufnahme von gelösten Stoffen; phagotroph: Aufnahme von Partikeln; mixotroph: Kombination aus Photo- und Phagotrophie.

Antworten zur Evolution

Olaf Werner

Richtige Antwort zu Frage 871: d. Bisher wurden rund 300.000 fossile Organismenarten beschrieben, diese Zahl wächst ständig weiter.

Richtige Antwort zu Frage 872: b. Sedimentgesteinsschichten sind dadurch gekennzeichnet, dass die ältesten Gesteine ganz unten liegen. Dies trifft allerdings nur auf ungestörte Sedimentgesteine zu, die durch stete Ablagerung einer Schicht auf die darunterliegende gebildet wurden. Die regelmäßige Abfolge der Gesteinsschichten kann beispielsweise durch die Auffaltung von Gebirgen und andere tektonische Ereignisse gestört werden.

Richtige Antwort zu Frage 873: e. Die Radiocarbonmethode erlaubt mit einer recht hohen Genauigkeit das Alter von Fossilien zu datieren.

Richtige Antwort zu Frage 874: c. Eine bedeutende gerichtete Veränderung in der Geschichte der Erde war die stetige Zunahme des Sauerstoffgehalts in der Atmosphäre. Sauerstoff war zunächst ein Nebenprodukt ursprünglicher Formen der Photosynthese und reicherte sich zunehmend in der vormals sauerstoffarmen Atmosphäre der jungen Erde an. Die Fähigkeit, Sauerstoff zu verstoffwechseln, erwies sich für die Lebewelt als vorteilhaft, da eine hohe Stoffwechselleistung erzielt werden konnte. Im Gegensatz zu diesem gerichteten Prozess beschränkte sich die vulkanische Aktivität auf vereinzelte Ereignisse im Rahmen der Kontinentaldrift, bei der sich die Platten der Erdkruste sowohl aufeinander zu- als auch voneinander wegbewegen. Von ebenso großer Bedeutung für die Biodiversität der Erde waren die klimatischen Entwicklungen, die von stetigen Schwankungen der Temperatur und Niederschläge geprägt waren.

O. Werner (✉)
Las Torres de Cotillas, Murcia, Spanien
E-Mail: werner@um.es

O. Werner (Hrsg.), *1000 Fragen aus Zoologie und Botanik,*
DOI 10.1007/978-3-642-54983-0_8, © Springer-Verlag Berlin Heidelberg 2014

Richtige Antwort zu Frage 875: a. Die heute zur Energiegewinnung abgebauten Kohlelagerstätten sind die Überreste von Bäumen, die während des Karbons in Sümpfen wuchsen. Ausgehend von den im Devon entstandenen ersten Waldflächen prägten im Karbon enorme Sumpfwälder das Antlitz der damaligen tropischen Kontinente. Das Perm hingegen ist gekennzeichnet durch das bisher größte Artensterben der Erdgeschichte. Heutige Kohlelagerstätten profitieren von der enormen Biomasse der fossilierten Farne, Schachtelhalme und Bärlappe, die oftmals Baumgröße erreichten. Hätten Kräuter die Flora des Karbons dominiert, wären die heutigen Kohlelagerstätten kaum der Rede wert.

Richtige Antwort zu Frage 876: c. Am Ende des Ordoviziums kam es über Gondwana zu einer massiven Gletscherbildung, der Meeresspiegel sank und die Wassertemperatur im Meer fiel ab. Die Tiere lebten zu dieser Zeit hauptsächlich am Meeresboden. Durch die Umweltveränderungen starben viele aus, man schätzt die Zahl auf 75 %.

Richtige Antwort zu Frage 877: b. Das Mesozoikum wird in drei Perioden unterteilt: Trias, Jura und Kreide. Während der Perioden Trias und Kreide kam es zum Massenaussterben, das vermutlich eine Folge von Meteoriteneinschlägen war.

Richtige Antwort zu Frage 878: c. Im Kambrium explodiert das Leben zu einer großzahligen Diversität. Diese Entwicklung setzt sich über das übrige Paläozoikum fort.

Richtige Antwort zu Frage 879: e. Es treffen alle der genannten Punkte zu. Zum Ende der Kreidezeit soll, so die Meinung vieler Wissenschaftler, ein großer Meteorit zum bekanntesten Massenaussterben der Erdgeschichte geführt haben. Die Belege hierfür sind vielfältig: Einerseits findet man weltweit in der entsprechenden Gesteinsschicht, welche die Grenze zwischen Kreide und Tertiär (Känozoikum) markiert, eine ungewöhnlich hohe Konzentration des Elementes Iridium, das auf der Erdoberfläche äußerst selten ist, aber in Meteoriten reichlich vorhanden zu sein scheint. Zum anderen deutet das plötzliche Fehlen ganzer Organismengruppen im Fossilbeleg (z. B. Dinosaurier) darauf hin, dass das Massenaussterben sehr abrupt stattgefunden hat. Als Einschlagstelle des Meteoriten kommt ein großer Krater vor der mexikanischen Halbinsel Yucatan infrage, dessen Ausmaße die enorme Zerstörungskraft des Meteoriten widerspiegeln.

Richtige Antwort zu Frage 880: c. Daphnien (Wasserflöhe) werden von den räuberischen Larven der Büschelmücke gefressen. Daphnien mit einem großen Helm können nur schwer verschlungen werden. Der Grund, dass nicht alle Daphnien einen großen Helm haben, liegt darin, dass nicht so viele Eier produziert werden können. Die Produktion des großen Helmes kostet die Daphnien viel Energie.

Richtige Antwort zu Frage 881: b. Durch den zweibeinigen Gang werden die Vordergliedmaßen frei und können für die Manipulation von Objekten eingesetzt werden. Bei

Schrittgeschwindigkeit ist die bipede Fortbewegung außerdem energetisch ökonomischer als die vierbeinige Form der Fortbewegung.

Richtige Antwort zu Frage 882: b. Anhand von Naturbeobachtungen entwickelte Darwin seine Theorie der Evolution durch natürliche Selektion.

Richtige Antwort zu Frage 883: d. Darwin baute seine Theorie auf einer Vielzahl von Informationen aus vielen Bereichen auf. Seine Beobachtungen während der Forschungsreise auf der HMS Beagle gaben den Anstoß für die Entwicklung der Evolutionstheorie. Des Weiteren gelang es Darwin anhand seiner Beobachtungen bei der Taubenzucht die Bedeutung der Selektion in seiner Theorie zu untermauern. Dabei wusste er zwar um die evolutionäre Bedeutung der Vererbung, es gelang ihm jedoch nicht, die für evolutionäre Veränderungen verantwortlichen Faktoren zu bestimmen. Erst die mit der Wiederentdeckung der Arbeit von Gregor Mendel begründete Genetik brachte hier neue Erkenntnisse. Sowohl die Entwicklung einer umfassenden Theorie der Vererbung als auch das mathematische Modell für damit einhergehende evolutionäre Veränderungen sind Mendels Verdienst.

Richtige Antwort zu Frage 884: b. Die biologische Fitness eines Genotyps wird durch die Individuen mit der höchsten Überlebens- und Fortpflanzungsrate bestimmt. Die biologische Fitness bezeichnet den Fortpflanzungserfolg eines Individuums im Vergleich mit anderen Individuen der gleichen Population. Da ein Individuum die Geschlechtsreife erreichen muss, um sich fortzupflanzen und damit seine Gene an die nächste Generation weiterzugeben, fließen sowohl die Überlebenswahrscheinlichkeit des Individuums als auch dessen Nachkommenzahl in die Berechnung der Fitness ein. Je höher Überlebens- und Fortpflanzungsrate des Individuums, desto erfolgreicher ist der zugrunde liegende Genotyp. Hierbei ist zu beachten, dass erst die im Vergleich mit den übrigen Individuen der Population ermittelte relative Nachkommenzahl eine Aussage über die Fitness möglich macht – die absolute Nachkommenzahl ist nur für die Populationsgröße von Bedeutung.

Richtige Antwort zu Frage 885: e. Selektionsexperimente an Taufliegen im Labor haben gezeigt, dass die Zahl der Borsten genetisch festgelegt ist und die Selektion Fliegen hervorbringen kann, die mehr Borsten besitzen, als dies bei Individuen der Stammpopulation der Fall ist. Das zeigt, dass die genetische Variabilität in einer Population größer sein kann als die phänotypische Variabilität, weil nicht jeder Genotyp einen Phänotyp bedingt. Im Falle einer dominant-rezessiven Vererbung kann das dominante Allel beispielsweise das rezessive Allel im heterozygoten Phänotyp verbergen – dieser ist damit nicht vom homozygot-dominanten zu unterscheiden. Beim Beispiel der Taufliege ist die Zahl der Borsten nicht genetisch fixiert, wodurch je nach Selektionsbedingungen unterschiedliche Phänotypen ausgebildet werden können. Die genetische Variabilität gewährt also den nötigen Spielraum, der abhängig vom Selektionsdruck verschiedene Anpassungen hervorbringt.

Richtige Antwort zu Frage 886: b. Die disruptive Selektion erhält bei den westafrikanischen Purpurastrilden eine bimodale (zweigipflige) Verteilung der Schnabelgröße aufrecht, weil sich die beiden Hauptnahrungsquellen dieser Prachtfinken deutlich in Größe und Härte unterscheiden. Die unterschiedlichen Samen zweier Seggenarten sind die Hauptnahrungsquelle dieser Prachtfinkenart. Vögel mit großem Schnabel können die harten Samen besser öffnen als Vögel mit kleinem Schnabel, die dafür mit weichen Samen besser zurechtkommen. Da keine Samen mittlerer Härte existieren, bringt ein mittelgroßer Schnabel keinen Vorteil, wodurch die bimodale Verteilung bestehen bleibt.

Richtige Antwort zu Frage 887: c. Eine Art ist eine Gruppe von natürlichen Populationen, deren Mitglieder sich von Natur aus kreuzen oder dies potenziell könnten und von anderen solchen Gruppen reproduktiv isoliert sind. Dieses sogenannte biologische Artkonzept betrachtet eine Art als eigenständige Fortpflanzungsgemeinschaft mit einem gemeinsamen Genpool. Es besteht keine reproduktive Verbindung zu anderen Arten, da sich nur die Mitglieder derselben Art in der Natur erfolgreich fortpflanzen. Die potenzielle Kreuzbarkeit schließt hier jedoch den Fall ein, dass räumlich getrennte Populationen einer Art existieren, die sich fortpflanzen könnten, wenn man sie zusammenbrächte und daher als eine Art zu behandeln sind.

Richtige Antwort zu Frage 888: e. Bei der allopatrischen Artbildung wird eine Ausgangspopulation durch eine physikalische Barriere in zwei Tochterpopulationen getrennt, die dann sowohl räumlich als auch genetisch voneinander isoliert sind. Die Ursache für die Zergliederung des ursprünglichen Lebensraumes kann beispielsweise das Auseinanderdriften von Kontinenten oder das Aufwölben von Gebirgszügen sein. Es ist auch möglich, dass ein Teil der Ausgangspopulation eine bestehende, unbewohnbare Barriere überwindet und als Gründerpopulation einen neuen Lebensraum erschließt. Zur endgültigen Aufspaltung in verschiedene Arten kommt es dann durch die entsprechende Anpassung an die unterschiedlichen Umweltbedingungen auf beiden Seiten der Barriere, die den Genfluss zwischen den Populationen weitestgehend verhindert.

Richtige Antwort zu Frage 889: d. Auf den Galapagosinseln kam es zur Speziation der Finken, weil die Inseln des Galapagos-Archipels genügend voneinander isoliert sind, dass zwischen ihnen kaum ein Austausch stattfindet. Da auf jeder Insel unterschiedliche Umweltbedingungen herrschten, führte die Anpassung an verfügbare ökologische Nischen im Laufe der Zeit zu unterschiedlichen Merkmalsausprägungen. Durch die räumliche Trennung wurde Genfluss zwischen den Populationen der einzelnen Inseln weitestgehend verhindert – Populationen entwickelten sich zu Arten.

Richtige Antwort zu Frage 890: c. Antwort c beschreibt keine potenzielle präzygotische Fortpflanzungsbarriere. Fortpflanzungsbarrieren verhindern die Kreuzung von Individuen verschiedener Arten auf zwei Ebenen. Wird die Zygotenbildung von vornherein verhindert, so spricht man von präzygotischer Isolation. Dies ist beispielsweise der Fall, wenn unterschiedliche Balz- und Paarungsplätze genutzt werden oder wenn sich die Fortpflanzungszeiten nicht überschneiden. Darüber hinaus können unterschiedliches Balzverhalten oder inkompatible chemische Lockstoffe dazu führen, dass sich Individuen verschiedener Arten nicht als Paarungspartner erkennen. Eine unstimmige Chemie kann zudem das Verschmelzen von Spermien einer Art mit der Eizelle einer anderen Art verhindern. Im Gegensatz dazu wirken postzygotische Barrieren erst nach der Befruchtung. Die dabei entstehende Hybridzygote ist nicht lebensfähig, die biologische Fitness der entstehenden Hybriden ist vermindert oder diese sind unfruchtbar (Bastardsterilität).

Richtige Antwort zu Frage 891: a. Polyploidie ist ein wichtiger Faktor für die sympatrische Artbildung. Vor allem in der Evolution der Pflanzen ist die Vervielfältigung des Chromosomensatzes durch Polyploidisierung eine wichtige Triebfeder. Haben die Nachkommen einen anderen Ploidiegrad als die Elterngeneration, kommt es spätestens in der zweiten Tochtergeneration zu Fruchtbarkeitsproblemen. Dadurch ist die sympatrische Artbildung im Gegensatz zur allopatrischen Artbildung nicht von räumlicher Isolation durch physikalische Barrieren abhängig.

Richtige Antwort zu Frage 892: b. Die sympatrische Artbildung ist eine Artbildung ohne physikalische Isolation. Sie erfolgt häufig durch Polyploidie.

Richtige Antwort zu Frage 893: d. Schmale Hybridzonen können oft für lange Zeiträume bestehen bleiben, weil Individuen, die in die Zone einwandern, zuvor noch nie auf Individuen der anderen Art getroffen sind und es daher noch nicht zu einer Verstärkung der Isolationsmechanismen gekommen ist. Hybridzonen sind das Ergebnis unvollständiger reproduktiver Isolation – zwei noch nicht vollständig getrennte Linien treffen hier aufeinander und können sich mehr oder weniger fruchtbar kreuzen. Ob die Artgrenzen verstärkt werden oder verschwimmen, kann von der biologischen Fitness der Hybriden abhängen: Höhere Vitalität führt zu Vermischung und Aufhebung der Artgrenze. Besteht jedoch Selektion gegen Hybriden mit geringerer Fitness, so kann die reproduktive Isolation verstärkt werden. In einer schmalen Hybridzone kann dieser Prozess gebremst werden, weil der geringe Vermischungsbereich zwischen den Populationen die Wahrscheinlichkeit einer Begegnung zwischen den Elternarten reduziert.

Richtige Antwort zu Frage 894: a. Antwort a ist die gesuchte Falschaussage. Die Entstehung einer Art kann Tausende von Jahren in Anspruch nehmen, aber auch von einer Generation auf die nächste stattfinden. Im Zentrum der Artbildung steht die Aufspaltung des ursprünglichen Genpools der Stammart in zwei eigenständige Genpools. Um die dazu nötige reproduktive Barriere aufzubauen, braucht es im Falle von manchen Tierarten Jahrhunderte räumlicher Isolation, wohingegen bei Pflanzen im Zuge eines einzigen Polyploidisierungsereignisses jegliche Kreuzbarkeit der Nachkommen mit der Stammart zunichte gemacht werden kann. Ob innerhalb kürzester Zeit oder im Laufe von Jahrtausenden – sicher ist, dass die gesamte heutige Artenvielfalt durch Speziationsprozesse entstanden ist.

Richtige Antwort zu Frage 895: a. Die Artbildung erfolgt in Linien, deren Arten ein komplexes Verhalten zeigen, oft rasch, weil die Individuen solcher Arten genau zwischen potenziellen Geschlechtspartnern unterscheiden. Man spricht in diesem Fall von sexueller Selektion. Die eindeutige Unterscheidung zwischen arteigenen und artfremden Individuen und die Partnerwahl anhand ganz bestimmter Kriterien kann die reproduktive Isolation deutlich beschleunigen. Dabei liegt jedoch eher komplexes Sozialverhalten als die Wechselwirkungen mit der Umwelt zugrunde. Auch die Generationszeit hat nicht zwingend einen Einfluss, da diese nichts über die Spezifität der Paarungen aussagt.

Richtige Antwort zu Frage 896: c. Von adaptiver Radiation spricht man, wenn die Rate der Artbildung die Aussterberate übertrifft. Wenn Arten Inseln besiedeln, treffen hohe Artbildungsraten oft mit niedrigen Aussterberaten zusammen.

Richtige Antwort zu Frage 897: e. Antwort e ist richtig. Speziation ist ein wichtiger Bestandteil der Evolution, weil sie zu einer Welt mit Millionen von Arten geführt hat, die jeweils an eine bestimmte Lebensweise angepasst sind. Darwin hatte diese Vielzahl beobachtet und darauf aufbauend seine Evolutionstheorie formuliert, jedoch ohne die Mechanismen zu benennen. Er erkannte aber, dass die Arten nicht konstant sind, sondern dass sie sich in stetem Wandel befinden, wobei eine Art sich immer aus einer bereits da gewesenen entwickelt. Die Grundlage hierfür ist Variabilität, die stets durch Mutation bedingt wird. Die Selektion bedient sich der von der Mutation geschaffenen Variabilität. Dabei werden diejenigen Individuen die meisten Nachkommen hervorbringen, die denjenigen Genotyp zeigen, dessen Phänotyp unter den jeweiligen Selektionsbedingungen die besten Überlebenschancen bietet. Diese Individuen und ihre Lebensweise werden fortbestehen. Variabilität ist damit also die Grundlage für die Entstehung verschiedener Arten. Genetische Drift kann einen Einfluss auf die Häufigkeit von Allelen in einer Population haben und dadurch die Variabilität beeinflussen.

Richtige Antwort zu Frage 898: d. Homologe Merkmale sind von einem gemeinsamen Vorfahren abgeleitet, der die Urform dieses Merkmals trug. Sie müssen jedoch nicht zwingend von ähnlicher Funktion oder Struktur sein, was am Beispiel pflanzlicher Dornen, Ranken und Hochblätter, die allesamt abgewandelte Blattorgane darstellen, eindrucksvoll belegt werden kann. Strukturelle Homologie kann jedoch auch mit ähnlicher Funktion einhergehen, wie das Beispiel der Handknochen bei den Mammalia zeigt.

Richtige Antwort zu Frage 899: b. Orthologe Gene sind funktional verwandt und stammen von einem gemeinsamen Vorfahren ab. Sie kommen in unterschiedlichen Spezies vor und sind das Ergebnis einer vertikalen Evolution.

Richtige Antwort zu Frage 900: c. Die geeignete Einheit, um genetische Variabilität zu definieren und zu ermitteln, ist eine Population. Da jede Zelle eines Individuums die gleiche genetische Information trägt, können Unterschiede nur im Vergleich zwischen mehreren Individuen ermittelt werden. In den vielfältigen Lebensgemeinschaften eines Ökosystems ist die Variation so enorm, dass es erst auf Populationsebene sinnvoll ist, Variabilität zu untersuchen: Jedes Individuum trägt lediglich eine begrenzte Auswahl der Allele des Genpools und stellt damit einen Ausschnitt aus der Population dar. Vergleicht man nun die Individuen einer Population, kann die Häufigkeit eines bestimmten Allels in Bezug auf die Gesamtheit aller Allele festgestellt werden. Diese sogenannten Allelfrequenzen beschreiben die genetische Variabilität in einer Population.

Richtige Antwort zu Frage 901: a. Sehr langsam evolvierende Merkmale lassen sich am besten auf der Ebene des Stammes (Phylum) ermitteln.

Richtige Antwort zu Frage 902: b. Zufällige genetische Drift und Mutationen wirken sich in der Regel stärker auf die Rate und Richtung molekularer Evolution aus als auf die Rate und Richtung phänotypischer Evolution. Ein durch eine Mutation verändertes Basentriplett kann aufgrund der Redundanz des genetischen Codes entweder für die gleiche Aminosäure codieren wie bisher oder aber zum Einbau einer völlig anderen Aminosäure führen. Während im ersten Fall die Mutation ohne Folgen für den Phänotyp bleibt, kann es im zweiten Fall zur Veränderung von Struktur und Funktion des Proteins kommen. Dabei steht die molekulare Evolution in direktem Zusammenhang mit der phänotypischen Evolution – ein neu auftretendes Merkmal wird der natürlichen Selektion unterliegen. Die Selektion hat also eine Art Kontrollfunktion, was das Auftreten und die Häufigkeit von Mutationen in einer Population angeht. Wirkt sich eine Mutation jedoch nicht auf den Phänotyp aus, ist deren Ausbreitung im Bereich der molekularen Evolution solange dem Zufall und der genetischen Drift unterworfen, bis sie sich auf den unter Selektionsdruck stehenden Phänotyp auswirkt.

Richtige Antwort zu Frage 903: a. Neutrale Merkmale evolvieren nicht unter dem Einfluss der natürlichen Selektion. Genetische Drift und zufällige Mutation sind in diesem Bereich die Ursache eines Großteils der auftretenden Sequenzvariation, die selbstverständlich wertvolle Information für die Rekonstruktion von (molekularen) Phylogenien darstellt. Neutrale Merkmale haben für gewöhnlich keinen Einfluss auf die biologische Fitness des Merkmalsträgers.

Richtige Antwort zu Frage 904: a. Das Konzept einer molekularen Uhr setzt voraus, dass viele Proteine eine konstante Rate von Veränderungen im Laufe der Zeit zeigen. Mutationen treten biochemisch bedingt mit relativ konstanter Rate auf, das bedeutet, dass sich in einer gegebenen Entwicklungslinie von Sequenzen oder Proteinen in einer bestimmten Zeit eine konstante Anzahl von Mutationen manifestiert. Diese Evolutionsrate ist jedoch nicht für alle Proteine identisch, denn sie ist an deren Funktion gekoppelt. Jede molekulare Uhr muss also für sich geeicht werden, wofür in der Regel phänotypische Charaktere genutzt werden.

Richtige Antwort zu Frage 905: a. Proteine übernehmen in erster Linie neue Funktionen durch Genduplikation, weil dadurch eine Kopie eines Gens von ihrer ursprünglichen Funktion entbunden wird. Deletionen können dagegen – besonders wenn funktionell relevante Proteindomänen betroffen sind – schnell die Funktion beeinträchtigen. Nach einer Duplikation geht das überzählige Gen im Laufe der Evolution meist verloren, wird zu einem funktionslosen Pseudogen oder es kann eine Proteinfunktion hervorbringen. Während das ursprüngliche Protein die Funktion aufrechterhält, unterliegt das Duplikat keinem direkten Selektionsdruck, was der Entstehung und Anhäufung von Mutationen den Weg bereitet. Hierbei können neue Funktionen entstehen.

Richtige Antwort zu Frage 906: c. Die Entwicklungsgeschichte von Lysozym legt nahe, dass Moleküle dazu beitragen können, dass wir die Vorgänge der Evolution von Organismen besser verstehen. Grundsätzlich dient das Enzym der Abwehr bakterieller Infektionen durch Lyse der Bakterien. In manchen Säugetieren und einer Vogelart erfüllt das Protein jedoch eine zusätzliche Funktion in der Verdauung des von Bakterien fermentierten Grünfutters. In beiden Fällen evolvierte das Enzym innerhalb der Jahrtausende nach Aufspaltung der Entwicklungslinien zu praktisch identischer Aminosäuresequenz. Dieses Beispiel verdeutlicht, dass Moleküle im Laufe der Evolution ihre Funktion ändern können – je nach Selektionsdruck kann dabei sogar das gleiche Ergebnis herauskommen.

Richtige Antwort zu Frage 907: b. Die tatsächlichen Unterschiede in der Genomgröße sind weitaus geringer als die scheinbaren Unterschiede, weil die Organismen mit der größten Menge an Kern-DNA weitaus mehr nicht codierende DNA besitzen als Organismen mit geringeren Mengen Kern-DNA. Der Gehalt an codierender DNA schwankt abhängig vom Organisationgrad eines Organismus, das heißt ein Prokaryot besitzt weniger Gene als ein Eukaryot und ein Fadenwurm weniger als ein Wirbeltier. Da Gene in ihrer Größe meist recht gut konserviert sind, können Schwankungen der Genomgröße, die nicht durch unterschiedliche Komplexität bedingt sind, auf die Akkumulation nicht codierender DNA zurückgeführt werden. Diese Bereiche erstrecken sich nicht selten über Pseudogene, die aufgrund mangelnden Selektionsdrucks nicht aus dem Genom verdrängt werden.

Richtige Antwort zu Frage 908: e. Die Unterteilung der Organismen in drei Domänen wird stark durch die Daten von rRNA-Sequenzen gestützt. Obwohl morphologische Merkmale wichtige Kriterien für die Identifikation verschiedener Prokaryoten liefern können, kommen sie für die Rekonstruktion evolutionärer Verwandtschaftsbeziehungen alter, weit voneinander entfernter Entwicklungslinien eher nicht in Frage. Hierfür sind molekulare Merkmale wie beispielsweise die Sequenz der ribosomalen RNA deutlich besser geeignet. Als grundlegender Bestandteil der Ribosomen spielt rRNA in jedem Organismus eine universelle und sehr konservierte Rolle. Ihre funktionelle Wichtigkeit verhindert das übermäßige Auftreten von Mutationen und führt zu über lange Zeiträume konservierten Sequenzen, die für phylogenetische Analysen benutzt werden können.

Richtige Antwort zu Frage 909: c. Die Auswahl eines Geschlechtspartners könnte sowohl auf den inhärenten Qualitäten eines potenziellen Partners als auch auf den von ihm kontrollierten Ressourcen beruhen. In der überwiegenden Mehrzahl der Fälle buhlen die Männchen um die Gunst eines Weibchens, welches unter den Werbern auswählen kann. Wenn man bedenkt, dass Nachwuchs für das Weibchen gewöhnlich eine höhere energetische Investition bedeutet, so wird klar, dass das Weibchen möglichst gewinnbringend zu investieren versucht. Es wird bevorzugt ein Männchen auswählen, dessen Gene dem gemeinsamen Nachwuchs die besten Zukunftschancen versprechen. Im Laufe der Evolution festigten sich bestimmte Signale, deren Ausprägung über inhärente Qualitäten des Männchens Auskunft geben und damit dessen Erfolg bei der Balz maßgeblich beeinflussen. Hervorragende Ressourcen könnten eines dieser Signale darstellen: Einerseits verfügt das Männchen über die notwendige Kapazität, über die Ressourcen zu wachen und andererseits stünden die Ressourcen den Nachkommen zur Verfügung.

Richtige Antwort zu Frage 910: d. Als Verwandtenselektion bezeichnet man ein Verhalten, das die Überlebenschancen eines Verwandten erhöht. Dahinter steckt die Tatsache, dass miteinander verwandte Individuen mit hoher Wahrscheinlichkeit gemeinsame Allele besitzen, die sie von einem gemeinsamen Vorfahren geerbt haben. Durch die Unterstützung der Verwandtschaft beispielsweise bei Brutpflege oder Nahrungssuche wird die Häufigkeit der eigenen Allele in der Population erhöht, was der biologischen Fitness zugutekommt. Das Phänomen der Verwandtenselektion wurde vor allem bei sozial lebenden Tieren beobachtet – Beispiele finden sich sowohl bei den Säugetieren als auch bei Fischen, Vögeln und staatenbildenden Insekten.

Richtige Antwort zu Frage 911: d. Altruistisches Verhalten bringt einem anderen Individuum einen Vorteil auf Kosten des Ausführenden. Mäße man biologische Fitness allein an der Nachkommenzahl, so wäre altruistisches Verhalten kaum zu rechtfertigen, denn die Energie, die für die Unterstützung anderer aufgebracht wird, steht nicht mehr für die eigene Fortpflanzung zur Verfügung. Altruisten hätten damit stets eine geringere Nachkommenzahl und gingen im Laufe der Evolution schlichtweg verloren. Zahlreiche Beispiele scheinbar selbstloser Hilfe bei der Brutpflege lehren uns jedoch das Gegenteil: Einzelne Individuen stellen ihre eigene Fortpflanzung hintan, um den nächsten Verwandten bei der Aufzucht der Brut zu unterstützen (Verwandtenselektion). Dass dies kein Akt der Nächstenliebe ist, wird deutlich, wenn man bedenkt, dass nahe Verwandte mit hoher Wahrscheinlichkeit zumindest einen Teil der Allele gemeinsam haben. Altruistisches Verhalten dient der biologischen Fitness, solange der gesteigerte Fortpflanzungserfolg von Verwandten die Kosten des geringeren Fortpflanzungserfolges des Altruisten aufwiegt.

Richtige Antwort zu Frage 912: a. Solche Arten werden als eusozial bezeichnet. In aller Regel handelt es sich dabei um Staaten bildende Arten wie Termiten oder Bienen mit einem Kastensystem. Bestimmte Kasten umfassen auch sterile Individuen. Die Eusozialität ist eine Extremform des Sozialverhaltens.

Richtige Antwort zu Frage 913: c. Die systematische Einheit der Klassifikationssysteme ist das Taxon. Darunter versteht man eine Gruppierung von Organismen, die unabhängig von ihrer Stellung im System als Einheit behandelt werden. Obwohl Art und Gattung zwei verschiedene Hierarchieebenen in der Systematik darstellen, können sowohl die Gruppe der Organismen einer Art, als auch eine Gattung mit den dazugehörigen Arten als Taxon bezeichnet werden. Die phylogenetische Systematik versucht, evolutionäre Abstammungs- und Verwandtschaftsverhältnisse wiederzugeben. Hierbei sollen taxonomische Gruppen monophyletisch sein, also eine Stammart mitsamt deren Abkömmlingen beinhalten. Klade ist dabei ein anderes Wort für ein Monophylum.

Richtige Antwort zu Frage 914: a. Unter einer Gattung (Genus, Plural: Genera) versteht man eine Gruppe nahe verwandter Arten. Eine Art könnte man als Gruppe mit ähnlichem Genotyp bezeichnen. Die taxonomischen Einheiten unterhalb der Art sind Unterarten, Varietäten und Formen; taxonomische Einheiten oberhalb der Familie sind Ordnung, Klasse und Reich.

Richtige Antwort zu Frage 915: d. Ein Merkmal, das als abweichend von seiner ursprünglichen Form definiert ist, bezeichnet man als abgeleitetes (apomorphes) Merkmal. Zusammen mit den ursprünglichen (plesiomorphen) Merkmalen gehören sie zu den homologen Merkmalen, die auf einen gemeinsamen Vorfahren zurückgehen. Das Erkennen von Apomorphien wird erschwert, da voneinander unabhängig entwickelte Merkmale unter ähnlichem Selektionsdruck zu ähnlichem Aussehen gelangen können (Konvergenz) oder auch vom abgeleiteten zurück in den ursprünglichen Zustand gelangen können (Reversion). Diese beiden Prozesse bringen analoge (konvergente) Merkmale hervor, deren Ähnlichkeit nicht auf Vererbung beruht.

Richtige Antwort zu Frage 916: e. Alle der genannten Faktoren können die Identifikation von ursprünglichen Merkmalen erschweren. Ursprüngliche (homologe) Merkmale gehen auf einen gemeinsamen Vorfahren zurück und ermöglichen damit die Gruppierung von nahe verwandten Arten anhand des gemeinsamen Merkmals. Dieses gemeinsame Merkmal ist jedoch nicht immer einfach zu erkennen, denn auch homologe Strukturen nahe verwandter Arten können als Folge unterschiedlicher Selektionsbedingungen sehr unterschiedlich ausgeprägt sein (Divergenz). Zudem kann ein abgeleitetes Merkmal wieder in den ursprünglichen Zustand zurückkehren (Reversion), wodurch die Entwicklungsgeschichte verschleiert wird. Der verfügbare Fossilrekord kann hier nur weiterhelfen, wenn Fossilien entsprechende Vorfahren gefunden wurden, die Übergangsformen in der Merkmalsausprägung zeigen.

Richtige Antwort zu Frage 917: b. Bei der Rekonstruktion von Phylogenien wird normalerweise das Parsimonie-Prinzip (Sparsamkeitsprinzip) angewendet, weil es besser ist, zunächst einmal die einfachste Hypothese zu verwenden, anhand der sich die bekannten Fakten erklären lassen. Die Parsimonie kann als wissenschaftliches Grundprinzip gelten:

Nichts sollte komplizierter erklärt werden, als es die Sachlage erforderlich macht. Damit wird derjenigen Erklärung, die die wenigsten zusätzlichen Annahmen erforderlich macht, der Vorzug gegeben. Für die Rekonstruktion eines Stammbaumes bedeutet das, dass alle Merkmale der im Stammbaum betrachteten Gruppen mit möglichst wenigen Schritten der evolutionären Veränderung erklärt werden müssen. Damit ist beispielsweise leichter nachvollziehbar, dass ein Merkmal bei drei von zwölf Gruppen unabhängig auftrat, als dass es bei neun von zwölf Gruppen wieder verloren ging. Mit dieser Herangehensweise wird einer Grundannahme der Evolutionsbiologie Rechnung getragen: Merkmale entwickeln sich ausgehend vom ältesten gemeinsamen Vorfahren und sind in ähnlicher oder abgewandelter Form in den Nachkommen präsent.

Richtige Antwort zu Frage 918: c. Ursprüngliche Merkmale lassen sich durch den Vergleich mit Entwicklungslinien nahe verwandter Innengruppen identifizieren. Dadurch lassen sich ursprüngliche Merkmale, auch plesiomorphe Merkmale genannt, von abgeleiteten oder apomorphen Merkmalen unterscheiden. Die Methode wird Außengruppenvergleich genannt. Der Zustand eines bestimmten Merkmals wird dabei von der Stammart abgeleitet und die Modifikationen des Merkmals bei den Abkömmlingen ermittelt.

Richtige Antwort zu Frage 919: d. Phylogenien werden nicht als Hilfsmittel verwendet, um unbekannte Arten zu identifizieren, sondern um evolutionäre Verwandtschaftsbeziehungen aufzuzeigen. Die Phylogenie einer Organismengruppe versucht deren Abstammungsgeschichte ausgehend von einem gemeinsamen Vorfahren zu rekonstruieren und kann in einem Stammbaum (phylogenetischer Baum) dargestellt werden. Hierbei gruppiert man die Organismen anhand bestimmter Merkmale, die sich im Laufe der Evolution verändert haben. Betrachtet man dabei die Veränderung der untersuchten Merkmale im Laufe der Zeit, so kann man evolutionäre Trends ableiten, d. h. eine Aussage darüber machen, in welche Richtung sich ein Merkmal im Laufe der Evolution entwickelt hat. Um feststellen zu können, wie rasch die untersuchten Merkmale evolvieren, müssen die Stammbäume mit Daten kombiniert werden, die den Knoten, an denen sich zwei Schwesterlinien aufspalten, einen Zeitpunkt zuweisen, denn an sich zeigen Stammbäume nur eine relative zeitliche Einordnung der Aufspaltung von Linien. Anhand der geografischen Zuordnung der Merkmale lässt sich darüber hinaus feststellen, wie sich die Träger dieser Merkmale in der Geschichte ausgebreitet haben.

Richtige Antwort zu Frage 920: e. Klassifikationssysteme spielen keine große Rolle beim Erstellen von Bestimmungsschlüsseln. Sie können jedoch als Gedächtnisstütze dienen und dabei helfen, die fast unüberschaubare Vielfalt der Organismen zu ordnen. Biologische Klassifikationssysteme teilen Organismen anhand gemeinsamer Charakteristika in Gruppen (Taxa) ein und befassen sich darüber hinaus mit den evolutionären Verwandtschaftsbeziehungen zwischen den Lebewesen. Außerdem ermöglichen diese Systeme die weltweit eindeutige Benennung eines Organismus mit einem relativ stabilen Namen. Ein Schlüssel soll das Bestimmen einer Art aus einem gegebenen Spektrum verschiedener

Gruppen ermöglichen. Das impliziert bereits eine Bedeutung der Klassifikationssysteme für das Erstellen von Bestimmungsschlüsseln. Jedoch sind die Merkmale, die zur Bestimmung genutzt werden, nicht zwingend relevant für die Klassifikation. Hier ist es wichtiger, eine eindeutige Entscheidungshilfe bei der Bestimmung von Organismen an die Hand zu geben, um innerhalb der Taxa bis zur Art zu bestimmen. Interessanterweise ist es schon gelungen, anhand der Merkmale eines gut erforschten Organismus Vorhersagen über die Ausprägung dieser Merkmale bei weiteren Mitgliedern innerhalb der gleichen Gruppe zu machen.

Richtige Antwort zu Frage 921: d. Antwort d ist keine Frage für Wissenschaftler, die sich mit der Evolution von Genomen befassen. Es ist längst bekannt, dass DNA das genetische Material der Organismen darstellt. Warum das so ist, geht aus den biochemischen Eigenschaften des Makromoleküls hervor. Für Evolutionsgenetiker ist hierbei von zentraler Bedeutung, dass die DNA als Träger der genetischen Information trotz exakter Replikation Mutationen erwerben kann. Die evolutionäre Entwicklung der Lebewesen basiert auf dieser Tatsache. Beispielsweise geht die unterschiedliche Komplexität verschiedener Organismen mit der Größe ihrer Genome Hand in Hand. Als eine der Ursachen dafür gilt die Duplikation von Genen, in deren Verlauf die Duplikate neue Funktionen erwerben können und damit die Komplexität des Genoms steigern.

Richtige Antwort zu Frage 922: b. Um evolutionäre Verwandtschaftsbeziehungen zwischen Pflanzen aufzuklären, werden am häufigsten Chloroplastengene verwendet. Ähnlichkeiten und Unterschiede in der Basensequenz der DNA können darüber Auskunft geben, wie verwandt die untersuchten Organismen sind. Bei Eukaryoten kann neben dem Kerngenom auch das Genom der Mitochondrien und bei Pflanzen das der Chloroplasten zur Analyse hinzugezogen werden. Die Genome der Organellen sind hierfür besonders gut geeignet, da sich ihre Sequenz im Laufe der Evolution nur wenig verändert hat.

Richtige Antwort zu Frage 923: e. Bei der Auswahl eines geeigneten Moleküls für die Rekonstruktion von Stammbäumen muss man nicht berücksichtigen, wie vollständig die Fossilbelege sind. Anhand molekularer Merkmale können Phylogenien unabhängig vom Fossilbeleg aufgestellt werden und dabei deutlich weiter in die Vergangenheit zurückreichen. Aufgrund dieser Unabhängigkeit können Unterschiede zwischen molekular basierten und morphologisch begründeten Phylogenien bestehen, was jedoch eine wertvolle Entscheidungshilfe sein kann, wenn morphologische Charaktere nicht ausreichen, um eine Phylogenie aufzulösen. Abhängig von der Fragestellung, die mit einem molekularen Stammbaum beantwortet werden soll, muss das zugrundeliegende Molekül (der molekulare Marker) mit Bedacht gewählt werden. Möchte man eine bestimmte Organismengruppe analysieren, so sollte der Marker innerhalb dieser Gruppe durchgängig vertreten sein (phylogenetische Verbreitung). Auch die Funktion des Moleküls ist von Bedeutung: Je wichtiger dieses ist, desto stabiler (konservierter) wird die Sequenz über einen längeren Zeitraum sein, da sich Mutationen rasch nachteilig auf die Funktion auswirken würden.

Man wählt also je nach angestrebter zeitlicher Auflösung des Stammbaumes unterschiedlich konservierte Marker: Je größer die abzudeckende Zeitspanne ist, desto konservierter sollte der Marker sein.

Richtige Antwort zu Frage 924: d. Die Form der natürlichen Selektion, die bewirkt, dass vorhandene Allelfrequenzen aufrechterhalten bleiben, nennt man stabilisierende Selektion. Hierbei tragen Individuen mit durchschnittlicher Merkmalsausprägung am stärksten zur nächsten Generation bei. Die extremeren Ausprägungen des Merkmals werden seltener und die Variationsbreite wird verringert.

Richtige Antwort zu Frage 925: b. Zur Herleitung evolutionärer Beziehungen nutzt die molekulare Phylogenetik molekulare Informationen wie zum Beispiel immunologische Daten oder Proteinelektrophoresemuster.

Richtige Antwort zu Frage 926: d. Die Proteinsequenzierung wurde erst ab den 1960er-Jahren als Routineverfahren eingesetzt. Die ersten Daten wurden aus Hybridisierungen, immunologischen Daten und Elektrophoresen gewonnen.

Richtige Antwort zu Frage 927: d. In der Kladistik wird eine Gruppe, die keine gemeinsame Stammform hat, als polyphyletisch bezeichnet.

Richtige Antwort zu Frage 928: c. Ribosomale RNA-Sequenzen sind besonders hilfreich, um die evolutionären Beziehungen von Entwicklungslinien zu ermitteln, die sich bereits zu einem sehr frühen Zeitpunkt auseinanderentwickelt haben, weil diese Moleküle bei allen Organismen vorkommen. Die zentrale Rolle der Ribosomen bedingt eine starke Konservierung der rRNA-Sequenzen: Die Nucleotidsequenz hat sich über relativ lange Zeiträume nicht allzu sehr verändert, da schon die geringsten Abwandlungen die Funktionalität der Ribosomen beeinträchtigen können. Die Evolution verläuft also verhältnismäßig langsam.

Richtige Antwort zu Frage 929: a. Mithilfe mitochondrialer DNA-Sequenzen lässt sich besonders gut die Evolution nahe verwandter Arten in jüngerer Zeit erforschen, weil einige Mitochondriengene sehr rasch Mutationen anhäufen. Wenn ein Gen sehr schnell mutiert, wird der Sequenzunterschied nach einer längeren Zeitspanne so enorm, dass eine zu große Unähnlichkeit besteht, um die Evolution der Sequenz nachvollziehen zu können. Diese Geschwindigkeit erweist sich jedoch gerade bei der Betrachtung kurzer Zeitspannen als nützlich, denn die Sequenzen sind bereits unterschiedlich genug, um Vergleiche anstellen zu können. Da Mitochondrien gewöhnlich über die Eizelle an die Nachkommen weitergegeben werden, lässt sich nur die maternale Entwicklungslinie analysieren.

Richtige Antwort zu Frage 930: a. Die Qualität einer phylogenetischen Analyse steht und fällt mit der Anzahl der einbezogenen Merkmale. Grundsätzlich ist die ausschließliche Verwendung morphologischer Charaktere genauso möglich wie die rein sequenzbasierte

Analyse. Folgendes gilt jedoch uneingeschränkt: Je mehr Merkmale man betrachtet, desto geringer ist die Anfälligkeit der Stammbäume für Fehlschlüsse, weil einzelne Sonderausprägungen weniger ins Gewicht fallen. Die Ergänzung fossiler Belege mittels molekularer Daten ist hier also durchaus gerechtfertigt.

Richtige Antwort zu Frage 931: Zwischenformen, lebende Fossilien (Paläontologie). Wirtsspezifität (Parasitologie). Universelle Moleküle (Molekularbiologie).

Richtige Antwort zu Frage 932: Die frühe Atmosphäre der Erde enthielt sehr geringe Mengen an Sauerstoff und viel Ammoniak und Methan, unterschied sich also deutlich von der Atmosphäre der heutigen Erde.

Richtige Antwort zu Frage 933: Mit der Entstehung des Photosystems II konnte Wasser als Reduktionsmittel verwendet werden. Bei der Wasserspaltung entstehen Protonen, Elektronen und Sauerstoff, der dann zur sauerstoffhaltigen Erdatmosphäre führte.

Richtige Antwort zu Frage 934: Aufgrund des Fehlens von Sauerstoff bei hoher UV-Strahlung war eine abiogene Bildung von Makromolekülen möglich.

Richtige Antwort zu Frage 935: Durch elektrische Entladungen in einem Gemisch aus Methan und Ammoniak können einige Aminosäuren entstehen. Bei dieser Reaktion entsteht auch Blausäure und Formaldehyd, woraus in weiteren Reaktionen Purine und Pyrimidine sowie in geringem Maß auch Zucker gebildet werden kann.

Richtige Antwort zu Frage 936: Es ist durchaus möglich, dass sich auf der frühen Erde mehr als ein biologisches System entwickelte, wenn auch alle heutigen Organismen anscheinend von einem einzigen Ursprung abstammen. Das wahrscheinlichste Szenario besteht darin, dass das vorherrschende System als Erstes einen Mechanismus entwickelte, Proteinenzyme zu synthetisieren und deshalb wahrscheinlich ebenso als Erstes ein DNA-Genom entwickelte. Das größere katalytische Potenzial und die genauere Replikation, die mit Proteinenzymen beziehungsweise mit einem DNA-Genom möglich sind, hat diesen Zellen im Vergleich zu den anderen, die weiterhin auf RNA-Protogenomen basierten, einen deutlichen Vorteil verschafft. Die DNA-RNA-Protein-Zellen dürften sich schneller vermehrt haben, und sie konnten dadurch den RNA-Zellen die Nährstoffe entziehen.

Richtige Antwort zu Frage 937: Vor etwa 3,5 Mrd. Jahren entwickelte sich mit dem Auftauchen der Landmassen das erste zelluläre Leben. Vor etwa 1,4 Mrd. Jahren traten dann die ersten eukaryotischen Zellen in Form von Algen auf. Vielzellige Tiere erschienen vor ca. 640 Mio. Jahren auf der Bildfläche. Die ersten landlebenden Tiere tauchten vor 350 Mio. Jahren auf, und die ersten Hominiden erschienen schließlich vor 4,5 Mio. Jahren.

Richtige Antwort zu Frage 938: c, a, d, e, b.

Richtige Antwort zu Frage 939: Einer dieser Übergänge ging mit dem Auftreten der ersten Eukaryoten vor 1,4 Mrd. Jahren einher, wobei diese Zellen wahrscheinlich mindestens 10.000 Gene enthielten (das Minimum bei heutigen Eukaryoten), im Vergleich zu den 5000 oder weniger Genen der Prokaryoten. Der zweite Übergang hing mit dem Auftreten der ersten Vertebraten kurz nach dem Ende des Kambriums zusammen. Diese hatten wie die heutigen Vertebraten mindestens 30.000 Gene.

Richtige Antwort zu Frage 940: Die homöotischen Selektorgene sind ein gutes Beispiel für die Evolution von Genen durch Verdopplung, da man an ihnen nachvollziehen kann, wie es zur Verdopplung von Clustern kam. Mit zunehmender morphologischer Komplexität des Organismus steigt die Zahl der Gencluster. Eine Fliege hat nur ein Cluster, komplexere Organismen dagegen mehrere.

Richtige Antwort zu Frage 941: Durch Homologieanalyse konnten verdoppelte Gengruppen gefunden werden. Die Tatsache, dass dabei immer nur zwei Kopien von jedem Gen gefunden wurden, und nicht drei oder vier, deutet darauf hin, dass die Kopien durch die Verdopplung eines ganzen Genoms entstanden sind.

Richtige Antwort zu Frage 942: Die „Exontheorie der Gene" besagt, dass Introns entstanden, als sich kurz nach dem Ende der RNA-Welt die ersten DNA-Genome bildeten. Diese Genome könnten viele kurze Gene enthalten haben, von denen jedes für ein sehr kurzes Polypeptid codierte, vielleicht sogar nur für eine einzige Strukturdomäne. Es gibt die Vorstellung, dass Gruppen dieser kurzen Gene in nächster Entfernung zueinander angeordnet wurden und so die Synthese von Proteinen mit vielen Domänen erleichterten. Die kurzen Gene wurden zu Exons und die Sequenzen dazwischen zu Introns.

Richtige Antwort zu Frage 943: Die Allelhäufigkeit wird durch die natürliche Selektion und die natürliche genetische Drift beeinflusst. Die natürliche Selektion verändert die Häufigkeit von Allelen, die sich auf die Fitness eines Individuums auswirken, während die zufällige genetische Drift die Häufigkeit von Allelen aufgrund der Zufälligkeit von Geburt, Tod und Fortpflanzung verändert.

Richtige Antwort zu Frage 944: Die multiregionale Evolution geht von einer parallelen Evolution in Europa, Afrika und Asien aus. Die *Out-of-Africa*-Hypothese geht von einer Entwicklung des *Homo sapiens* in Afrika aus, wobei die Vertreter dieser Spezies vor 100.000 bis 50.000 Jahren in die übrige Alte Welt auswanderten und die Nachkommen von *Homo erectus* verdrängten.

Richtige Antwort zu Frage 945: Biosynthese, Stoffwechsel, Energieaustausch, Bewegung, Reizbarkeit, Fortpflanzung, Vererbung, Evolution.

Richtige Antwort zu Frage 946: Weil alle anderen Lebenseigenschaften entweder Folgen davon oder Voraussetzungen dafür sind.

Richtige Antwort zu Frage 947: Der Vergleich hochkonservierter Sequenzen homologer Proteine, RNAs und DNAs führt zu dieser Annahme.

Richtige Antwort zu Frage 948: Wissenschaftlicher Fortschritt beruht auf der Falsifizierung falscher Hypothesen, nicht auf der Verifizierung von richtigen Hypothesen.

Richtige Antwort zu Frage 949: B und C korrelieren miteinander – das reicht aber noch nicht aus, sie könnten eine gemeinsame Ursache A haben.

Richtige Antwort zu Frage 950: Die Häufigkeit, mit der erfolglos versucht wurde, sie zu falsifizieren.

Richtige Antwort zu Frage 951: Durch Endosymbiose wurden verschiedene Organismen neu kombiniert. Das bedeutet, dass sich für die frühe Evolution keine Stammbäume aufstellen lassen, sondern im Grunde nur „Abstammungsnetze".

Richtige Antwort zu Frage 952: Die Evolution entsteht als Summe kleiner Schritte. Ein Beispiel für evolutionäre Sprünge (Makroevolution) wäre die Entstehung der Vielzelligkeit.

Richtige Antwort zu Frage 953: Weil sie Photosynthese treiben und daher möglichst viel Licht aufnehmen müssen.

Richtige Antwort zu Frage 954: Weil die Kugelform eine kleine Außen-Oberfläche bietet.

Richtige Antwort zu Frage 955: Aufgrund ihrer rigiden Zellwand und ihrer offenen Körperorganisation.

Richtige Antwort zu Frage 956: Neukombination von Genen und damit eine größere genetische Vielfalt, die unter Selektionsdruck die Überlebenschancen einer Art erhöht.

Richtige Antwort zu Frage 957: Nach heutigem Wissensstand entwickelten sich die Primaten im Eozän vor ca. 55 Mio. Jahren vermutlich aus den Spitzhörnchen ähnelnden Tieren. Die weitere Entwicklung der Simiiformes, der höheren Affen, fand vermutlich in Asien oder Nordafrika statt. Fossilien der frühen Primaten findet man in vielen Gebieten der Erde. Das liegt daran, dass zu der Zeit das Klima auf der Erde durch den hohen CO_2-Gehalt der Atmosphäre überall sehr hoch war. Deshalb dehnte sich der Lebensraum der frühen Primaten von den tropischen Wäldern bis tief in die hohen Breiten aus. Diese milde Klimaperiode endete vor ca. 40 Mio. Jahren. Dadurch wurde die Verbreitung vieler Primaten auf die äquatoriale Zone beschränkt. Vor ca. 25 Mio. Jahren entwickelte sich dann eine neue Abstammungslinie aus Kleinaffen, welche als frühe Menschenaffen gelten. Diese lebten zunächst auf Bäumen, richteten sich dann auf und verloren ihren Schwanz. Nach und nach spalteten sich die Abstammungslinien verschiedener, noch heute erhaltener Menschenaffen ab (z. B. Orang-Utans). Aus den bereits erwähnten Simiiformes gehen also die Altweltaffen hervor, aus denen sich die Hominoidea entwickelten. Zu diesen gehört u. a. die Familie der Hominidae, mit der Unterfamilie der Homininae, zu denen auch der Mensch gehört. Eine weitere Unterfamilie ist die der bereits erwähnten Ponginae (Orang-Utans).

Richtige Antwort zu Frage 958: Die Menschwerdung begann, nach heutigem Wissensstand, in Ostafrika. Verantwortlich dafür waren genetische Mutationen und Rekombinationen sowie natürliche Selektion. Aus den schimpansenähnlichen Vorfahren entstanden in mehreren, teilweise parallelen Entwicklungsschritten neue Entwicklungslinien. Aus einer dieser Linien ging schließlich der moderne Mensch (*Homo sapiens*) hervor.

Richtige Antwort zu Frage 959: Die Entwicklung der Hominidae beginnt vor ca. 55 Mio. Jahren im Eozän mit den spitzhörnchenähnlichen Tieren. Aus den Haplorrhini (Trockennasenaffen) und über die Simiiformes entwickeln sich die Catarrhini, die Altweltaffen, aus denen die Hominoidae hervorgehen. Nach und nach spalten sich die Abstammungslinien verschiedener, noch heute erhaltener Menschenaffen ab. So entstanden vermutlich vor ca. 18 Mio. Jahren in Asien die Gibbons und vor ca. 12 bis 15 Mio. Jahren die Orang-Utans (*Pongo*). Diese nahmen erstmals erheblich an Größe zu. Neue Untersuchungen lassen vermuten, dass sich die Gorillas bereits vor ca. 10 bis 11 Mio. Jahren von dieser Abstammungslinie abtrennten. Nach bisherigen Funden geht man davon aus, dass sich die beiden Affenarten Schimpanse und Bonobo (beides Arten der Gattung *Pan*) vor etwa 5 bis 7 Mio. Jahren von unserer Abstammungslinie abspalteten. Sie sind keineswegs unsere direkten Vorfahren. Es scheint, dass Afrika der Ort der Entwicklung sowohl des Menschen als auch der heute lebenden Menschenaffen ist.

Richtige Antwort zu Frage 960: Nach neuesten molekulargenetischen Analysen war der Neandertaler (*Homo neanderthalensis*) kein direkter Vorfahre des *Homo sapiens*. Er lebte teilweise parallel zu diesem und wurde wahrscheinlich von ihm ausgerottet oder verdrängt.

Richtige Antwort zu Frage 961: Aus 400 mg Knochensubstanz eines Neandertalers wurde die DNA extrahiert, und man führte PCRs durch, die auf die mutmaßlich variabelsten Abschnitte des Mitochondriengenoms des Neandertalers ausgerichtet waren. Man ging davon aus, dass die DNA abgebaut war, sodass die Sequenz in Abschnitten aufgebaut wurde. Es wurden neun überlappende PCRs durchgeführt, wobei mit keiner mehr als 170 bp amplifiziert wurden und die Gesamtlänge 377 bp betrug. Um die DNA-Sequenz, die man aus dem Knochen des Neandertalers erhalten hatte, mit den Sequenzen von sechs Mitochondrien-DNA-Haplogruppen von heutigen Menschen vergleichen zu können, wurde ein Stammbaum erstellt. Die Sequenz des Neandertalers wurde auf einer eigenen

Entwicklungslinie positioniert, die mit keiner der heutigen menschlichen Sequenzen direkt verknüpft war. Um die Neandertalersequenz mit 994 Sequenzen von heutigen Menschen vergleichen zu können, führte man ein multiples Alignment durch. Die Neandertalersequenz unterschied sich von den heutigen Sequenzen durchschnittlich um $27,2 \pm 2,2$ Nucleotidpositionen, während sich die heutigen Sequenzen voneinander nur um $8,0 \pm 3,1$ Positionen unterschieden. Das Ausmaß der Verschiedenheit zwischen der DNA des Neandertalers und der DNA der heutigen Europäer ist nicht mit der Behauptung in Einklang zu bringen, dass die heutigen Europäer von den Neandertalern abstammen, sondern es unterstützt die *Out- of-Africa*-Hypothese. Neueste Ergebnisse zeigen, dass es einen begrenzten Genfluss vom Neandertaler und Denisova-Menschen zu modernen Menschenformen gab.

Richtige Antwort zu Frage 962: Schimpansen besitzen 24 Chromosomenpaare, Menschen 23. Das menschliche Chromosom 2 ist ein Fusionsprodukt zweier Chromosomen.

Richtige Antwort zu Frage 963: Die ersten Untersuchungen mit Mitochondrien-DNA zeigten, dass die amerikanischen Ureinwohner von asiatischen Vorfahren abstammten, und man identifizierte vier verschiedene mitochondriale Haplogruppen in der gesamten Population. Die Einwanderung nach Nordamerika wurde auf die Zeit vor 15.000 bis 8000 Jahren bestimmt. Eine aktuellere, umfassende Analyse von Mitochondrien-DNA verschob diese Einwanderung auf einen Zeitraum vor 25.000 bis 20.000 Jahren. Die ersten Untersuchungen von Y-Chromosomen ergaben eine Zeit vor etwa 22.500 Jahren für den „Adam der nordamerikanischen Ureinwohner". Dieser ist der Träger des Y-Chromosoms, das der Vorfahre der meisten, wenn nicht sogar aller Y-Chromosomen der heutigen amerikanischen Ureinwohner ist. Die Schlussfolgerungen aus diesen verschiedenen Ergebnissen sind noch umstritten.

Richtige Antwort zu Frage 964: Ein sehr wichtiger Faktor der Fähigkeit zu Sprache ist genetisch bedingt. Eines dieser Gene ist bereits näher charakterisiert (*FOXP2*) und bei Primaten, anderen Säugetieren und Vögeln vorhanden. Sprachfähigkeit ist aber nicht gleich Sprache. Die Entwicklung der Sprache ist u. a. abhängig vom neurologischen Sprachzentrum im Gehirn und auch von kulturellen Einflüssen und Entwicklungen sowie von psycholinguistischen Faktoren und anatomisch und muskulär wichtigen Organen zur Artikulation.

Richtige Antwort zu Frage 965: Beim Menschen nahm das Riechvermögen im Laufe der Evolution zugunsten des Sehvermögens ab. Daher sind beim modernen Menschen im Vergleich zum Schimpansen etwa 67 % der ursprünglich 1000 Geruchsgene inaktiviert und damit funktionslos.

Richtige Antwort zu Frage 966: Die kulturelle Entwicklung der Menschheit begann sozusagen mit der Zunahme des Gehirnvolumens und ging in immer rascheren Schritten voran. Sie begann vor ca. 2,4 Mio. Jahren im frühen Paläolithikum mit dem Oldovan. Dieses erstreckt sich über den Zeitraum von vor 2,4 Mio. Jahren bis vor 1,5 Mio. Jahren und wird durch einfache, einseitig abgeschlagene Steinwerkzeuge charakterisiert. Darauf folgte, ebenfalls im frühen Paläolithikum, das Acheuléen, welches sich von vor 1,5 Mio. Jahren bis vor 200.000 Jahren erstreckt. Die Werkzeugfunde aus dieser Zeit sind beidseitig bearbeitete, vorwiegend scharfe Faustkeile, die in Afrika und Europa gefunden wurden. Die Zeitspanne des Neandertalers erstreckt sich von vor 200.000 Jahren bis vor 40.000 Jahren und wird in das mittlere Paläolithikum eingestuft und als Moustérien bezeichnet. Hier finden sich Pfeilspitzen und Schaber verschiedener Größe und Form. In rascher Reihenfolge lösen sich die kommenden Kulturstufen ab und liegen im späten Paläolithikum, welches sich von vor 40.000 bis vor 12.000 Jahren erstreckt. Die Übergangsphase, welche als Châtelperronien bezeichnet wird, wird durch die Kulturstufe Aurignacien, in der *Homo sapiens* in Europa erscheint, abgelöst. Die Werkzeugtechnik verfeinert sich und wird durch Schmuckgegenstände und flötenartige Musikinstrumente ergänzt. Darauf folgen Gravettien (vor 28.000 bis 22.000 Jahren), gekennzeichnet durch Feuersteingeräte (z. B. Gravettspitze), Solutréen (vor 21.000 bis 19.000 Jahren), charakterisiert durch bemalte Knochen und Felszeichnungen von Tieren, und, ebenfalls im späten Paläolithikum, die Kulturstufe Magdalénien (überlappend mit dem Solutréen vor 18.000 bis 12.000 Jahren). Die Menschen dieser Zeit lebten bereits in Zelten und benutzten das rote Eisenoxid Hämatit zum Färben der Kleidung und zur Körperbemalung. Aus dieser Zeit stammen auch die bekannten Höhlenmalereien von Lascaux. Der Altsteinzeit (Paläolithikum) folgt über eine nur kurze Übergangszeit der mittleren Steinzeit (Mesolithikum, vor 11.000 bis 6500 Jahren in Europa), welche durch Jäger und Sammler gekennzeichnet ist, die Jungsteinzeit (Neolithikum). Diese setzte in Asien direkt nach der letzten Eiszeit ein (vor ca. 12.500 Jahren), in Europa aber erst vor ca. 6500 Jahren. Sie ist geprägt von Sesshaftigkeit, Landbau und Domestikation von Tieren und teilt sich in die Kupferzeit (beginnend vor 9000 Jahren), die Bronzezeit (beginnend vor 6000 Jahren) und die Eisenzeit (beginnend vor 3200 Jahren).

Richtige Antwort zu Frage 967: Die Domestikation von Tieren und Pflanzen begann vor ca. 10.000 bis 15.000 Jahren in der mittleren und Jungsteinzeit.

Richtige Antwort zu Frage 968: Als Intellekt wird die Fähigkeit zum Denken bezeichnet. Durch diese Fähigkeit kann ein Individuum Erkenntnisse erlangen. Das Bewusstsein des Menschen beginnt erst ab dem Zeitpunkt, an dem Erinnerungen dazu führen, dass Wissen wiederverwendet wird. Dies ist beim Menschen Voraussetzung für Bildung, welche ein reflektiertes Verhältnis zu sich, den anderen Individuen und zur Umwelt darstellt. Dieses Erinnerungsvermögen reicht beim Menschen bis zum dritten oder erst vierten Lebensjahr zurück. Ab diesem Zeitpunkt entwickelt der Mensch seine Persönlichkeit und sein Bewusstsein.

Richtige Antwort zu Frage 969: Die heutige Menschheit weist unterschiedliche Ethnien auf: die Schwarzafrikaner (Negriden), die Pygmäen Zentralafrikas, die Khoisan Südafrikas, die Kaukasier Europas, die Asiaten (Mongoliden) und die Ureinwohner Australiens (Australiden). Jede dieser Ethnien weist weitere Untergruppen auf, welche sich teilweise auch überlappen und miteinander vermischt haben. Die Schwarzafrikaner weisen eine hohe genetische Vielfalt auf, welche sich in klar abgetrennten Untergruppen und verschiedenen Sprachen ausdrückt. Die Pygmäen weisen nur ca. 200.000 Individuen auf und leben in den waldreichen Regionen Zentralafrikas. Khoisan unterteilen sich in die Buschmänner und die Hottentotten, haben eine gelblich-braune Haut, einen büschelartigen Haarwuchs und die Frauen eine starke Fetteinlagerung im Gesäß. Anstelle von Konsonanten weisen sie in ihrer Sprache klickartige Laute auf. Die Kaukasier (weiße Bevölkerung) haben schmale Lippen und Nasen und eine typische Augenstellung. Es dominieren Blutgruppe A und Rhesusfaktor negativ. Die Mongoliden Asiens haben typische Gesichtszüge mit gelblicher Haut, flacher Nase, fehlenden Augenwülsten, glattem Kopfhaar und geringer Körpergröße. Die Gruppe der Austronesier (ebenfalls Mongolide) hat einen kräftigen, gedrungenen Körperbau mit bräunlicher Haut und krausem Kopfhaar. Sie hat den pazifischen Raum besiedelt. Die australischen Ureinwohner sind durch dunkelbraune Haut, einen kräftigen Körperbau und krauses Kopfhaar gekennzeichnet.

Richtige Antwort zu Frage 970: Studien belegen, dass sich die Fähigkeit des Menschen, Milchzucker zu verdauen, erst nach der Mittelsteinzeit entwickelt hat und somit eine relativ junge genetische Neuerung der Menschheit ist.

Richtige Antwort zu Frage 971: Wenn in einem Areal große Lücken bestehen, die nicht besiedelt oder überquert werden können, spricht man von einem disjunkten Areal. Häufig handelt es sich hierbei um den Rest eines ehemals größeren Areals. Innerhalb Europas ist vor allem die arktisch-alpine Disjunktion bedeutsam, welche sich aus dem Rückzug der ehemaligen Tundrenvegetation in die arktischen Gebiete beziehungsweise in den Alpenraum ergeben hat. Ein Beispiel für ein solches Verbreitungsbild ist die Silberwurz (*Dryas octopetala*) oder der Schneehase (*Lepus timidus*).

Richtige Antwort zu Frage 972: Unter „adaptiver Radiation" verstehen wir die Anpassung einer weniger spezialisierten Art an bestimmte Umwelterfordernisse, sodass sich aus einer Art schließlich mehrere stärker spezialisierte Arten entwickeln können. Bei allopatrischer Artbildung ist für die Entstehung einer neuen Art die räumliche Trennung einer Art in zwei oder mehr Subpopulationen erforderlich.

Richtige Antwort zu Frage 973: Nach der *Out-of-Africa*-Theorie hat sich der moderne Mensch in Afrika entwickelt und sich von Afrika aus in kleinen Gründerpopulationen über die Erde ausgebreitet. Die „Multiregionale Theorie" besagt, dass sich der moderne Mensch in verschiedenen Regionen der Erde entwickelte.

Richtige Antwort zu Frage 974: Fähigkeit zur Selbstvermehrung; chemischer Aufbau und zelluläre Organisation; Stoffwechsel; Wachstum und Entwicklung; Reizbarkeit; Motilität; Besitz eines durch Mutation und Rekombination veränderbaren Genoms.

Richtige Antwort zu Frage 975: Lamarck erklärte die Entwicklung von einfachen Formen zu komplizierteren durch den Vervollkommnungstrieb. Darwin erkannte Variation, Selektion und Isolation als wesentliche Evolutionsfaktoren.

Richtige Antwort zu Frage 976: Sie ergänzt die vorherigen Theorien durch populationsgenetische Evolutionsfaktoren: Gendrift, Genfluss, *meiotic drive* (meiotischer Drang).

Richtige Antwort zu Frage 977: Variation, Selektion, Isolation.

Richtige Antwort zu Frage 978: Lebt eine Population über viele Generationen hinweg unter konstanten Umweltbedingungen, findet eine stabilisierende Selektion statt. Sie führt zu einer geringeren phänotypischen Variabilität, da Individuen mit extremem Phänotyp ausgemerzt werden.

Richtige Antwort zu Frage 979: Allopatrisch durch geografische Trennung oder sympatrisch im selben Verbreitungsgebiet.

Richtige Antwort zu Frage 980: Geografische Isolation, ethologische Faktoren oder morphologisch-anatomische Mechanismen.

Richtige Antwort zu Frage 981: Die Aufspaltung einer Stammart in viele Tochterarten; z. B. die Cichlidae in den ostafrikanischen Seen.

Richtige Antwort zu Frage 982: Eine Gruppe von wirklich oder potenziell sich fortpflanzenden natürlichen Populationen, die reproduktiv von anderen Gruppen isoliert sind.

Richtige Antwort zu Frage 983: Die Taxonomie bezeichnet die Wissenschaft von der biologischen Klassifizierung der Lebewesen aufgrund spezifischer Eigenschaften.

Richtige Antwort zu Frage 984: Die Phylogenie versucht, verwandtschaftliche Beziehungen zwischen Organismen aufzuklären und mithilfe von Stammbäumen die Abstammung von gemeinsamen Vorfahren darzustellen.

Richtige Antwort zu Frage 985: In der klassischen Systematik werden vor allem morphologische Kriterien untersucht, in der Bakteriensystematik sind physiologische Eigenschaften von größerer Bedeutung.

Richtige Antwort zu Frage 986: Die Phänetik ist eine Methode der phylogenetischen Analyse, bei der man so viele Variable wie möglich verwendet. Vor dem Aufkommen der Phänetik war die vorherrschende Meinung, dass die Phylogenien auf einer begrenzten Anzahl von Merkmalen basieren sollten, die man für wichtig hielt.

Richtige Antwort zu Frage 987: Der Unterschied der Kladistik zur Phänetik besteht darin, dass nicht alle Merkmale gleich gewichtet werden. Merkmale, die gute Hinweise zu evolutionären Beziehungen liefern, werden stärker gewichtet.

Richtige Antwort zu Frage 988: Ursprüngliche Merkmalszustände kamen bei dem entfernten gemeinsamen Vorfahren einer Gruppe von Organismen vor, während sich abgeleitete Merkmalszustände in der Evolution aus dem ursprünglichen Merkmalszustand entwickelt haben und in einem jüngeren gemeinsamen Vorfahren zu finden sind.

Richtige Antwort zu Frage 989: Die DNA liefert in aller Regel mehr phylogenetische Informationen als Proteine. So weist die Nucleotidsequenz zweier homologer Gene einen höheren Informationsgehalt auf, als die Aminosäuresequenz der zugehörigen Proteine. Auch die einfachere Vermehrung der DNA für die Sequenzanalyse ist ein Grund dafür, dass die DNA-Analyse in der Phylogenetik vorherrscht.

Richtige Antwort zu Frage 990: Ein interner Knoten in einem Genstammbaum entspricht der Auseinanderentwicklung eines Vorfahrengens in zwei Allele durch eine Mutation. Ein interner Knoten in einem Artenstammbaum steht für eine Artbildung, die auftrat, als sich eine Vorfahrengruppe in zwei Gruppen teilte, die sich nicht mehr kreuzen konnten. Es ist unwahrscheinlich, dass Mutation und Artbildung gleichzeitig stattgefunden haben.

Richtige Antwort zu Frage 991: Beides sind Verfahren, um ein Sequenz-Alignment durchzuführen. Die Ähnlichkeitsbestimmung zielt darauf ab, die Anzahl zusammenpassender Nucleotide zu maximieren. Hingegen ist die Abstandsmethode ein Komplementaritätsverfahren mit dem Ziel, die Anzahl nicht passender Nucleotide zu minimieren.

Richtige Antwort zu Frage 992: Sie sind hoch spezifisch und benötigen keine Kultivierung des zu untersuchenden Mikroorganismus.

Richtige Antwort zu Frage 993: Homologie (Synapomorphie oder Symplesiomorphie) und Nicht-Homologie (Konvergenz, Analogie, Homoplasie).

Richtige Antwort zu Frage 994: (B) Die beiden könnten Schwestergruppen sein und trotzdem konvergente Merkmale gemeinsam besitzen. Schwestergruppen-Hypothesen werden nicht durch den Nachweis von Nicht-Homologie der sie begründenden Merkmale widerlegt, sondern durch die bessere Begründung einer alternativen Verwandtschaftshypothese.

Richtige Antwort zu Frage 995: (A) Grafische Darstellung von phylogenetischen Verwandtschaftshypothesen. (B) Umsetzung vermuteter phylogenetischer Verwandtschaftsbeziehungen in geschriebene Bezeichnungen, muss die Information des Kladogramms nicht zwingend 1:1 widerspiegeln, vergleiche Evolutionäre Klassifikation. (C) Ein mit linnaeischen Rängen versehenes System.

Richtige Antwort zu Frage 996: *Archaeopteryx lithographica* hat im Vergleich zu den heutigen Vögeln kein Merkmal abgeleitet. Also kann *Archaeopteryx lithographica* einer ausgestorbenen Seitenlinie angehören, die entweder noch keine Autapomorphien ausgebildet hatte oder deren Autapomorphien fossil nicht erhalten sind (oder bisher nicht entdeckt worden). *Archaeopteryx lithographica* kann aber auch Vorfahr der heutigen Vögel sein, aber das wäre nur durch lückenlose fossile Überlieferung der Generationenfolge positiv zu belegen.

Richtige Antwort zu Frage 997: Es ist sparsamer anzunehmen, dass ein Merkmal, das in der Innen- und in der Außengruppe vorkommt, nur einmal (und dann vor der letzten gemeinsamen Stammart der Innengruppe) entstanden ist, als dass es sowohl in der Innen- wie in der Außengruppe mindestens zweifach unabhängig entstand. Ein solches Merkmal wird daher als Plesiomorphie der Innengruppen-Taxa interpretiert. Umgekehrt ist es sparsamer anzunehmen, dass ein auf die Innengruppe beschränktes Merkmal nur einmal und zwar innerhalb der Innengruppe entstanden ist, als dass es früher evolviert wurde und in der Außen- und in der Innengruppe unabhängig verloren gegangen ist.

Richtige Antwort zu Frage 998: Das Handicap-Prinzip besagt, dass ein Männchen als besonders attraktiv eingeschätzt wird, wenn es aufwendige Ornamente ausbildet, die für das Überleben eher von Nachteil sind.

Richtige Antwort zu Frage 999: Die „*Red-Queen*-Hypothese" besagt, dass Pathogene und Wirte sich in einem ständigen „Rüstungswettlauf" befinden, bei dem trotz ständiger Veränderungen der Genome keine Seite einen endgültigen Vorteil erringt.

Richtige Antwort zu Frage 1000: Nicht nur äußere Merkmale, auch Verhalten unterliegt der evolutiven Selektion, also der Auslese. Verhalten passt sich an (Adaption), um die Fortpflanzung und damit den Fortbestand einer Art zu sichern oder zu steigern (Fitness).